# 狂気の科学

## 真面目な科学者たちの奇態な実験

レト U. シュナイダー 著
石浦章一・宮下悦子 訳

東京化学同人

Das Buch der verrückten Experimente

by Reto U. Schneider

# まえがき

本書『Das Buch der verrückten Experimente』は、もともとは仕事の副産物として生まれた。廃刊になったニュース雑誌『スイス』の科学部のトップを務めていた間に、さまざまな風変わりな実験について調べたものが山のようにたまったが、編集長はこれを活字にするのを嫌がった。何しろ、ジャーナリズムの基本尺度すべてに反し、全く取るに足らない話だったり、呆れるほど古くさい話だったり、あるいはその両方だったりしたからである。

だが私は日頃から、科学ジャーナリズムではとかく「新しい（ニュース）」という概念が重視されすぎだ（ニュートンのことだってほとんどの人にとっては初めて聞く話なのだ）と思っていたので、積み上がった切抜きを手放さずにとっておいた。数年後にたまたま、スイスの著名な新聞社が出す雑誌『*NZZ Folio*』に科学コラムを書かないかという話がきた。最新の出来事を扱わなくてもかまわないし、これまでの価値観でみて重要なものである必要もないコラムだった。つまりとうとう、「モルモットの精巣から抽出した不老不死薬」といった話を書ける場を得たわけである。この連載コラム（そのなかのいくつかは、本書に収録した）には、すぐに熱烈なファンができた。女性読者は、ヒッチハイクのヒントに注意を向けさせてくれたし、男性読者からはストリップショーの研究について、詳しいことが知りたいとの反響があった。

人々から一番よく聞かれた疑問は、「一体全体、どこからこんな奇妙な研究の話を仕入れるのか」だったが、やがて、もっとはるかにおもしろい疑問が浮かぶようになった。「一体全体、どうすれば気づかないでいられるのか。」とにかく科学者に尋ねてもだめだ。私は何度も試してみた。返ってくる答は、決まってこんなふうだ。「いやあ、私の研究分野ではそんな変な実験の話は聞きませんね。」そして後になって、私が見つけだした奇妙な研究の話を聞くと、彼らはぽかんと私を見つめるのだった。車のクラクションの心理学やレストランのチップの経済学がユーモラスだと、彼らにはわからないのである。

本書の大半の実験が奇妙にみえるからといって、決して、それらに全く価値がないということではない。確かに、本当に無意味なものもあるのは否定しないが、ほかは一見しただけでは馬鹿げてみえても、実は真に独創性に富んだ優れた実験なのである。二〇〇五年に本書がベストセラーになったときには、自分の実験が本書に載っていると誇らしげに自分のウェブサイトで公表する研究者もいた。

本書では、科学雑誌に公式に発表された論文についてだけでなく、表に出なかった実験の経過も同じように取上げた。背景となる資料や未発表データ、新聞記事を参考にし、可能な限り、研究者と個人的に話もした。そうするなかで、結婚生活を破綻させたり、研究者生命を絶つことになった実験、大ニュースになった実験、実際には行われなかったのに都市伝説の類になった実験など、さまざまなものに巡り合った。そして私は、最先端の研究を山ほど並べるより、ここに集めた珍しい話の数々のほうが、実は科学の本質を教えてくれるのかもしれないと思うようになった。

科学文献を読むと、実験とは真っすぐな一本道であるという印象をもちやすい。研究者が、関連する文献を読み、仮説を立て、検証方法を考えだし、それがきっちり予定どおりに進む。だが、ある科学者がかつて私に話してくれたように、そして本書の読者がすぐに気づくように、現実の世界では実験を行うのは戦争に行くようなものだ。「敵に出会った途端、予定などすべてすっ飛んでしまうのだ。」

二〇〇四年

レト・U・シュナイダー

# 謝辞

本書は、私だけの本ではない。数多くの人たちの温かい心、力添えがなければ、どの頁も一言たりとも書けず、真っ白なままだったはずだ。まず第一に、これらの実験を行った科学者たち、そして私に会って、あるいは電話や電子メールで、実験の内幕を話してくれた科学者たちに、最大の感謝を捧げたい。彼らの多くが、保存資料の山を調べて未発表の論文を掘り出したり、長い間なくなったと思われていた写真を手品のように探し出したりしてくれた。

話のネタ探しでも、多くの人たちの親切に助けられた。ベルント・ヴェヒナーは、リチャード・ポマザールを介して手に入ったヒッチハイク関係の研究を、私に送ってくれた。これらの研究は、著者たちでさえ、コピーをもう持っていなかった。ピーター・コグマンからは、ギロチンに関するフランスの研究をどう探すか、貴重なヒントをもらった。モスクワでの調査を助けてくれたサーシャ・アンドレーエフ-アンドリエフスキー、ロシア語からの翻訳をしてくれたウラジミール・ビターにお礼を言いたい。米国では、アンドレアス・リューシュ、クリスティーン・アンドレス、ガウデンツ・ダヌザーが情報収集を手伝ってくれた。

この本ができあがったときには、私の助手のステラ・マルティーノは型破りな科学雑誌の専門家、キャスリン・ホフマンは奇怪な科学写真を手に入れる達人といってもよいほどになった。アーバン・フェッツはスキャナーの扱いでは天才的で、古い雑誌の写真がオリジナル以上に鮮明なものになった。トーマス・ホイスラー、ウルス・ウィルマン、アンドレ・シュナイダー、ダニエル・ウェーバーは原稿を読んで、事実誤認や文体のおかしなところがないよう直してくれた。

私の代理人のピーター・フリッツは、本書を最初の最初から後押しし、心から支えてくれた。『*NZZ Folio*』編集部の同僚たち、リリー・ビンゼッガー、アンドレアス・ディートリッヒ、アンドレアス・ヘラー、ダニエル・ウェーバーは、ジャーナリストとしての豊富な経験で私を助け、エルンスト・イェーガーは機敏にスキャナーを操作し、エスター・バウマンは美味しい手作りのチョコレートケーキで元気づけてくれた。こんなふうに働くのが、私の長い間の夢だった。

妻のレグラ・フォン・フェルテンは、原稿すべてに目を通してくれただけでなく、食卓で繰返される、蘇生したイヌの頭の話や汗の抽出物を診療所の待合室に塗る話にも耐え抜いてくれた。

われらが科学実験よ、永遠なれ！

# 訳者のことば

本書『Das Buch der verrückten Experimente』の英訳版を手に取ったのは、私が英国旅行中に大きな書店に立ち寄ったときである。理系のペーパーバックを手当たりしだいに見ておもしろそうなものを五冊ほど買い、日本に帰って読み直したら、科学の発祥以前から二一世紀にいたるまで、大変興味深いエピソードが満載で、これは紹介しなくちゃ、と東京化学同人の橋本純子さんにご相談したのが始まりである。その後、翻訳家の宮下悦子さんと、今、エディターをなさっている篠田薫さんをご紹介いただき、皆でつくり上げたのが本書である。

本書は、科学史上の大発見（ともいえない小発見も多いが）が見つかったときや実験時のエピソード集で、とにかくおもしろい。分野も生命科学、物理学から心理学に至るまで幅広く、研究の醍醐味、研究ともいえないちょっとした試み、異分野の偉人の発想など、一読に値するものが多い。そのなかのいくつかを紹介しよう。

私の好きな実験は、今から五〇年前のクモを使ったものである。クモに何か液体を与え、上手に巣をつくることができるかどうかを調べるもので、人間だと何かを飲むと頭がよくなる、というものを探す実験である。実験結果から、カフェインを与えると、クモの巣がきちんと張れなくなる、という結果は、私のようにコーヒー中毒の者にとっては衝撃的である。そのあとの話は中身を読んでいただければわかるが、うーん、とうなってしまった。この話には、研究者たる資質とはどういうものかが如実に表されており、いい話だなあ、と思う反面、決してこういうことに感動しない人もいるだろうなあ、とも思う。

Ｂ・リベットによる自由意志の実験も一部のマニアのなかでは有名である。しかし、分子生物学者の私は、正式にはリベットの実験のことを書いた生化学・分子生物学の教科書を知らない。ということは、生命科学者のほとんどが知らない、ということである。いわんや、一般の方々も聞いたことがないだろう。たまに心理学や脳科学の本の片隅にエピソードとして書いてある程度である。しかし、よく読んでいただきたい。実験手法に問題があると指摘されてはいるが、結果はとても興味深い。私たちが「あることを決定した」と自分で考える前に、すでに無意識下で意思決定が行われている、というのである。

本書は、実際の実験の様子などが図で示されており、大変わかりやすい体裁になっている。「狂気の科学」と書くと、ナチスの行った凶行のように感じられる方もいるかもしれないが、実際は「アヤシイ実験」なのである。なかにイグ・ノーベル賞を取ったものがあると聞けば、なるほどと納得するだろう。怪しくても人間の営みが垣間見えるのがよく、ユーモアにあふれていて、たぶん、手に取った読者の方は、満足して頁を閉じていただけるのではないか。

二〇一五年三月

石浦章一

目次

## 1600年 バランスのとれた生活

もしも、イタリア、パドア出身の著名な医師サンクトリウスの時代にギネスブックがあったとしたら、彼は確実に世界記録と認定されただろう。彼ほど長い時間を天秤の上で過ごした人は、ほかにはいない。机と椅子、それにベッドもすべてがロープに吊るされ、天井裏に隠れた錘(おもり)につないで釣り合いをとっていたのである。

これが、サンクトリウスが三〇年もの間ずっと、体重のわずかな変化を根気よく記録するために使った装置である。さらに体重のほかに、彼は自分が飲んだり食べたりした食物や自身の排泄物の重さも量った。そして、人間の体の機能に関してこの測定結果から導き出した結論を、現在ではすぐれた古典とされている著作『医学静力学について(De Statica Medicina)』に、簡潔な法則としてまとめた。なかでも最も有名なのは、人間が尿や便として排泄する量は、食べたもののほんの一部分にすぎないという、驚くべき事実である。「一日に八ポンド(約三・六キログラム)の肉や飲み物を摂取したとすると、ふつうは五ポンド(約二・三キログラム)が気づかないうちに蒸散によって失われる。」サンクトリウスは、この「不感蒸泄」がおもに汗だとは思いもしなかったが、とにかく彼はその量を初めて測定し、それによって定

サンクトリウスの家では, 椅子やベッドや机もすべてが秤にかけられていた.

量的実験医学の生みの親となったのである。それまでの医者は、患者に対しては記述的アプローチをとるだけだった。

残念なことに、サンクトリウスは自分の実験について詳しい説明はしなかった。そのため、「性行為について」と題した章に出てくる最大二人用とされた実験装置がどのようなものだったのかは、読者が想像をたくましくするしかない。「過度の性行為の際には、正常な蒸泄が妨げられ、約四分の一も減少する。」

## 1604年 石と石の思考実験

重い石のほうが軽い石よりも速く落ちるという誤った考え方を、手で石をもつこともなく、論破することができるだろうか。イタリアの学者ガリレオ・ガリレイは、一七世紀初めに頭の中だけで実験を工夫し、まさにこれをやってのけた。当時は、ギリシャの学者アリストテレスが唱えた二千年も前からの古い学説、すなわち、「自由落下する物体の速度はその重さに比例する」という考えが支配的だった。

ガリレオは思考実験で、一つにつないだ重い石と軽い石を思い浮かべ、これがどのような速度で落ちるかを考えた。もしもアリストテレスが本当に正しいなら、重い石はそのままでは軽い石よりも速く落ちる。すると「遅い石が速い石を減速させる一方、速い石は遅い石を加速させる。したがって、両方を組合わせたものの速度は、遅い石の速度と速い石の速度の中間になるはず」である。一方、二つの石を一つにつないだもの全体は、重い石単独よりも必ず重いはずなので、重い石よりも速く落ちなければばならない。つまり、アリストテレスの原理はこんな矛盾を生んでしまう。物体の落下速度は重さによっては決まらないと考えない限り、この矛盾は解消されない。鉛の玉より木の葉のほうがゆっくり落ちるのは日々経験することだが、それはこの二つの物体の重さとは全く無関係で、物体が空気から受ける抵抗が形や表面の性質のせいでさまざまに違うことが関係している。

## 1620年 水から木

「あらかじめ乾燥しておいた土、二〇〇ポンド（約九〇キログラム）を鉢に入れ、これを雨水で湿らせて、五ポンド（約二・三キログラム）のヤナギの苗木を植えた。」この短い説明が、ヤン・バプティスタ・ファン・ヘルモントが行った、ある実験の始まりである。

フランドル（現在のオランダ南部、ベルギー西部、フランス北部にまたがる地域。日本では、英語由来のフランダースという呼び方もよく使われる）の学者ファン・ヘルモントは、これが彼の行ったなかで最も有名な実験になろうとは思いもしなかっただろう。何しろ、それまでにも、注目を浴びる華々しい実験を数多く行ってきていたのだから。たとえば、（世評によれば）一ポンドの水銀を二分の一ポンドの金に変えたこともあるし、生命をつくり出す方法を発見したと確信をもったこともある。「コムギをいっぱいに詰めた樽のなかに汚れたシャツを押込んでおくと、およそ二一日後にはにおいにそれとわかる変化があり、分解産物がコムギの殻から染みこんでコムギ粒をマウスに変えるだろう。」この実験を行ったとき、彼はマウスの雄・雌両方が生じたことには驚いたが、実際に出現したこと自体にはそれほど驚かなかった。

ファン・ヘルモントは、史上最後の錬金術師にして、史上初の化学者であり、彼の世界観は魔術と科学の入り交じったものだった。彼は一五七九年にブリュッセルの裕福な家に生まれ、さまざまな分野にひととおり手を出した後、医学を学んで一五九九年にルーヴェン大学を卒業した。その後まもなく公職を退き、自由な立場で研究生活を始めた。

研究所をもち、ガスの性質を研究し、さまざまな物質の発酵を観察し、新しい薬を考案した。シャベルと鍬(すき)を手にとってヤナギの実験を始めたのが正確にいつなのかは、知られていない。この実験の記録が初めて文書になったのは、ファン・ヘルモントの死から四年後の一六四八年に、彼の息子が父の研究をまとめて、『医学の起源(Ortus medicinae)』として出版したときである。

この本では、彼の考える自然の根本原理についても説明がされている。植木鉢とヤナギの実験は、この原理を証明するために考案された。ギリシャの哲学者アリストテレスは、あらゆる物質は土、水、火、空気の四元素で構成されていると唱えたが、これに対してファン・ヘルモントは、真の元素と認められるのは二つ、すなわち空気と水だけだとした。火はそれ自体では何も生み出せないし、土は純度、簡潔さの点で水に及ばない。しかも聖書によれば、水は七日間にわたる天地創造の第一日よりも前に存在している。彼は、岩も、土も、動物も、植物も、ありとあらゆる物質は結局は水からできていると確信していた。ヤナギの実験は、この仮説を植物に関して証明するために計画されたのである。

植えてから五年後にヤナギを土から抜いて、ヤナギと土の両方の重さを量ると、その五年の間に、土の重さは二オンス(約五六グラム)減っただけだったが、ヤナギの木のほうは、一六九ポンド三オンス(約七七キログラム)にまで成長し、もとの三〇倍以上に重さが増えていた。

このような発見から、彼は、当時の科学知識の状況からみて唯一というべき合理的結論をひき出した。「ヤナギの木、樹皮、根のうち一六四ポンドは、水だけからつくられた。」定期的に水をやったことを除けば、彼は、ヤナギの木を放っておいたからである。

この実験結果が驚くほどのことでないのは、ファン・ヘルモントにもわかっていた。彼の登場以前に、学者たちがこれと同じ実験を思考実験として行い、同様な結果を得ていたからである。しかし、この実験を土と木と秤を使って実際に行ったのは彼が初めてであり、それによって彼は、科学的な実験が知識を前進させるのに不可欠な手法であると認められるための地ならしをしたことになる。

彼の着想に刺激されて、すぐに他の研究者たちも続々と、鉢植えの植物で独自に実験を行うようになった。そういった研究によって、先駆者たるファン・ヘルモントが得た結論は必ずしも正しくなかったことが明らかになった。植物が成長するのには、単に水だけでなく、空気や光、さらに土からの微量な無機物も必要だったのである。

ファン・ヘルモントの実験は、のちに「光合成」として知られるようになる不思議な現象の解明に向けた、最初の貴重な一歩だった。光合成とは、水と二酸化炭素というエネルギーの乏しい化合物を、動物の生命維持の栄養源となるエネルギー豊富な化合物へと、光を利用して変換する過程である。当時は気づかれなかったが、初期の学者たちがいきついたのは、まさに植物と動物の最も重大な相違点だった。このようなやりかたで太陽からのエネルギーを化学物質の形でたくわえることができるのは、植物だけである。人間も含め、動物はすべて、直接的間接的を問わず、この光合成に依存して生きている。

ファン・ヘルモントの実験は二〇世紀になって再び蘇った。学生の頭の回転の速さを調べるテストとして、また、簡単で的確な実験計画を立てる練習モデルとして、彼の実験が利用されている。彼の実験に関連する実践練習はインターネット上でも見つけられるほどである。ただし、学生の教育を不必要に長引かせないよう、ヤナギの苗木ではなく、ダイコンにするのがおすすめではあるが。

## 1729年 オジギソウの時計

鉢植えの花を戸棚にしまいながら、フランスの天文学者ジャン＝ジャック・ドルトゥス・ド・メランは、自分が科学に新しい分野を切り開こうとしているなどとは夢にも思わなかった。実際、このオジギソウの実験はあまりにもとるにたらない実験のように思えたため、彼は結果の発表すら、しようとはしなかった。

オジギソウは夜になると葉を閉じ、昼間は葉を開く。ド・メランは、今が夜なのか昼なのかオジギソウにわからないようにしたら、一体どうなるだろうと考えた。そこで一七二九年の夏の終わりごろに、彼はオジギソウを真っ暗な箱に入れ、オジギソウは日光がなくても正しい時刻に葉を閉じたり開いたりすることを発見した。彼の友人のアカデミー・フランセーズ会員が、当時フランスの最も権威ある学術団体だった王立科学アカデミーへ送った短い論文には、「つまりオジギソウは、見ないでも太陽の存在を感じとることができる」と書かれている。

しかし、この結論はまちがっていた。ずっと後になって、オジギソウは太陽の存在を感じとるのではなく、内部に固有の時計をもっていることを、研究者たちが突きとめたのである。とはいえ、今日ド・メランは、生物の内因的リズムを研究する生命科学の一分野である時間生物学の父とされている。二〇〇年ものちに、一人の科学者がド・メランの実験を繰返した。ただし今度は、植物を使うのはやめ、彼は助手と一緒に真っ暗な洞窟で一カ月を過ごしたのである（一九三八年の実験参照）。

## 1758年 哲学者の靴下

「夜に靴下を脱ぐとパチパチッとか、バチバチッと音がするのを、私はかなりの期間観察してきた。」英国の学者ロバート・シンマーが当時の権威ある科学論文誌『哲学紀要（*Philosophical Transactions*）』に寄せた論文は、こんな言葉で始まっている。友人たちも靴下で同じような経験をしていたが、誰もこの現象を「学術的」に調べてはいなかったので、シンマーは、とにかく自分自身でこの問題を調べるしかない、それも「できる限り厳密に」と心を決めた。

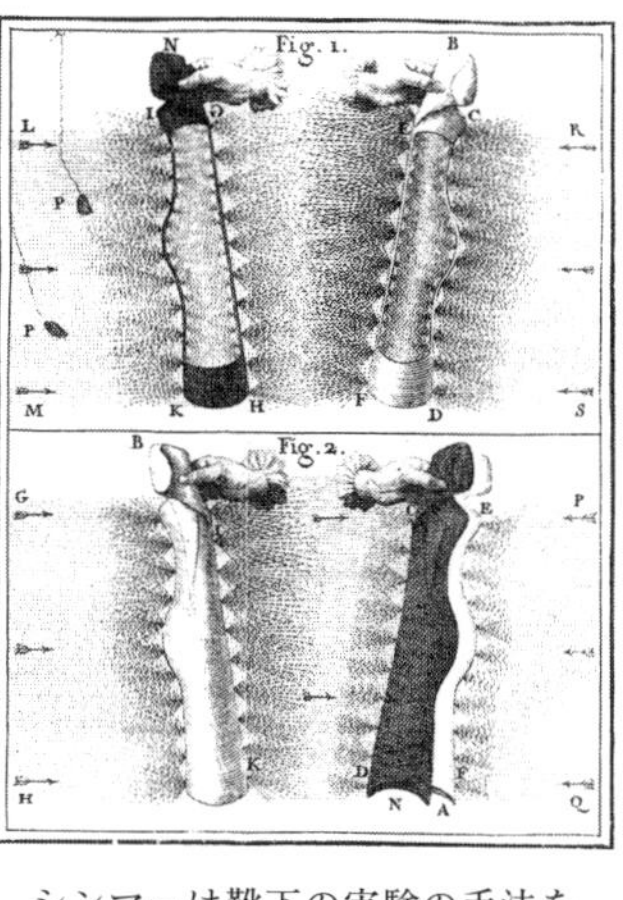


シンマーは靴下の実験の手法を詳しく厳密に記述した.

この決意は、大げさではなかった。シンマーは、王立協会の会合で三回以上にわたって自分の研究成果を発表し、この靴下との心躍る出会いについて述べた詳細な論文は、何と長さ三〇頁以上にもなった。彼にはのちに、フランス語で「裸足の哲学者」というあだ名が奉られた。

観察の機会には不自由しなかった。シンマーの言によれば、「実験装置は単純きわまりなく（何しろ、自分の靴下なのだから）」、「適切な手法をとるのは非常に容易なので（手法とは靴下を履いては脱ぐという意味なのだから）」、「好きなように実験を行うことができた」からである。綿や羊毛、絹と、さまざまな素材の靴下で何回か試してみて、シンマーが最初に発見したのは、実験には羊毛と絹の組合わせが最適だということだった。絹の靴下の上から重ねて羊毛の靴下を履いても、その逆でも違いはなかった。最も重要だったのは、靴下を重ねたまま一緒に脱ぎ、それから初めて二つを引きはがすことである。そうすると、この二つは電気を帯びる。帯電したことがシンマーにわかったのは、二つの靴下が風を吹き込んだように膨らみ、近づけると互いに引きつけ合うという事実からだった。

第二弾の実験では、使うのは黒の絹の靴下と白の絹の靴下を一つずつだけにした。この二つを使うと最も強い効果が得られたからである。シンマーは、実験のやり方も変えた。「実験に必要となるたびに靴下を履いて電気をためるのは面倒になったので、この方法はすっぱりとやめ、靴下を手にはめるというやり方で発生する程度の電気で十分と考えることにした。」しかもこのやり方には、靴下を実験に使える期間が長くなるという利点もあったと、シンマーは述べている。「他の電気装置と同様に、靴下も清潔にしておかなければならないのだ。」

彼の実験を陰で笑っている人たちがいることはシンマーにもよくわかっていたし、その気持ちも少しわかるとさえ思っていた。友人に宛てた手紙に彼は書いている。「君だって、靴下を履いて、脱いで、履いて、脱いで……と何度も出てくるのにはうんざりしているかもしれないね。僕にもわかっているよ。学術的とはほど遠い、いかにも滑稽な光景だと。だから、とにかく新しいことを押しつけられるのが嫌いな、口の悪いつまらない賢者たちの間で、さんざん冗談のネタにされていても、驚きはしなかったよ。」

## 1772年 感電と去勢

ライデン瓶という電荷をたくわえておける装置が発明されると、ほどなくパリで奇妙な噂が広まり始めた。当時、この装置を使って、一列に並んで手をつないだ人たちを感電させて驚かすのが流行っていた。上流階級の紳士淑女たちが手をつなぎ、電気ショックで二〇人もが同時に飛び上がって、キャーッと歓声を上げる。国王まで、この鮮やかな電気現象の実演に自ら参加したほどだった。このサロンゲームは、さらに一八〇人の兵士や、後にはカルトジオ会の修道士二〇〇人（七〇〇人という説もある）によっても、繰返された。しかし、実演で予想外のことが起こる場合があった。電気ショックが列の途中で消滅したのである。

たとえば、ジョゼフ・エニアン・シゴウ・ド・ラフォンがパリの学校の中庭で六〇人を感電させようとしたときには、いくら試しても、六人目以降には電気ショックは伝わらなかった。この位置に立っていた若者が、「男性を男性たらしめるに必要なものを全部は備えていない」と疑われている人だったため、「このように造物主に呪われた人は、感電させることができない」という噂が生まれた。

シゴウ・ド・ラフォンは、この噂を鼻で笑っていたが、この仮説を検証する実験をしてほしいと宮廷に呼ばれたときには、またとないチャンスだと飛びついた。今回の実験台は国王の三人のお抱え歌手で、「体の条件に疑う余地のない」カストラート（少年期の声を大人になっても保つため去勢した男性歌手）だった。そして、実際に彼が正しいことが証明された。今回の人間の鎖では、この歌手たちのところでも電気回路は全く途切れなかったのである。実は、それどころか逆に、この歌手たちは電気ショックに特に敏感に反応するようにさえ見えた。

「そのため」と、ドイツの物理学者で哲学者でもあるゲオルク・クリストフ・リヒテンベルクはのちに書いている。「この電気発生装置は、教会会議や結婚法廷の場で恭しく一番高いところに置かれる栄誉を逃した。」

どんな人間の鎖でも電気が同じようにうまく伝わりはしない本当の理由は、もちろん特定の男性の性的不能や女性の不感症（これも、原因と疑われた）とは全く無関係で、実は人が立っている場所の電気伝導率が関係していた。たとえば、地面が湿っていると、参加者の足から大量の電気が地面に流れ、鎖のそれ以上後ろの人の手には伝わらなかったのである。

## 1774年 科学のためのサウナ

一七七四年一月二三日、物理学者のチャールズ・ブラグデンは、同僚のジョージ・フォーダイスに招かれて、ある実験に参加した。この二人が科学に貢献しようとして行った行動は、何百万人もの現代人が、毎週のように自分の健康やリラックスのためにしていることと、ほとんど違いはない。二人はサウナに行ったのである。違いといえば、このサウナ訪問が人類史に詳細に書き残されたことで、王立協会の『哲学紀要』で、ブラグデンは二四頁にわたって、自身や他の参加者が高温の蒸気の中で経験したことを詳しく振り返っている。実験には、彼ら二人のほかに、キャプテン・フィップスを始め、探検家や学者、貴族も六人参加した。

おそらくフォーダイスは、自分がこの実験のためにつくった部屋が、どう見てもサウナだとは考えもしなかっただろう。建物は三部屋からできていて、一番温度の高い部屋は天井がドーム型になっていて、二つの方法で加熱した。まず、床に通した高温の蒸気の管で加熱し、さらに彼の助手（召使い）たちが、外壁に大量の熱湯をかけて暖めた。

この建物の目的は、人間の体がどれほどの高温にまで耐えられるかを調べることだった。温度は、最初は控えめに四五℃から始めたが、すぐに一〇〇℃に、やがては一二七℃にまで上げた。最初は、彼らは屋外用の服を着て手袋をはめ、靴下も履いて、八分間汗をかきながら耐えたが、後には裸で座り、そのときにはフライパンに生のステーキ肉を入れて持ち込んだ。

四五分後には、肉は「仕上がっているだけでなく、ほとんどカラカラに乾いていた」とブラグデンはのちに書いている。次のステーキ肉を試したときには、彼は三三分経ったところで肉を持ち上げ、「焼けすぎだ」と言った。三回目には、ブラグデンは熱くなった部屋の空気をふいごを使って攪拌して肉が焼けるのを早めたのだが、そのときはわずか一三分で中まで完全に火が通った。これらの知見は、それ自体ではとりたてて驚くほどのことではなかった。とにかくステーキ肉は、一〇〇℃を超える温度で加熱されたのだから。実は本当にブラグデンを驚かせたのは、地獄のような暑さが、彼自身には何の悪影響も残していないことだった。

死んだ肉はすぐに焼けてしまったのに、同じ条件の下にあっても、生きて呼吸している人間は全く無傷で部屋から出られた。ブラグデンは、生きている生物は熱を破壊する特有の能力をもつという結論に達した。このときには、彼は発汗による体の冷却には注意を向けず、「自然から与えられたもので、生命のもつ力と直結しているらしい」と述べている。

だが、この結論はまちがっていた。熱を破壊できる特別な生命力といったものは存在しない。体の冷却は、単純に、汗や唾液といった水分の蒸発と血管の拡張とを組合わせて行われているのである。

## 1802年
# 吐き気のしそうな博士号

博士論文を書くのが大変で愚痴をこぼしている医学生は、二〇〇年前に米国のペンシルベニア大学のスタビンス・ファースが提出した学位論文を読んでみるべきだ。

黄熱が人から人へは伝染しないことを証明しようと心に決めて研究を始めたとき、ファースはまだ一八歳だった。黄熱はおもに熱帯地方で流行する病気だが、米国南部でも発生していた。まずインフルエンザに似た症状から始まり、その後、発熱、激しい震え、頭痛、絶え間ないおう吐が三、四日間続く。おう吐物は黒いが皮膚は黄色くなり、多くの場合、七日から一〇日で死に至る。黄熱は伝染病のような広がり方をすることが多いので、黄熱にかかった人が触れた衣類、寝具など、物から移ると、多くの人が信じていた。実際、最初はファースも確かにそのとおりだと考えていた。しかし、看護師や医師、患者の家族、埋葬業者が他の人より黄熱にかかりやすいという証拠はないことに気づき、考えを変えた。

そこでファースは、黄熱患者に接触しても安全だということを、実験によって実証しようと決心した。まず最初は、黄熱患者のおう吐物をたっぷりしみ込ませたパンを小型犬に食べさせた。このイヌは三日後にはすっかりご馳走の味を覚え、パンにしみ込ませなくても患者のおう吐物を喜んで食べるようになったが、全く病気の症状は出なかった。次にファースはネコにも同じ餌を食べさせたが、ネコも健康そのもので、変わりはなかった。さらにもう一度イヌに戻って、背中の皮膚を切開し、おう吐物をたっぷり入れてから縫い合わせたが、それでもイヌは元気なままだった。その後、おう吐物を頸静脈に直接注射したときに、ようやくイヌは死んだ。しかし、彼はこの死は黄熱とは無関係であると確信した。別の実験で、イヌは頸静脈に水を注射しても死ぬことがわかったからである。

ついに一八〇二年一〇月四日に、ファースは自分自身を新たなモルモットにして実験を始めた。まず前腕を切り開いて、傷に黄熱患者のおう吐物を注ぎ込んだ。しかし何も起こらなかった。念のため、体の他の部分二〇箇所ほどで、この実験を繰返した。さらに彼は、おう吐物を点眼したり、おう吐物を燃やして煙を吸い込んだり、おう吐物を乾かして固めた錠剤を飲んだり、おう吐物を薄めて飲んだりし、「薄めて飲む量を一四グラムから五六グラムにまで増やして、ついに薄めないでそのまま飲んだ」とのちに論文に書いている。

この病気はおう吐物では感染しないと確信すると、彼は次に患者の血液、唾液、汗、尿に目を向けた。患者の血液を「大量に」飲み、体に何箇所も傷をつけてさまざまな体液をそこに注いだ。このときのファースはきわめて幸運だっただけであり、実際にはウイルスが血液を介して伝わる可能性はあった。おそらく、この段階に至るまでに彼がすでに免疫を獲得していたか、使用した血液がその時点で感染性を失っていたかのどちらかだったのだろう。とにかく、彼の体調が悪くなることはなく、ここまでくれば、確実に、黄熱は感染者と一緒にいただけでは感染しないといえるようになった。

だが、ファースの勇敢な実験は医学にはほとんど何の影響も及ぼさなかった。この実験でおもに明らかになったのは、こんなやり方では黄熱は感染しないということであるが、もっと重要な問題は、黄熱が実際にどのように広まるのかであり、この実験ではそれが解決できなかったからである。

ただ彼は、すでに黄熱の重要な特性に気づいていた。一八〇四年に書いているとおり、「暑い時期にだけ発生し、寒いと抑えられ、温度計が三二℃を下回ると決して流行しない」という点が、黄熱と接触伝染性の病気の相違点である。黄熱のウイルスがカによって媒介されることが発見されたのは、それから一世紀後のことだった。

## 1825年
## お腹に穴のある男

一八二二年六月六日の正午すぎのことだった。ウィリアム・ボーモントは傷から血を流している兵士のそばにひざまずいていた。カナダとの国境の近く、米国のミシガン湖とヒューロン湖の境界付近にあるマキノー砦の保管庫でマスケット銃が暴発し、アレクシス・サンマルタンの腹部に当たったのである。ボーモントは裂けた洋服や砕けた骨の破片を傷口から取除き、折れて肺に刺さった肋骨を切り取り、小麦粉、湯、炭、酵母を混ぜてつくった湿布を施した。ボーモントは軍医だったので銃創の手当にはかなり経験を積んでいたが、どう見ても手の施しようのない状況だった。だがこのときは、彼の診立ては外れた。この二八歳の兵士サンマルタンは肺炎を起こして高熱を出したが、ボーモントに瀉血をしてもらい、やがて回復したのである。ただ一つ困ったのは、傷がどうしても完全に塞がらないことだった。サンマルタンが何を食べても、左胸の下に開いた穴から食べたものが出てきてしまう。そうならないようにするため、最初のうちは何かを食べ、消化する間は、胸にきつく包帯を巻く必要があったが、後には皮膚が盛り上がって穴は小さくなり、管（瘻孔）になった。穴は軽く押すだけで開き、胃に指を直接入れることもできるが、包帯を巻く必要はなくなった。

ボーモントはのちに、サンマルタンの面倒をみたのは利己的な動機からでは全くなかったと主張している。それはそのとおりだったとしても、おそらく、患者の脇腹に開いた穴がまたとないチャンスを与えてくれることには、すぐに気づいただろう。とにかくボーモントは、長い時間かかって回復したサンマルタンが彼の手元を離れてモントリオールに配属されるのを、うまく阻止することに成功した。

一八二五年八月一日の正午ごろに、ボーモントは「濃く味のついた蒸し焼きローストビーフ一切れ、生の塩漬け牛肉一切れ、生の塩漬け豚肉一切れ、生の赤身の牛肉一切れ、ゆでたコンビーフ一切れ、固くなったパン一切れ、生のキャベツ少量」に絹糸を結びつけておき、サンマルタンの脇腹の穴から中に入れた。そして、一時間、二時間、三時間と間隔をおき、これらを引き出して観察した。これが数多くの実験の始まりだった。二回目の同様の実験では、胃液を取出して器に入れ、そこに一切れのコンビーフを浸した。見ている前で、コンビーフは消化された。

軍医のボーモントが，サンマルタンの胃にあいた穴から胃液を吸い上げている．この先駆的な実験の一場面を描いた絵画は実際には 100 年以上も後に描かれたものである．

これによって、古くからある問題、すなわち消化とは純粋な化学プロセスなのか、それとも何らかの生命力がかかわっていて、これが体内で消化と分解の違いを生んでいるのか、という疑問に答が得られた。明らかに、何らかの「生命力」など必要ではなく、容器内での胃液の化学反応だけで、消化は十分に進行したのである。またボーモントは唾液と胃液の作用を比較し、胃液は単に唾液が胃に溜まったものだという見方に異議を唱えた。さらに、薄めた酸よりも胃液のほうが食物を早く溶かすことも確かめた。のちに別の研究者が、胃にはタンパク質を分解する酵素ペプシンが存在することを発見した。

実験開始から間もない一八二五年九月に、サンマルタンはカナダへ移住し（「私の同意も得ないで」と、のちにボーモントは強調している）、結婚して二人の子供をもうけた。二年後にボーモントはサンマルタンの居所を突きとめ、報酬と引き替えに、もう一度彼のもとで患者として暮らすよう説き伏せた。

こうしてボーモントは、サンマルタンの胃の動きを何回も観察したり、胃の内壁を調べたり、たっぷり食事をさせて、それを二〇分後に胃から取除いたりした。さまざまな食物の、消化にかかる時間を計り、この消化時間に天候がどう影響するかも調べた。モルモットになったサンマルタンは、「ボーモントに仕え、ボーモントがどこへ行こうとも彼のもとにとどまり続け、理にかなった妥当な要求や実験にはすべて応じる」という契約にサインしていたのである。引き替えに彼は、食事と住居つきで毎年一五〇ポンド（当時の一ポンドは現在の四〜八万円）を受取ることになった。

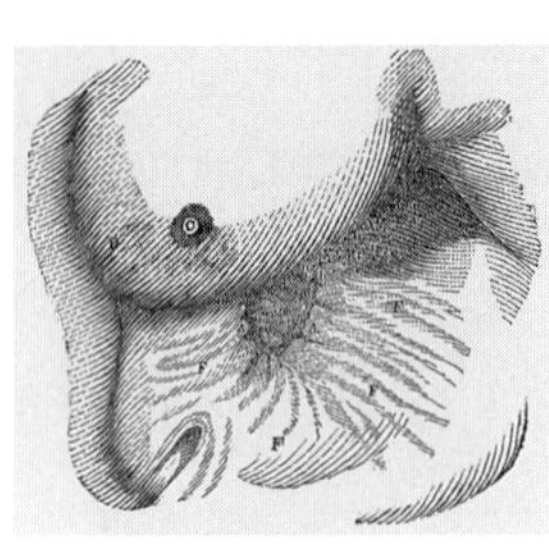
医学分野で最も有名な胸の絵．銃創が胃に直接つながる穴となって残った．

実験台になるのは非常に大変だった。月によっては、ほぼ毎日のペースで実験に耐えなければならないこともあり、一八三二年にはクリスマスの日にまで実験が行われた。一八三四年にサンマルタンはカナダ南部にいる家族を訪問し、そのまま帰ってこなかった。ボーモントは一九年後に六八歳で死んだが、その直前まで、何とかサンマルタンを呼び戻そうと試みた。死の一年前には、サンマルタンへの手紙の最後にこう書いている。「アレクシス、私はもう何も言えないが、君もよくわかっているだろう、私が、あれ以来長年にわたって君のために何をしたかを。そして、君のために何かしたいと、今でも望み、願っているかを。そして、どれほど努力し、悩み、期待し、そして君が私の期待に応えてくれないことで、失望を味わってきたかを。これ以上、私をがっかりさせないでほしいし、君が受取るべき報酬や喜びを放棄しないでほしい。」そのときまでに、サンマルタンの話は医学界に広く知れわたっていて、ロンドンやパリからきたボーモントの同僚たちは、胃に穴のある男に会いたがった。ただボーモントは、他の医師がサンマルタンに直接接触するのではないかと、絶えず心配していた。

ボーモントに言わせれば、アレクシス・サンマルタンは単なる実験対象で、その気になれば解雇する権利はボーモントのほうにあるのだった。当時の多くの医師たちと同じように、彼には、実験がサンマルタンに悪影響を及ぼす可能性を心配したり、何年間もずっと家族と引き離している事実を省みたりといった、倫理的な罪悪感は全くなかった。一八三三年に出版され、今では古典的名著とされているボーモントの著書『胃液と消化生理に関する実験と観察（Experiments and Observations on the Gastric Juice and the Physiology of Digestion）』の序文には、多数の医師に対して助言や支援への感謝が述べられているが、研究対象になったサンマルタンには一言もない。

アレクシス・サンマルタンは、ボーモントの死の二七年後、一八八〇年六月二四日に八六歳で死亡した。遺体を解剖し、胃を博物館に寄贈したいと望む医師が何人もいたが、サンマルタンの家族は、腐敗し始めるまで遺体を家に安置することを望み、そのまま埋葬した。誰かが遺体を掘り起こすのを防ぐため、二メートル以上の深い墓が掘られた。

## 1837年 バスーンでダーウィンをご紹介

実験のなかには、どうしても実験される動物の側の目線に立って描きたくなるものがある。そう、ここに土のいっぱい入った植木鉢をくねくねと掘り進むミミズがいて、ついに地面に顔を出して外を覗いたとき、いったい何が見えただろう。ほかでもない、歴史上最も偉大な自然科学者の一人チャールズ・ダーウィンが、鉢のすぐ上にバスーンを構え、頬を膨らまして、できる限りの低音を出していたのである。だが、ミミズもこれには驚いただろうと思ったら、それはまちがいだ。何しろこの偉大な学者は、それまでにもミミズに、フルート演奏やピアノ演奏を披露していたのである。

ダーウィンは、単に進化論を提唱しただけではなく、四〇年以上も費やしてミミズの生態を熱心に研究している。なかでも彼は、ミミズはものを聞くことができるかという疑問に答を出したいと願っていた。そして、ミミズがどんな楽器の演奏にも反応せず、ミミズに向かって彼が何を叫んでも全く反応を示さなかったことから、一八八一年に著書『ミミズと土（The Formation of Vegetable Mould, through the Action of Worms with Observations on their Habits）』のなかで、「ミミズには聴覚は存在しない」と結論を出したのである。

## 1845年 列車の上のトランペット吹き

それは、ダダイスト（既成の価値を否定し、極端な反理性・反道徳主義を唱えた芸術家たち）のために特別に催されたコンサートのようだった。一八四五年六月三日、オランダのユトレヒトとマーセンの間を、屋根のない床だけの貨車を一両だけつないだ蒸気機関車が何度も往復していた。貨車には三人の男が立っていた。一人は、印刷した用紙に数字をメモするのに没頭し、二人目の男は、三人目の男が合図する度にトランペットでG（ソ）の音を吹いていた。

運転台の機関助手の横には、二八歳の物理学者クリストフ・ボイス・バロットが立ち、心配そうに空をちらっと見上げては、天気が変わらないようにと心のなかで祈っていた。二月に最初に試みたときには、実験中止を余儀なくされていたからである。そのときは猛吹雪に襲われて、あまりの寒さに楽器の音が狂ってしまったのだった。対照的にこの火曜日は穏やかな夏の日で、今度は、うまく最後まで実験をやりとおせそうだった。この実験は、一八四二年にオーストリアの無名の大学教授が星の色に関して唱えた理論の正しさを検証するために計画され、六人のトランペット奏者と二個の時計、それに機関車が一台動員されていた。

ボイス・バロットが「ドップラー氏の研究論文」の写しを手に入れてから、三年が経っていた。クリスチャン・ドップラーは、この「連星と他の天体の多色光について（Ueber das farbige Licht der Doppelsterne und einiger anderer Gestirne des Himmels）」と題した論文で、光源に高速で近づいたり、遠ざかったりする観測者には、止まっている場合とは光の色が違って見えると推論した。この現象はスピードが非常に速くなければ起こらないので日常生活では観察できなかったが、ドップラーは、彼の理論を確かめたいと思う人は星を見るだけで十分だと確信していた。

天文学者は当時、夜空に見える星を白い星と色のついた星の二つに大きく分類していた。白い星は外見上動いていない個別の星であり、色のついた星の多くは連星（互いのまわりを軌道運動している二つの星）の片割れである。ドップラーは、連星の色には、これらが交互に地球に対して遠ざかったり近づいたりしていることが関係していると信じていた。この考えに基づいて彼が唱えた理論は、ドップラー効果とよばれていて物理学の歴史に名を残している。

光の本質に関するさまざまな論争の末に、ドップラーの時代には、光は波のように伝わり、光の色の違いは波の振動数の違いから生じると、物理学者の間ではおおよそ意見が一致していた。すなわち、紫の光が最も速く、赤の光が最も遅く振動し、その中間には、虹にみられるように青、緑、黄、橙がくる。

ある人が光の色を赤と見るか青と見るかは、光の波がどのくらいの間隔で次つぎに観測者の目に届くかによって決まる。それなら光源の移動や観測者の移動も光の色に関係してくるはずだが、ドップラーは、それまで誰もこれに気づいていなかったということに気づいて驚いた。人が光源に近づいていくときには波の方向と逆に進んでいくので、次つぎにくる波に、立ち止まっているときに比べて短い間隔で立て続けに出会うことになる。逆に、人が光源から遠ざかるときには波から逃げる形になるので、波が追いつくのに時間が余計にかかり、そのため連続した波はゆっくりした間隔で到達する。同じ原理は、観測者は止まっていて光源が動くときにも当てはまる。

ドップラーは、船を例にとってこの原理を図解した。船が波に向かって進むと、「止まったままの船や、波によって運ばれて波と同じ方向に進んでいる船よりも、同じ時間内に数多くの波にぶつかり、より強い衝撃を受ける。」

また彼は論文のなかで、この効果が裸眼で見えるようになる速度を計算した。毎秒五三キロメートルというこの数字は、最高に楽天的な研究者をも意気消沈させてドップラー効果を実験で証明する意欲をなくさせるのに十分だった。

しかしドップラー自身も気づいていたように、この問題を回避する方法はあった。音も光と同じように波として伝わり、ただ速度がはるかに遅いだけなので、この効果は、音の波にも「まちがいなく厳密に当てはまる」はずである。音波は空気の圧力の小さな速い変動で、人の耳でこれを捉えることができる。波のなかへと進む船とちょうど同じように、人が音源に向かって動いていると、音波が速い速度で立て続けに耳に届くことになり、実際に音源から出ている音程よりも高い音に聞こえる。ドップラーは、B(シ)の音がC(ド)に変わる、すなわち半音高く聞こえるには、音源が毎秒二〇メートル(時速七二キロメートル)の速さで観測者に近づく必要があると計算した。

時速七二キロメートル。これなら、前世紀の終わりに蒸気機関車が発明されていたので、実現可能な速度だった。ボイス・バロットはオランダ・ライン鉄道の重役に頼み、この重役が内務大臣から「機関車を自由に利用してよい」とお墨付きをもらった。

最初の計画では、機関車の警笛を音源として利用するつもりだった。音が大きく、遠くからでも聞こえたからである。しかし試してみると、警笛は音が混ざりすぎていて、音楽家の耳でも正確な音程を言えないことがわかった。そこで彼は、実験を手伝う人数を増やすことにして、ユトレヒトで見つかる最高のトランペット奏者を数人雇った。そのなかの一人が二人の助手と一緒に列車に乗り、残りのトランペット奏者は三つのグループに分かれて、四〇〇メートルおきに線路沿いで列車が通るのを待つことにした。

この科学のための演奏運行の往路では、列車の上のトランペット奏者がGの音を出し、線路沿いの奏者たちが音程の違いを書き留めた。帰路では役割を逆にし、線路沿いのトランペット奏者たちが音を出し、列車上の奏者が音程を確認することにした。

しかし、非常に単純と思えた実験も、実際に試してみると予想よりはるかに厄介なことがわかった。できるだけ音程の違いを大きくするためには機関車ができるだけ速く走らなければならないが、速く走れば走るほど、エンジンの雑音とトランペットの音を聞き分けるのがむずかしくなる。しかもこの速さでは、列車がすぐに通りすぎてしまうため、音はほんの一瞬しか聞こえない。一方、列車がゆっくり走ると音程の違いが小さくなり、気づけなくなってしまう。最終的にボイス・バロットは列車の速度を時速六八〜七二キロメートルの間と決め、二個の時計で彼自身が時間を計った。しかし、苛立たしいことに、機関助手はどうしても列車の速度を一定に保てないのだった。

だが、彼を悩ませた最大の問題はそれほど技術的ではなく、むしろ人間的なものだった。どこで吹くか正確に指示を出しても、トランペット奏者たちは合図どおりすぐに音を出すことができなかったのだ。誰か一人がGの音を出すのを忘れることもあったし、二人の奏者が突然同時に音を出すこともあった。『ポッゲンドルフ物理・化学年報（*Poggendorff's Annalen der Physik und Chemie*）』のなかでボイス・バロットは、この実験を繰返したいと思う人は「よく訓練された人」を使うようにとアドバイスしている。

彼は、六月三日にバルブ式トランペットで行った実験を、六月五日にはもっと音の大きいナチュラル・トランペットを使ってもう一度行い、「若干のずれはあるものの」ドップラーの理論を確認することができた。トランペット奏者が遠ざかっているときに比べ、近づいているときのほうが音程が高くなると、奏者たちの意見が一致したのである。大型四輪馬車の走る音では、なぜこの効果がはっきりしないのか。実験を始める前には、トランペット奏者たちのなかに、そう言って異議を唱えるものもあったが、今はその理由もすぐに説明できた。馬車が出すのは純粋な音ではなく、さまざまな音程が入り交じった音だからで、そのなかから音程のずれを聞き分けるのは、音楽家の耳をもってしても不可能だったのである。

同様な根拠から、ボイス・バロットはドップラーが一点だけまちがっていると確信した。ドップラーの理論が正しいことに疑いの余地はないが、この理論では星の色は説明できない。星が発する光はやはり混合物で、それも多様な色の光が混ざったものである。彼の理論どおりにこれらがすべて同時に少し振動数が上にずれたとすると、最も振動数の低い光（赤）がスペクトルから消えることになる。

ドップラーは連星ではこの色の変化が見えるのだと信じていたが、星から放射される光のスペクトルには目に見えない赤外光も含まれているという事実を見落としていた。赤外光の振動数は赤の光よりもさらに低く、ドップラー効果によってずれると可視光領域に移る。つまり実際には、この現象を人の目に見える範囲で捉えると、全く何の変化も起こらないことになる。皮肉なことにドップラーは、この「連星の色」という、ドップラー効果によって生じたわけではない現象を、ずばり論文の題名として選んで強調してしまったのだった。実は星は、最初から色のついた光を放射しているのである。

今日ならドップラーは、おそらく自分の理論を裏付ける例として絶対に連星など選ばず、救急車を選んだだろう。救急車が近づいてくるときにはサイレンの音が高く聞こえ、通りすぎてからは低く聞こえるのは、子供でも知っている。

現在、天文学、化学、医学の分野では、ドップラー効果に基づく技術が数え切れないほど使われている。航空機の航行システムもこれに基づいているし、ドップラー効果がなければ、ビッグバン理論が編み出されることもなかっただろう。スピード違反取締装置にまで、ドップラー効果が利用されている。

だがボイス・バロットはそこまで未来を見通してはいなかった。ドップラー効果の現実的な応用法として彼が一つだけ思いついたのは、「この効果は、いつの日かよりよい楽器をつくるのに役立つかもしれない」ということだった。

## 1852年 みだらな筋肉

医師ギヨーム・ベンジャマン・アマン・デュシェンヌ・ド・ブーローニュは、今では数え切れないほ

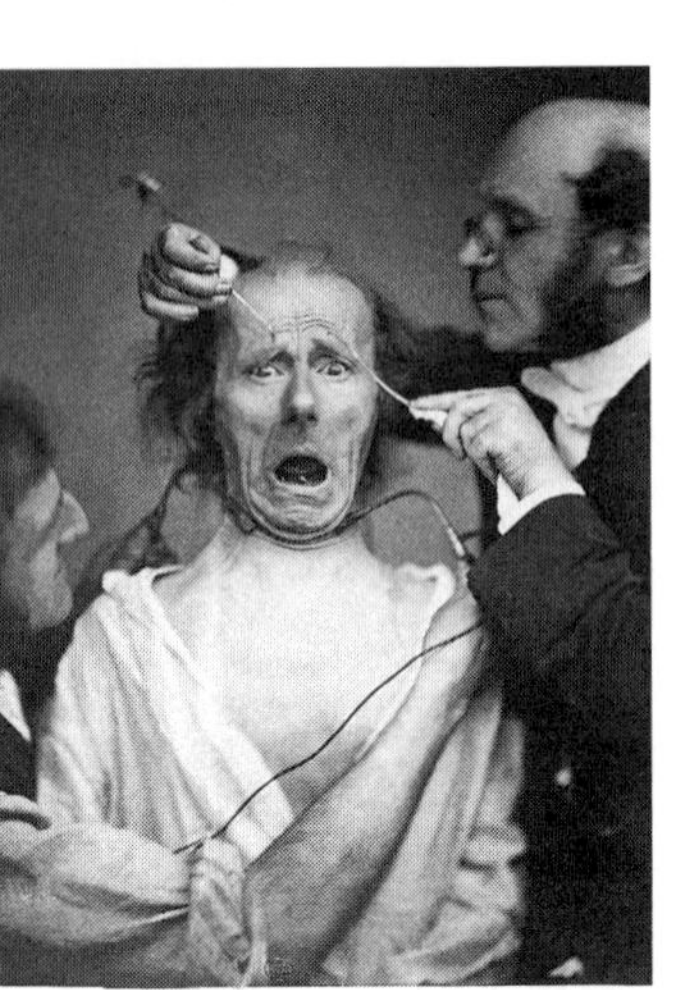

デュシェンヌ（右）は，電流を使って“顔の表情のオーソグラフィー”を研究した．

どの美術展や多くの本で目にするあの写真の老人の名前を、決して明かさなかった。デュシェンヌの著作『人間の表情のしくみ（Méchanisme de la physionomie humaine Jules Renouard）』を読むと、この老人が靴屋であることと、顔の特徴からみて「温和な性格」であり「それほど知的でない」ことだけがわかる。

デュシェンヌは、実験対象にされた老人の悲運などより、実験対象としてもっとハンサムな顔を選ばなかったことに自分の本の読者がどう反応するかで頭がいっぱいだった。「この電気生理学実験で撮影した写真はほとんどがこの老人のものだが、彼はどこにでもいるような醜い顔立ちだったので、世慣れた人（出版の常識を知る人）には奇妙な選択にみえたかもしれない。」

だが、デュシェンヌがこの歯の抜けた老いぼれ顔を選んだのには、もっともな理由があった。一つは、しわだらけの皮膚のおかげで顔の筋肉組織が非常にはっきりと見えるからであり、もう一つは、彼がかなり前から顔の感覚を完全に失っていたからである。これはデュシェンヌにとっては何よりも好都合なことで、そのおかげで「個々の筋肉の働きを、まるで死体の筋肉ででもあるかのように効率よく調べる」ことができたのだ。実際、彼はそれも考えたことがあった。「生きているこの老人の代わりに死体を使う可能性があったのは本当だ。」だが、死人の顔に電気を使って表情を生じさせることほどゾッとする光景はないことを、デュシェンヌは個人的な経験から知っていた。「だから、あの老人は理想的な被験者だったのだ。」この老人の写真にはときに拷問のシーンのようにみえるものがあったのは事実だが、デュシェンヌは何とか読者を安心させたい一心で、実験の間ずっと老人には全く感覚はなく、呼吸も乱れず落ち着いていたと書いている。

一八四二年にイギリス海峡沿岸のフランスのブーローニュ・シュルメールの町からパリに出てきたときには、三六歳のデュシェンヌは、一つの病院での長期のポストには就かず、巡回医としてさまざまな病院で患者を診ていた。そのなかに、セーヌ川下流の河岸に立つサルペトリエール病院があった。この地域には、さまざまな麻痺に苦しんでいるが正確な診断のついていない患者が多く住んでいた。てんかんや痙性麻痺、対麻痺を調べる過程で、デュシェンヌは患者の個々の筋肉の電気刺激を行い、神経疾患の症例を幅広くリストアップした。

そして、もしも麻痺した筋肉が電気刺激で動くなら、制御機構に何らかの損傷が生じているのであり、不具合は脳の中か、脳と筋肉とを結ぶ途中にあるはずだと判断した。それに対して、もしも電気刺激が効かないなら問題は筋肉自体にあるとしか考えられない。現在、筋組織が萎縮する病気で最もよく知られているのがデュシェンヌ型筋ジストロフィーで、その名前を聞くと、この分野での彼の先駆的な業績が思い起こされる。

デュシェンヌが調べた筋肉のなかには、顔の筋肉もあった。顔面筋の研究は、単に科学的な目的のためだけではなく、美学的なねらいもあった。彼は、電極と交流電流を利用すれば「人の顔の表情を支配する法則」を理解することができ、その過程で、神のつくり賜うた普遍的な「顔の表情のオーソグラフィー（正しい記述のしかた）」の謎が解き明かされる、と確信していた。つまり、ある決まった感情によって、どんな人間でも全く例外なく同じ組合わせで顔面筋が活性化されるはずだと考えたのである。
実験ではデュシェンヌは、顔面筋を電気刺激することによって、できるだけ本物の感情らしくみえる表情をつくろうと試みた。同時に最大四本の電極を使うことにより、怒り、喜び、驚きを示す表情をつくり出すことができたし、ときには顔の片側ずつに違う感情を示す表情をつくることもできた。彼は、その筋肉がどんな感情で活性化されるかにちなんで、筋肉に名前をつけた。悲しみ筋（口角下制筋）、痛み筋（皺眉筋）、好色筋（鼻筋の一部）である。彼はまた、真実の笑いと偽りの笑いの違いが、眼輪筋の外側の部分に現れることを発見した。眼輪筋は目のまわりを囲む筋肉で、自然に笑ったときにだけ活性化される。この筋肉は「人の自由意志には支配されない……笑いにこの筋肉の動きがないことで、偽りの友であることがばれてしまう」とデュシェンヌは書いている。

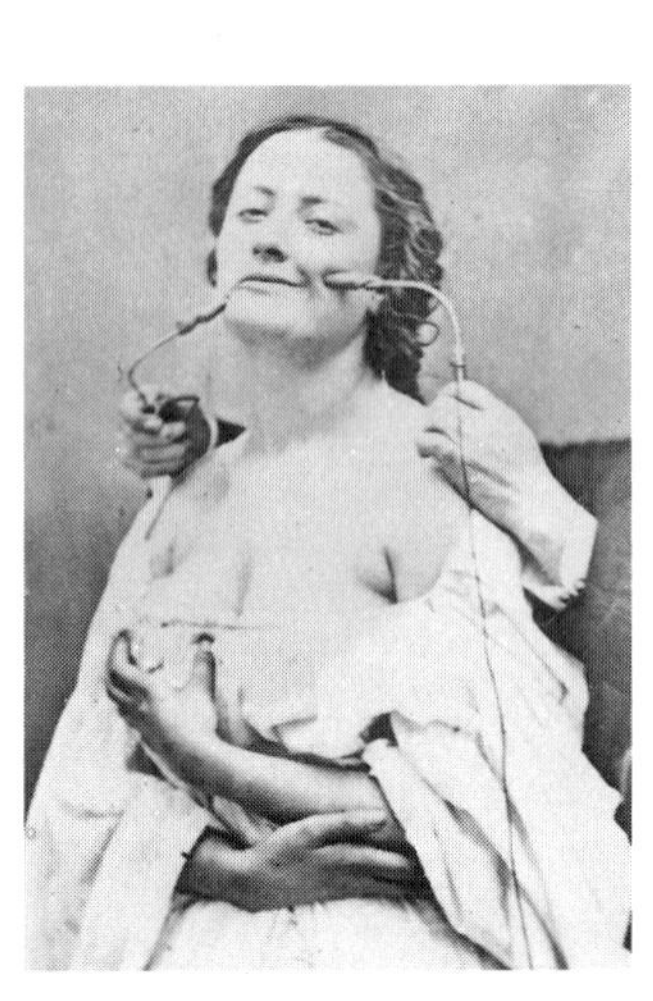

デュシェンヌは，モデルに芝居がかったポーズをとらせたがった．この写真には“魅惑的な女性”という題をつけている．

電気刺激の弱点は、筋肉に対する効果がほんの短時間しか続かないことだった。ちょうどそのころに、一瞬のはかない出来事を捉えられる写真というものが発明されていなかったら、現代でデュシェンヌの名前を聞いたことのある人間は、神経学の歴史に関心のあるほんの一握りの神経学者だけだったはずだ。だが実際は、これらの実験の写真のおかげで、デュシェンヌは写真の歴史にまで名を残した。彼が最初に発表した「醜い靴屋」の原版は高額で取引され、現在では、別人のものになっている。チャールズ・ダーウィンも一八七二年の著書『人および動物の表情について（The Expression of Emotion in Men and Animals）』に、デュシェンヌの写真を数枚使っている。

デュシェンヌの実験の被験者としてはこの靴屋の老人が最も有名だが、実験台は彼だけではなかった。たとえばデュシェンヌは、電気刺激で目の病気を治療した若い女性患者でも、実験を行っている。彼女がこの不快な治療手法に慣れたころを見計らい、彼は彼女に芝居がかったポーズをさせ始めた。時には懇願するような表情を、時にはみだらな微笑みを浮かべさせた。時にはゆりかごのそばの母親、時にはマクベス夫人に仕立てた。これらの写真には、どこか非現実的なところがある。写真の端のほうからデュシェンヌの手が伸びて、女性の顔に電極を押し当てているのが必ず見えるからである。

デュシェンヌは、自分の研究が単に知識を得るためのものだとは思っていなかった。彼はこの研究を美術の流れを変えるためにも使いたいと願い、画家が「人々の感情の状態を正しく総合的に描写する」助けになる法則をまとめた。

彼は、多くの古代美術の巨匠の作品に懐疑のまなざしを向け、巨匠たちは人の基本的な顔の造作は上手に捉えているものの、彼らの描写する表情は多くの点で「力学的に不可能」だと思っていた。たとえば、有名なギリシャ彫刻「神官ラオコーン像」を美術史家たちは傑作と賛えるが、デュシェンヌの考えでは額の描き方に欠陥がある。明らかに、作者であるロドス島出身の三人の彫刻家ポリュドロス、アゲサンドロス、アテノドロスが、皮膚の下での皺眉筋の重要な働きを全く知らなかったのである。

画家が「自然界の不変の法則」に従えば、人をどれほどもっと美しく表現できるかを示すために、デュシェンヌはラオコーン像の複製と石膏を使って、自然な表情が本当はどのように見えるはずかを再現してみせ、このほかの古典作品にもせっせと取組んだ。彼のしていることは芸術を「解剖学的写実主義」のレベルに貶めるものだという批判に、彼は耳を貸さなかった。何しろ、彼の美術批判は、「厳格な科学的分析」に基づいていたからである。

## 1883年
## やったぜ！ 大変な仕事は全部他人任せ！

昔からよく知られていることではあるが、それを初めて科学的に証明しようとしたのは、一九世紀末のフランスの農学者マックス・リンゲルマンである。そう、人間は怠け者なのだ。特に、誰にも見られていないと思ったときには。

リンゲルマンの巧みな実験とは、グランジュアン農業大学の学生二〇人に長さ五メートルの綱を引っ張らせ、綱の反対の端には歪みゲージを取付けておくというものだった。この装置によって、人の怠けたがる傾向が明確な数値で確認された。二人で同時に綱を引いたときには二人とも、その前にそれぞれが一人で綱を引いたときに比べ、平均九三パーセントの力しか出さなかった。三人で引いたときにはこの数字は八五パーセントに、四人のときには七七パーセントに下がった。怠惰の指標となるこの数字はさらにその後も下がり続け、八人の集団になると、一人ひとりは平均すると最大能力の五〇パーセントしか発揮しなかった。現代の心理学者は、人の本質に潜むこのずるい傾向をリンゲルマン効果とよび、次のように説明している。集団で行う作業では、個人のしたことが全体の成果にそれほど強く影響しないため、個人として最善を尽くそうという意欲が失われる。さらに、個人の貢献が団体の努力のなかでは隠れてしまうため、人をあてにする気分が強まる。

しかしリンゲルマンは、他の解釈をする余地があることにも気づいていた。この作業効率低下が「社会的手抜き」とは実は無関係だという可能性はないだろうか。つまり、手抜きではなく、集団での綱引きのほうが力の同調がむずかしくなるからであり、学生たち全員が全く同時に綱を引っ張れていなかったのだとすれば、集団全体として引っ張る力が個々人の最大能力の総和よりも小さいことは説明でき、そうなれば人間とは無私無欲の存在であるという高い評価に傷はつかないことになる。

1974年にマサチューセッツ大学で行われた，1883年の綱引き実験の再現．結果は同じだった．すなわち，引っ張る人の数が多くなるにつれ，個々人が引っ張る力は弱くなる．

しかしこの望みは、一九七〇年代にワシントン大学のアラン・G・インガムが行ったリンゲルマンの実験の現代版によって、粉々に打ち砕かれた。インガムは、本当の被験者のなかに、綱を引くふりだけをする「サクラ」を紛れ込ませた。どの実験でも、真相を知らない人は一人だけで、彼には、自分一人で、あるいは二人、三人、四人、五人、六人、七人のグループで引っ張っていると信じ込ませた。そして、他の被験者が精一杯引っ張っていないことに気づかないよう、彼を必ず列の先頭にするか、あるいは被験者全員に何かしらの理由をつけて目隠しをさせた。実験の結果は、事情を知らされていないこの被験者でも、ベストを尽くそうという意欲が低下するというものだった。そのうえ、彼が発揮する力は、一緒に引っ張っていると彼が思っている人の数に応じて小さくなった。

現代の職場では、チームワークという考え方が定着しているので、経営コースのなかにもリンゲルマンの研究は時折登場する。しかし、踏み込んだところまで議論しても無駄である。リンゲルマンが得た必然的結論は、「チーム」という言葉の真の定義に関する警句として昔からいわれているのだ。「やったぜ!大変な仕事は全部他人任せ!」

## 1885年 殺人者の首

フランスの医師ジョン・バティステ・ヴァンソン・ラボルドは、田舎ではパリほど人々が法律の条文に細かくこだわらないのを知って、ほっとした。首都パリでは、「ヨーロッパの文明国全体を探してもここにしかない、ばかげた法律」が妨げとなって、彼の実験は行うことができないのだ。この法律では、処刑された囚人の遺体は墓地の入り口へと運び、そこで見せかけの埋葬をする必要があり、「そのため、科学的検査に利用できる状態ですぐに下げ渡しにはならない」とラボルドは強い不満を抱いていた。

ラボルドのねらいは、人の頭が胴体から切り離された後、どのくらいの時間生きていられるのかを明らかにすることにあった。フランスでは一七九一年に医師の提案により、正確に一瞬で処刑できるギロチンが、苦痛の大きいそれまでの処刑方法に代わる公正で人道的な方法として導入されたが、それ以来、これが本当に人道的かどうか疑問が生じていた。一部の医学専門家は、斬首されてから一五分経っても意識や痛みの感覚は残っていると主張していた。また、まさに死ぬ瞬間の問題は、文学の注目の話題にもなっていた。ヴィクトル・ユーゴーの短編『死刑囚最後の日』では、主人公の死刑囚が日記にこう書いている。「事がなされてしまえば、苦しみはすべて終わりだ、と人々は言う。だが、確かにそのとおりだと、人々はどうして確信できるのだろう。誰かがそう話してくれたとでもいうのか。切り落とされた首が籠の縁に乗っかったまま、集まった群衆に向かって『ちっとも苦しくなかった！』と叫ぶのを、誰か聞いたことがあるのか。」ヴィリエ・ド・リラダンの小説『断頭台の秘密』では、外科医アーマン・ヴェルポーがこの問題にまつわる疑問をすべて晴らそうと考えて、死刑判決を受けた医師エドモン・デジア・コティ・ド・ラ・ポムレーと次のような約束をする。「首を切られた後で、もしも本当にまだ意識があったなら、あらかじめ決めておいた合図に応じてポムレーは三回まばたきをする。」

この光景は、小説家がつくり上げた単なる想像の産物ではなかった。科学者たちは長い間、独創的な手法を考え出しては、死の正確な瞬間という問題を解決しようと試みてきた。たとえば、切断した頭を殴ったり、切断した頭に向かって怒鳴ったり、名前を大声で呼んだりして、反応を待った。ラボルドの方法は、さらにもう少し独創的だった。彼はそれまでにも何度か、切断された人の頭を生きた犬の循環系につなごうと試みていたが、その成否のカギとなる貴重な時間が、あの「ばかげた法律」のおかげで失われていたため、うまくいかなかった。彼は、一瞬たりとも無駄にしないようにと、霊柩車が斬首された死刑囚の遺体を運んでくるのを墓地の入り口で待って、がたがた揺れる馬車で実験室へと戻る間に、まだ暖かい頭で実験を始めたこともある。

田舎ではものごとがはるかに単純だったので、一八八五年七月二日、ラボルドはパリの一五〇キロメートル東にある小さな町トロアの広場に立ち、ギャグニーという名の殺人犯の処刑を、今か今かと待っていた。ギャグニーは六カ月前、共犯者とともにグロア・デュ農場で農場主とその母と小間使いを殺害していた。

トロアの医師の支援と町長の認可を得て、ラボルドは処刑の七分後にはギャグニーの首を手に入れ、すぐに首の左頸動脈を大型犬の左頸動脈につなぐ作業に取りかかった。右の頸動脈からは、温めたウシの血液を注射器で入れるつもりだった。しかし、これがなかなかうまくいかなくて、彼はいらいらした。どう見ても田舎のギロチンは都会のギロチンほど手入れが行き届いていないことは明らかで、「切断がスパッといかなかったため、組織がすべてつぶれてぐしゃぐしゃになっていて、頸動脈の位置を突きとめるのが非常にむずかしかった」と、のちにラボルドは書いている。しかし、血流を維持できない状態でも、首の目の前にロウソクを持っていくと効果が現れた。瞳孔が狭まったのである。結局、二〇分かかったが、二重の輸液ができるようになった。

その効果はすぐに見てとれた。「特に、イヌの血液を流した左側は赤みが差して、これまで私の実験を見たことのない人々を驚かせた。」それからラボルドは、頭蓋骨に開けた穴から脳に電気ショックを与え始めたが、電圧を最大にしても、何も起こらなかった。「時間が経つにつれ、多くの人々が落胆の表情をみせ始めた。」しかしラボルドはくじけず、さらにいくつか新しい穴を開けた。そしてついにそのなかの一つ、右側に開けた穴が運よく的を射た。ここからの電気刺激によって、顔の左半分に筋肉のけいれんが起こったのである。処刑後四〇分経っていたが、歯がカチカチと鳴る音が聞こえたと、ラボルドは誇らしげに書き記している。

このゾッとするような実験から得られたのは、結局は大した知見ではなかった。死後の脳に血液を供給すると、脳が反応性を保つ時間が二倍に伸びたとラボルドはいうが、これが処刑された人間にとってどんな意味をもつのかは全くわからなかった。つまり、切断された首にも意識が残っているのか、そして残っているとしたらどれほどの時間なのかについては、何も判明しなかったのである。

## 1889年 モルモットの精巣──若さの秘密

シャーリー・エドアー・ブラウン・セカールは、医学のために自分の命や手足を危険にさらすことになったときにも、全く動じなかった。それまでにもこのエキセントリックな医師は、首を切られた男性の遺体に自分の血液を注入したり、コレラ患者のおう吐物を食べたり、紐をつけたスポンジを飲み込んで、胃液がたっぷりしみ込んだところで吐き出したり、といったことをしていた。

しかし彼の多くの実験のなかでも、一八八九年の五月一五日水曜日に始めた実験ほど、広範囲に影響を及ぼしたものはなかった。その日ブラウン・セカールは、パリのコレージュ・ド・フランス（フランスの学問、教育の頂点に位置する国立の高等教育機関）にある自身の研究室で、健康な子イヌからとった精巣を乳鉢と乳棒ですりつぶし、蒸留水を一、二滴加えて懸濁液にしてから沪過し、沪液を自分の左前腕に注射した。

彼は、「老化によって体が弱るのは、精巣の機能の低下が一因である」と考えた。老化によって体が衰弱して出てくる症状は、去勢された男性に幼児期からみられる症状と同じである。また、同様な体の不調は、男性が自慰行為をたびたびしすぎたときにも起こると考えられていた。そのため彼は、全身を活気づける何らかの物質が精巣から血液中に分泌されているに違いないという、説得力ある結論を思いついたらしい。

同じ根拠でブラウン・セカールは、老化、つまり彼自身も重ねつつある年齢による変化に抵抗するために、何かができそうだと確信した。彼は七二歳で、研究室での仕事中も何度も休憩せずにはいられず、不眠症と便秘に悩まされていたので、この風変わりな薬が、「加齢による組織の構造の変化を止めるか、少なくとも遅らせてくれる」ことを願っていた。彼は、その後二日間注射を繰返し、イヌの精巣抽出液を使い切ってしまったため、その後四回の注射はモルモットの小型の精巣に切り替えた。

ブラウン・セカールは、実験二日目にはもう、注射の効果が実感できるような気分になった。階段を再び駆け上がれるようになり、長時間立って実験台に向かえるようになり、夜遅くまで書き物ができるようになった。注射の効果は、排尿にも現れた。「特に、公衆トイレで尿が地面に到達するまでの距離に違いが出た。」これは彼が行った測定のなかでも最も奇妙な測定の一つで、この点に関し彼の能力は少なくとも二五パーセント上昇したと、彼は記録している。一八八九年六月一日、彼は実験の結果をパリの生物学会で発表した。彼の演説には、曖昧だが実は非常に効き目のある一文が含まれていて、人々の心をしっかり捉えた。「また、これとは別の能力……確かに私が完全に失ったわけではないが、明らかに弱くなっているあちらの能力も著しく改善したということを付け加えようと思う。」

あっという間に、新聞には「不老不死の薬」の話があふれ、偽医者たちは新しい特効薬での治療を始めた。こういった治療では寿命が延びることはなく、重い敗血症になった人もいた。ブラウン・セカール自身は、この精巣抽出液では一銭たりとも金儲けはしなかった。それより彼は、この「生命力の抽出液」を、これを使って治療した患者の病歴と引き替えに、医師たちに無料で提供した。しかし彼は、自分の名前があちらこちらで怪しげな薬や薬物療法の宣伝に悪用されるのを防ぐことはできなかった。たとえばその一つに「セカーリン」とよばれる薬があり、「動物のエネルギーのエッセンス」を含み、貧血からインフルエンザまで何にでも効果があるとうたっていた。

今日では、ブラウン・セカールが自分自身で確かめた若返りの兆候は、単なるプラシーボ効果だったというのが一般的な見方である。とにかく、これらの効果は再現できなかった。ただ、彼の実験は粗っぽかったが、今日ではごく当たり前に行われている医療行為の一つ、ホルモン療法の先駆けといえる。ブラウン・セカールは、ホルモン療法の誕生をみることはなかった。彼がパリで死んだのは一八九四年四月二日、七六歳のときで、かの実験からわずか五年後のことだった。

墓に入ってからも、彼の手法に反対する人たちからの嘲りはついてまわり、ブラウン・セカールがロンドンで死んだのは「私はいかにして二〇歳若返ったか」と題して講演したその夜のことだったと、噂が流れた。

## 1894年 ヘトヘトに疲れたイヌ

睡眠の重要性をこれ以上に劇的に示す実験は考えつかないだろう。ロシアの科学者マリア・デ・マナシンは四匹の子イヌを長時間眠らせず、そのために死んでしまうまで起こし続けた。一匹目が死んだのは九六時間後、最後の一匹は一四三時間後だった。彼女はさらに六匹のイヌを使って、九六〜一二〇時間眠らせずにおいた後で元気を回復させようと試みた。しかし、全く努力の甲斐なく、六匹すべてがやはり死んでしまった。この実験によって「動物にとっては、食物の完全な欠乏よりも、全く睡眠がとれないことのほうが致命的だ」ということが実証されたと、彼女は説明している。イヌは、餌を二〇〜二五日間食べられなくても死なず、その後は自力で元気を回復したのである。

一部の科学者は、睡眠は何の役にも立たないただの習慣だと極端な見方をしていたが、この実験は、これに対する決定的な反証となった。ただ、彼女は、イヌが死んだ本当の原因を突きとめたわけではなかった。いや今日でも、高等動物に睡眠が必要な本当の理由は、誰にもわかっていない。

それ以上、このような実験を続けなかったおもな理由は、「非常に大変で、疲れる」ことがわかったからだと彼女は書いている。しかし彼女は、イヌたちにとって、これがどれほどつらくて疲れる耐えがたい実験だったかについては、何も言わなかった。

## 1894年 低空飛行するネコ

一八九四年パリの科学アカデミーが、一般に向けて声明を出した。「ネコは高いところから落ちても、何とか必ず足から地面に降り立つが、どうしてこれが可能なのか、物理学の法則に照らした説明を求む。」素人にとっては、これはどうでもよい問題だった。ネコが単に空中で非常に機敏に動いて、着地するときには足を下に向けているだけだからである。一方、物理学について多少知っている人なら、ネコのふるまいはありえない離れ業だと断定するだろう。

自分の体の向きを変えるには、壁や床など何かを押さなければならないが、問題は、ネコが落ちていくときには、押すべき相手が全くないことだった。そのため、ネコが体の前のほうを回転させるたびに、必然的に後ろ半分は反対方向に回転してしまうことになる。たとえば、前部を右に半回転ひねったとしたら、体の後部は左に半回転して、ネコは、本当なら体がねじれた状態で着地するはずなのだ。しかし、実際はそんなことは起こらない。

初めは、ネコが足で研究者の手を押しているに違いないとしか思えなかったが、ネコの四本の足に一本ずつ紐をつけてぶら下げた状態から落としても、ネコはうまく体を回転させた。同様に、ネコがどうにかして空気を蹴って体勢を立て直したという仮説も、とうてい認められないことがわかった。

とうとうこの謎を解いたのが、生理学者のエティエンヌ・ジュール・マレーである。マレーはマニアックな発明狂で、さまざまな機械装置をつくり出したが、そのなかに、ネコが落ちるのを一秒間に六〇コマの速さで撮影できるフィルムカメラがあった。このフィルムを初めて見せられた後でも、まだ一部の物理学者は、力を入れる足がかりとなるものなしにネコが回転できるかどうか、疑問視していた。しかし、そのなかの一人がとうとう、どうしてこんな芸当がうまくやってのけられるのかを悟った。

ネコの動きは二段階で行われていた。まず、ネコは体の前四分の一を地面に向くように回転させ、その後で体の後ろ四分の一を同じ体勢、すなわち同じ方向へとひねっていた。この二つの動きの間に、足の位置の調整を行うことによって、体の前部と後部が互いに相手を押し離せるようになる。ネコが採用しているのは、フィギュアスケート選手のスピンと同じ原理である。選手が腕を体にぴったりつけて回るとスピンの回転は速くなり、腕を外に広げて回ると遅くなる。ネコはこの二つを同時に行い、前足は体に引きつけ、後足は体から離して伸ばしていた。こうすれば、体の前部をすばやく半回転させて地面に足を向けながら、体の

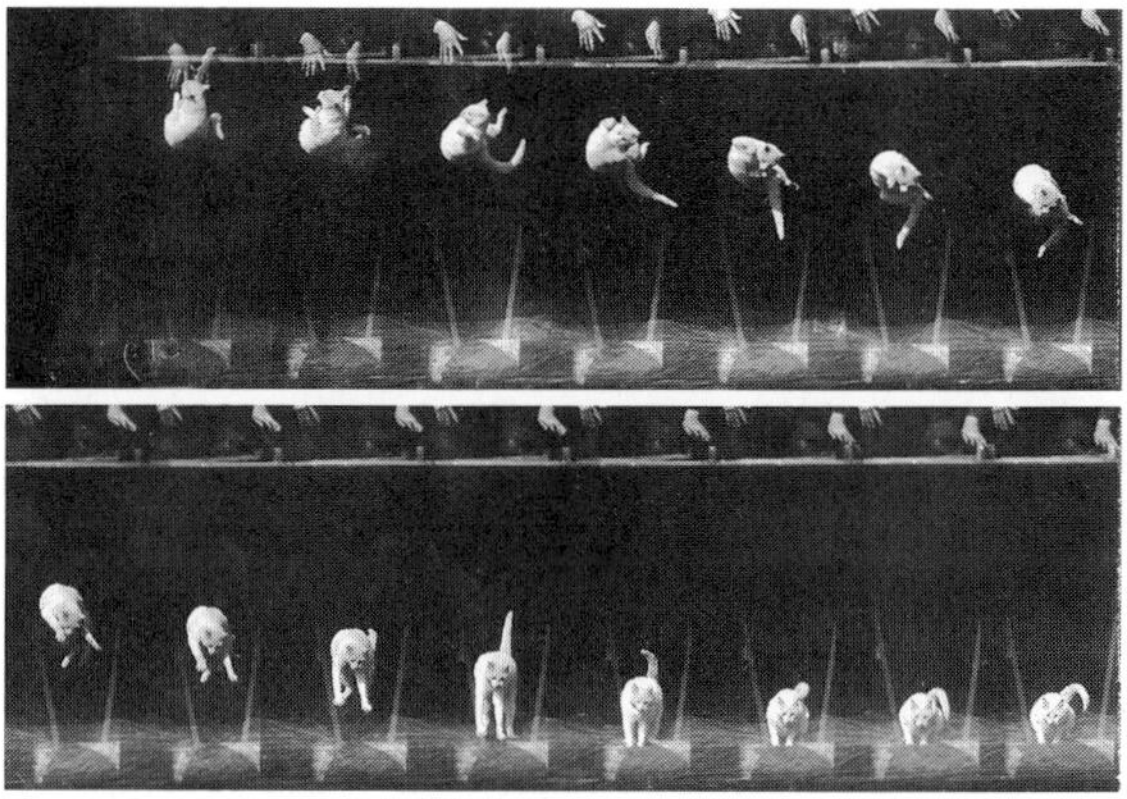

ネコはどうして，必ず足で着地できるのだろう．生理学者にして発明家のマレーは，この連続写真によって，ついにその謎を解明した．

後部は、伸ばした後ろ足のおかげで前部の動きに対して抵抗し、逆向きにほんの少し回転するだけです む。さらに今度は、体の後部をうまく着地体勢にもってくるために、同じことを逆にして、前足を外に伸ばし、後足を体に引きつければよいのだ。

動きを捉えたマレーの連続写真は、落下する動物の写真撮影ブームを生み出した。すぐに、イヌ、ウサギ、サル、それに「ぽっちゃり太った小さいモルモット」までが次つぎに落とされた（このモルモットは、腹部を楽々と一八〇度ひねって、研究者たちを驚かせた）。動物に目隠しをした実験も行われたし、尾のない動物や平衡感覚をつかさどる器官を失った動物での実験も行われた。これら両方を失ったネコでも、問題なく体を回転させることができた。また明らかに、ネコは自分の位置を判断するのに主として目を頼りにしていた。

一九六〇年代に、ある研究者が、七〇年に及ぶネコの落下の研究を総括してこう述べた。「ネコの体のひねりをめぐって、いくつも興味深い問題が浮かび上がったが、その最終的な解決策には、おそらく大した実用的価値はないだろう……そう、他のネコにとっては別だろうが。」

## 1895年 アイオワの眠れぬ夜

一見しただけでは、この実験は全く何の害もなさそうに思える。三人の男性が九〇時間起きたままでいて、アイオワ大学の心理学研究室のG・T・W・パトリックとJ・アレン・ギルバートが睡眠遮断の影響を調べるというものだった。しかし、なぜ、わざわざ九〇時間なのだろう。二人はこの実験の論文ではその理由を述べていないが、この長さにしたのは、ロシアのマリア・デ・マナシンの研究を参考にしたからと考えるのが妥当だろう。彼らの実験の少し前にマリア・デ・マナシンがイヌの睡眠遮断の実験を行い（一八九四年の実験参照）、使ったイヌはすべて死んでしまったが、一匹目が死んだのが九六時間後だったからだ。

パトリックとギルバートの実験の参加者が、このことを知っていたかは定かでない。とにかく、報告ではJ・A・Gというイニシャルでしか書かれていない最初の被験者は、一八九五年一一月二七日水曜日の朝六時に起床し、次にベッドに戻ったのは三日後の土曜日の深夜だった。彼は日中、いつもどおりに仕事をし、夜はゲームをしたり、本を読んだり、散歩をしたりしてのんびり過ごした。実験の後半五〇時間は、彼から目が離せなくなった。監視していないと、チャンスさえあれば居眠りしそうだったからである。眠らないままの二日目の夜には、幻覚が見え始め、被験者は、床が「小刻みに揺れ動く小さなべたべたした粒子の層」で覆われていて、ちゃんと歩けないと訴えた。

六時間ごとに、J・A・Gもほかの被験者も、二時間かかるテストを受けさせられた。不眠の時間が長くなるにつれ、集中力や記憶力の明らかな低下がみられた。

パトリックとギルバートは、長時間覚醒していた後、被験者たちがどのくらい深く眠るかも知りたがっていた。そのために被験者の一人を別室で単独で眠らせ、一時間ごとに電気ショックを与え、だんだん強度を上げて行った。彼には、ショックで目が覚めたときには必ずベッドの横にあるボタンを押すよう、指示が与えられた。

しかし、装置で出せる最大強度の電気ショックでも、それだけでは被験者を起こすには不十分なことがわかった。被験者が目覚めたのは、手動でもっと強烈なショックを与えたときだけだった。被験者の睡眠が最も深くなったのは二時間後のことで、そのときは、ボタンが押せるほど彼を十分覚醒させることはできなかった。彼はただ、ショックに対し、痛みで叫び声を上げて反応を示したのだった。

## 1896年 天地がひっくり返った世界

カリフォルニア大学バークレー校の三一歳の心理学者ジョージ・ストラットンが、それまで誰も直面したことのない任務を自分の脳に課したのは、ある日のちょうど正午のことだった。彼が顔につけたのは、目のまわりの部分にパッド入りのギプス包帯をつけた一種のメガネだった。このメガネには、右目の前にくるように、中に四枚のレンズが入った短い筒がはまっていた。左目はただのギプスで覆われていた。この珍妙な仕掛けのせいで、すぐに彼のあらゆる動作は、ぎくしゃくした短い動きと絶え間ない修正の連続になってしまった。右目を覆ったレンズが、彼の見る世界を上下逆さまにしたのである。それまで彼の視野の一番上にあったものが今は一番下になり、また逆に下のものは上になった。彼の目的は、このメガネを七日間つけ続けて、脳が新しい世界の見え方にどのように対処するかを観察することにあった。

ストラットンの実験は、何世紀も前からの古い疑問を解決するためのものだった。一六〇四年に天文学者のヨハネス・ケプラーが、人の網膜上に像が形成されるしくみを説明した。二年後に、別の学者がウシの眼球の裏側を覆う膜をはぎ取って、ケプラーが正しいこと、すなわち光線が目の水晶体内部で交差していることを確かめた。網膜に結ばれるのは、世界が上下ひっくり返った倒立像である。

ではわれわれはどのようにして、あらゆるものの上下を正しく見ているのだろうか。このような疑問を抱くのは当然だが、この疑問は全く的外れでもある。われわれの脳の中には、網膜上の倒立像を見て像の上下が逆さまだと気づく、そんな小人がいるわけではない。目から伝わるシグナルを処理する脳細胞ネットワークは、「上」だの「下」だのという概念を認識はしない。脳はただ単に、たとえば自分の足が、目に見えているその位置にあると確実に感じるよう、あるいは逆も同様で、あると感じる位置にちゃんと見えるよう、目で見た像や音、味覚などから統一された印象を形づくっているだけなのである。

さらに第二の疑問が生じる。われわれがものを上下正しい像、すなわち正立像として見るためには、網膜上の像が倒立していることが必要なのだろうか。それとも脳は、他の向きの像にも慣れられるのだろうか。

実験の初めのころには、ストラットンは弱い吐き気を感じた。頭を動かすたびに、まわりのあらゆるものが泳ぎ回るように見えた。世界の正統的な見え方はしっかりと染みついていて、彼が今見たばかりの上下逆さまな物体を思い浮かべても、すぐに脳がそれをもとどおり正しくひっくり返してしまう。手を伸ばして何かをつかもうとしても、いつも反対の手を動かしてしまう。彼は、メモをとるときには紙を見ないようにした。ものの見え方に不慣れなため、書くことができなくなってしまうからだ。だが、実験が長く続くにつれ、彼の脳はしだいに状況の変化に慣れていった。五日目までには、ストラットンはあらゆるものが逆さだと感じたりせずに家の中を再び歩けるようになった。

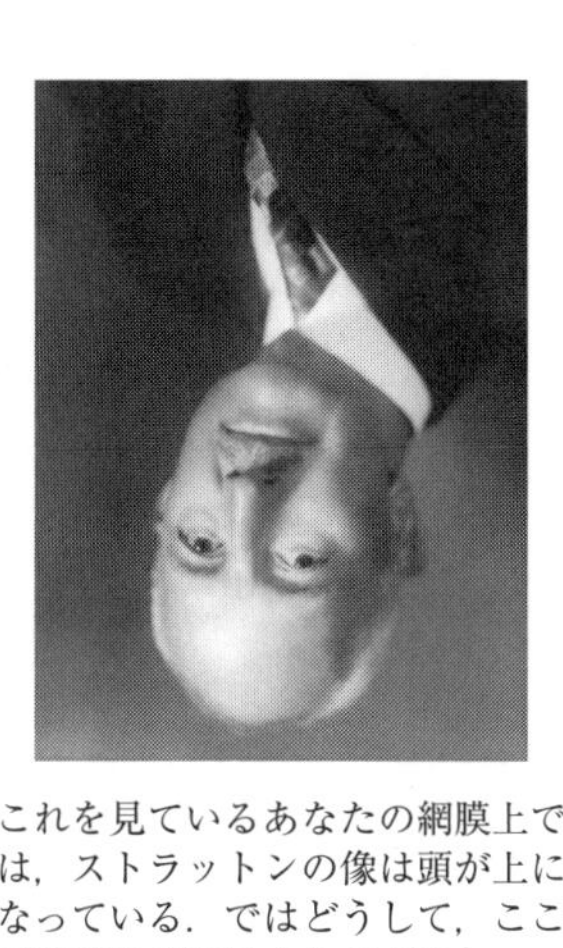

これを見ているあなたの網膜上では，ストラットンの像は頭が上になっている．ではどうして，ここでは逆さまに見えるのだろう．

感覚の調整し直しに一番時間がかかったのは、彼自身の体の知覚が関係する場合だった。ストラットンの脳は、目や耳、皮膚から入ってくる矛盾したシグナルから理に適った全体像をつくり上げようと絶えず努力していた。腕や足が目に見えない限り、それらはおなじみの場所にあると感じられたが、彼が自分を殴って腕が視野に入ると、すぐに彼の脳は、そのパンチが今自分が足があると感じている場所から飛んできたと感じとった。これは、奇妙な幻覚をひき起こした。ストラットンの目に一方の足だけが見えるときには、それはどうしても、慣れ親しんだ配置をとった反対の足、すなわち一八〇度回転して逆向きになった反対の足としか見えなかったのだ。

さらに、以前の知覚のあり方に比べて、視覚が常に聴覚より優先されるようになり、足音は逆の方向から聞こえてくるのだった。彼の体の、逆さメガネの限られた視野では見ることができない部分だけが、この逆転プロセスに抵抗した。ものを食べるときには、新しい視覚がストラットンに、「君はフォークを目の上へと動かしているよ」と語りかけるのだが、そこが今自分の口のある場所だという錯覚は、食べ物が唇に触れると即座に消え失せた。彼は、たまに自分の額が目の下にあると感じたり、一瞬、口が眉の上にあると感じたりするという、ピカソのごときキュビズムの感性を発揮した。

心理学の教科書では、実験が終わりに近づくにつれ、ストラットンは世界を長時間正しい向きで知覚できるようになったという印象を与える書き方が多くみられるが、実際は、必死に努力して集中することによって正立した世界の像を心に浮かべることができただけで、しかもそれが見えるのは、ほんのつかの間のことだった。

とはいえ、逆さメガネを八七時間装着した後で（夜の間は、ただの目隠しをしていた）、ストラットンは「網膜上の倒立像は、『正立視』に不可欠なものではない」という結論に達した。いいかえれば、脳には、歪められた像に直面しても、人の知覚したものと人の感じるものとの調和を回復させる能力があるのだ。

この感覚の調和こそが、「正立視」という言葉が本当に意味するもののカギを握っている。物体を知覚するとき、物体それ自体がそれだけで「正立している」あるいは「倒立している」ということはなく、他の感覚による情報との関連性のなかでだけ正立や倒立があるのである。実験が終わるころになっても、ストラットンの世界が未だにほとんど上下ひっくり返ったままだったという事実は、脳が新しい知覚を受入れなかったということではなく、以前に世界がどう見えていたかを未だに覚えていられたということなのである。

最後になって逆さメガネを外したときには、ストラットンが見たものは全くそれまでと違うものだったにもかかわらず、上下正しい向きだった。ものを取るのに反対の手を使おうとしたし、伸び上がるべきところでかがんだりもした。しかし、一日でこのような異常は消え去った。

ストラットンの実験は、何度も繰返され、さらに発展した。たとえば、被験者に鏡をつけさせ、頭の後ろに目があると感じるような見え方にする実験もあった。これらの実験結果は、基本的には同じだった。脳は、逆さメガネをつけた被験者が、登山をしたり、混んだ道路で自転車に乗ったりできるほどに適応できるのである。

## 1899年　野菜畑の死体

神経質で気の弱い人は、一八九九年五月から一九〇〇年九月の間は、現在のポーランドのクラクフ大学法医学研究所の構内を散歩するのを避けたほうが賢明だっただろう。この期間、病理学者のエドゥアルト・リッター・フォン・ニェザビトフスキが、「死体動物相理論」の実験をしていたからである。この実験では、死産児の遺体を「研究所の建物のまわりに広がる菜園のほとんど人の入らない場所で、屍肉食昆虫の活動に」任せる必要があった。さらに彼は、比較のために子ウシ、ネコ、ラット、モグラの死体も同じ場所に埋めた。

ニェザビトフスキが調べたいと考えていることはいろいろだった。死体に屍肉食の昆虫がどのような順序でたかるか、人の死体を食べる昆虫は、動物の死体に群がる昆虫とは種類が違うかどうか、死体動物相に季節はどう影響するか、死体が骨格だけになるまでにどのくらいかかるのか。彼は毎日菜園を訪れて、分解していく死体にたかる昆虫を集め、一つの死体にとりつく昆虫が少なくとも一一種類はいることを突きとめた。ただし、実験の初日からすぐにわかったが、死体の大部分、すなわち軟部組織の約四分の三は、キンバエの幼虫（ウジ）一種類によって食べられてしまった。またもう一種類、オオモモブトシデムシもせっせと働くが、こちらが活動するのは死後一週間ほど経ってからだった。死体が骨だけになるまでに、夏は二週間、春と秋にはさらにもう少し時間がかかった。ところで当時、人の死体を食べるのはほかとは全く違う種類の昆虫だという説があったが、これは裏付けられなかった。ニェザビトフスキが人の死体で見つけたのは、動物の死体を食べるのと全く同じ種類だったのである。

死体に昆虫がとりつく順序がわかっていれば、それを利用して、いつ死んだかを推定できるとニェザビトフスキは書いているが、この順序の情報は、死体が見つかったその特定の場所だけにしか当てはまらないだろう。今日では、法医昆虫学は、犯罪捜査のしっかり確立された手法の一つとなっている。

## 1899年
# 陰毛を引っこ抜く

アウグスト・ヒルデブラントが上司のアウグスト・ビールの背に針を刺し、そこに注射筒を差し込んでコカインを入れようとしたとき、そこからすべてが悪い方向へと動き始めた。おそらくは緊張感からか、それともまちがった針が用意してあったかだったのだろう。注射筒がうまくはまらず、針から大量の脊髄液が流れ出し、コカイン溶液の大半も外へこぼれてしまった。一八九八年八月二四日の夜七時ごろだった。それから起こったことは、画期的な実験であったが、同時にブラックコメディーでもあった。その結果、ビールは高名な医師となり、ヒルデブラントはあざや刺し傷や火傷を見事に取りそろえた実験助手で終わったのである。

ビールは、キール大学の王立外科病院の医長で、すでに数回、足の切断手術で新しい麻酔を試してみていた。患者の脊柱管にコカイン溶液を注射するという方法である。脊柱管には体中の神経が集まっていて、その神経がどこにつながるかに応じて並んでいる。たとえば、腕や肩、胸を支配する神経は脊柱管の上部に、下半身や足を支配する神経は下部にある。コカイン溶液にはこれらの神経を麻痺させる効果があり、そのため、注射の位置と強さに応じて、患者の体を痛みに対してある程度無感覚にすることができた。

当時すでに、笑気ガス、エーテル、クロロホルムが麻酔剤として使われていたが、これらは患者を深い意識消失状態に陥らせやすく、使用量をまちがうと命にかかわる恐れがあった。脊髄麻酔はこのような問題を避けられる方法で、患者に使った後で、ビールは自分自身で試したいと強く思うようになった。

しかし、不運な針の行き違いの結果、大量の脊髄液を失ってしまったため、彼は実験を延期しようと考えた。そこで、助手のヒルデブラントが実験台を買って出た。

午後七時三〇分ごろに、ビールはヒルデブラントに、〇・五ccの一パーセントコカイン溶液を注射し、経過を詳しくメモし始めた。

一〇分後に曲がった大きな外科用縫合針を被験者の大腿骨のすぐ下に突き刺したが、少しも痛みの感覚はなかった。

一三分後には火のついたタバコを足に押しつけたが、熱さは感じたが、ひどい痛みはなかった。

二〇分後に被験者の陰毛を引き抜いたが、皮膚のひだを引っ張ったようにしか感じなかった。一方、乳首の上側の胸毛を引き抜くと、非常に激しい痛みを感じた。被験者は、つま先を後ろ側へ強く曲げられても、不快な感じはしないと答えた。

二三分後には重い金づちで脛骨に鋭い一撃を加えたが、全く痛みはなかった。

二五分後には睾丸を強く押したり引っ張ったりしたが、何の感覚もなかった。

四五分後には正常な感覚が戻り、二人は食事に出かけてワインを飲み、タバコも何本か喫った。

のちにビールが書いているように、彼らは「やり過ぎた。」ビールはその後九日間、頭痛でベッドに寝たきりになった。ヒルデブラントはさらにひどい状態で、吐き気があり、耐えられないほどの頭痛とひどい打撲傷に悩まされ、その間ずっと、全身の痛みに苦しめられた。

この実験の結果が発表されると、脊髄麻酔は急激に広まった。現在では、完全に日常的な医療処置になっている（ただし、コカインはもう使われていない）。

ヒルデブラントはのちに、ボスだったビールと敵対し、脊髄麻酔の父はビールではなく、アメリカ人のジェームズ・レナード・コーニングだと主張した。コーニングも同様な実験を行ったのは本当だが、脊髄麻酔のもつ可能性に気づいていたのはビールである。

今でも、ヒルデブラントがどうしてビールに背いたのかは、誰にもわからない。おそらく彼の気むずかしい性格が災いしたのだろう。ヒルデブラントは人と打ち解けず、しかもかんしゃく持ちでとおっていた。だが、もしかするとそうではなくて、ビールの論文でヒルデブラントが共著者としてではなく、単なる被験者として扱われたことが原因かもしれない。そのため彼は、「上司に金玉を握られた助手」として医学史に後世まで名を残すことになってしまったのだ。

## 1900年 まわり道のラット

一六九〇年、ロンドンの南西に、王室の庭師ジョージ・ロンドンとヘンリー・ワイズは迷路をつくり始めた。国王ウイリアム三世の命令で、彼らはハンプトン・コート宮殿の庭にブナの低木を植えて、八〇〇メートルにも及ぶ曲がりくねった小道をつくった。今でも、毎年約三三万人がここを訪れ、この小道を通って道に迷う。

二〇〇年後に心理学者のウィラード・S・スモールは、板と鶏舎用の金網を使って、実験用ラットのためにハンプトン・コート宮殿の迷路をつくった。

スモールはマサチューセッツ州ウースターにあるクラーク大学の研究者で、ラットはどのくらい頭がいいかを調べる方法を探していて、この方法を思いついた。実験は、環境を制御しながら行わなければ

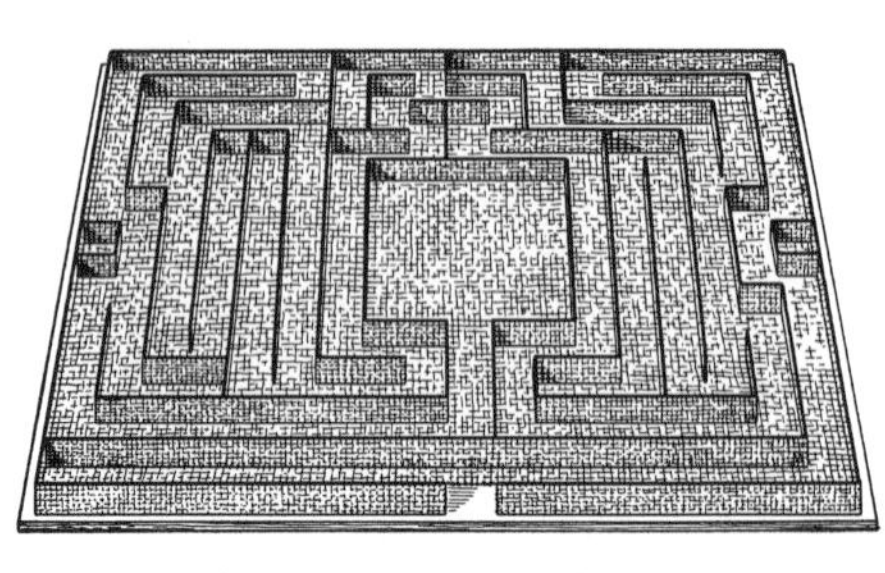

ラットの行動学習のために最初につくられた専用の迷路．ロンドン近郊のハンプトン・コート宮殿の迷路を正確に真似てある．

ならないが、ラットの行動が不自然な状況に影響されるのはできるだけ避けたかった。

ラットは曲がりくねった通路を好むので、スモールは、ミニサイズの迷路をつくることを思いついた。おそらく、彼は直前に読んだカンガルーネズミの記事に影響されたのだろう。その記事のイラストにあるカンガルーネズミの巣穴は、「今回実験で使った装置に驚くほどよく似ていた」とのちに彼は書いている。

彼は、自分が考案した奇妙な実験装置が、心理学の分野だけでなくさらに幅広い分野にまで大きな反響を呼び起こすとは、想像もしていなかっただろう。迷路のラットは、科学研究の分野自体でもよいモデルとなったが、現代社会という迷宮で自分の進むべき道がわからずに迷う人のたとえにもなっている。インターネットの検索エンジンに「like a rat in a maze（迷路のなかのラットのように）」と打ち込むと、何万件もヒットするだろう。たとえば、世の中には米政府のふるまいは「迷路のなかのラットのよう」だと言う人がいるし、どこかには、月曜の朝はいつもそう感じるとブログに書く人もいるだろう。www.achievinghappiness.com のサイトでは、自分が「迷路のなかのラットのようだ」と感じなくてすむようになる、いわゆる「幸福の公式」を教えてくれる。また、この迷路のラットのイメージは、漫画の分野にも広まった。科学実験に使われた装置で、これほど漫画に頻繁に登場するものはほかにない。

スモールが特にハンプトン・コート宮殿の迷路を模倣した理由は、彼が「迷路（ラビリンス）」という単語をブリタニカ百科事典で調べ、あの有名な英国の迷路の図に出会ったことが関係しているに違いない。ただし、ハンプトン・コート迷路は台形だが、彼のミニ迷路は二・四メートル×一・八メートルの長方形である。通路と通路の間は、高さ一〇センチメートルの金網を使って隔てた。床にはおがくずをまき、中央に餌を置いた。

次に、この迷路にラットを入れた。最初の二匹は、実験室の雑音に怯えてしまい、たどり着けずに失敗した。三番目の雄のラットは、一五分後にうまく中央にたどり着いた。四番目は一〇分かかり、五番目は一分四五秒、六番目は三分、七番目は七分五〇秒だった。毎回、ラットを実験後にもう一度迷路に入れると、前よりもうまく道を見つけた。

これは何となく当たり前の結果にみえるかもしれないが、実は非常に驚くべき結果だった。ラットは、餌を見つけられたときに限ってのことだが、それまでに試してみた数多くのルートのなかでどれが正しいルートだったかを、学習したのである。いいかえれば、ラットには、五分前にどこで左に曲がり、右に曲がったかを記憶する能力があるということだ。

これらの実験をもとに、心理学者のエドワード・リー・ソーンダイクは、「効果の法則」を編み出した。すなわち、生物にとって満足のいく結果（餌の発見）をもたらした行動（迷路の正しいルートを発見したなど）は、不快な結果につながった行動よりも繰返される確率が高いという法則である。三〇年後に、心理学者のB・F・スキナーがこの基本理論を新たな言葉を用いて表現し、やはり漫画家が喜んで描きたがる実験装置を発明した。しかし、人の行動に関する彼の仮説は、彼自身に悪評をもたらした（一九三〇年の実験参照）。

## 1901年
# 講義室での殺人未遂

計画通り、七時四五分に銃が発射された。一九〇一年一二月四日のこと、ベルリン大学の犯罪学科のフランツ・フォン・リスト教授が、フランスの法学者ガブリエル・タルドの理論についての講義をちょうど終えたところだった。受講生の一人が突然立ち上がり、話し始めた。

「タルドの理論について、キリスト教道徳哲学の観点から少し話をしたい。」

「もう十分だ、これ以上要らないよ。」隣に座っていた男が口を挟み、激しいやりとりになった。

「黙っててくれたら、ありがたいんだけどね。誰も君の意見は訊いていないよ。」

「よくそんなことが言えたもんだ。」

「それ以上、一言でも口を出したら……」と最初の男が拳を上げて、隣の男を脅した。その途端、隣の男は拳銃を取出し、相手のこめかみに銃口を押し当てた。

フォン・リスト教授が駆けつけ、拳銃を持った男の腕を下ろさせようともみ合った。銃口がちょうど教授の心臓のほうを向いたときに、銃が暴発した。

講義に参加していた受講生たちは、この拳銃が実はオモチャで、今目の前で繰り広げられた恐ろしい場面はドイツの心理学者ウィリアム・スターンが計画した実験の一部だとは知るはずもなかった。スターンは心理学のあらゆる分野に手を出した器用な学者で、IQの概念を編み出し、発達心理学にも携わり、『証言心理学への貢献（*Beiträge zur Psychologie der Aussage*）』という雑誌を刊行した。この専門誌では研究者たちが、人は出来事をどの程度正確に思い出せるかという問題の解明に取組んでいた。

スターンが、被験者に四五秒間絵を見せ、次にたった今見たばかりの絵について説明させる実験を行って気づいたのは、ほとんどの人の記憶が完璧とはほど遠いことだった。多くの人が、実際には絵のなかに存在しない物体を、見たと断言したのだ。記憶の信頼性は、裁判では特に重大な問題になる。そこでスターンはヤラセの口論の実験を提案し、実際の犯罪に非常によく似た状況を目撃させたのである。

拳銃が発射されると、その場にいた受講者たちはすぐに、口論が全くの見せかけだったことに気づいた。一五人の受講者は「法学部に入って何年目かの学生か見習い弁護士」のどちらかで、その後、目撃したことを書面か口頭で証言させられた。聞取り調査は、うち三人についてはその夜のうちか翌日に、九人は一週間後に、残る三人は事件から五週間が過ぎた後に初めて行った。事件は一五の段階に分けられるが、細かい点をすべて覚えていた人はいなかった。誤答率は二七〜八〇パーセントだった。

予想どおり、目撃者の多くは事件の際の会話を正確には思い出せなかった。しかし、本当に驚かされたのは、一部の目撃者が実際には起こらなかった出来事をでっち上げてしまったことである。たとえば、実際は何も言わずに見ていた人について、その人が何かを言ったと証言したり、口論した二人は両方とも事件の間ずっとその場を離れなかったのに、一方がもう一方よりも先に逃げ出したと証言したりしたのだ。

目撃者の証言に信頼性が欠けるという事実は、法律家の間に活発な議論を巻き起こした。フランツ・フォン・リスト自身が『ドイツ法律ジャーナル（*Deutsche Juristen-Zeitung*）』で述べているように、「われわれの刑事司法制度の最も確固たる基盤、すなわち決定的な目撃者の証言というものに、厳密な科学研究によって深刻な疑念が生じ、最も貴重な情報源である証言を信用できなくなったら、われわれの刑事司法制度はいったいどうなってしまうだろう。」この実験を計画したウィリアム・スターンは、裁判所が宣誓供述書の信頼性を判断する際に助言できるよう、専門家を法廷に呼ぶというやり方に賛同した。実際、現在ではこの方法が一般的になっている。

拳銃の実験で使われた方法、つまり、実験を行うことを被験者に知らせない、いわゆる「抜き打ちテスト」は、二〇世紀初めに流行した。ある実験では、講義室のドアの外で起こった騒々しい偽の口論について、また別の実験では、二〇分間座って講義を聴いていた奇妙な仮面をつけた人について、学生たちにいろいろな質問が行われた。仮面の実験では、数日後に一〇個の仮面のなかから問題の仮面を正しく選べたのは、出席していた学生二二人のうち、たった四人だけだった。

時には、実験を実施する人が芝居がかりすぎたこともある。たとえば一九〇三年には、ゲッティンゲン協会の精神医学、法医学部門で行われた講義のさなかに、「片手にブタの膀胱を、もう一方の手に赤いトルコ帽をつかんだピエロ」が部屋に乱入し、そのすぐ後には「華やかな衣服をまとい拳銃を手にした黒人」が飛び込んできた。その後、この事件について受講者にアンケートが行われたが、彼らはすっかり混乱し、さまざまなことを取り違えていた。

人々の記憶は本質的に当てにならないものだという事実を最も端的に示したのは、例の拳銃実験についての説明である。一九五五年に出版されたある法心理学の教科書では、ベルリン大学での拳銃発射事件が、「ナイフによる模擬殺人事件」に変わってしまっていたのだ。

## 1902年 パブロフは一度だけベルを鳴らす

ロシアの医師イワン・ペトローヴィチ・パブロフは、珍しい記録の保持者である。彼が二〇世紀初頭にイヌで行った実験ほど、それにちなんだ名前をもつバンドが数多くある科学実験はほかにはない。一九七〇年代には、「パブロフス・ドッグ・アンド・ザ・コンディションド・レフリックス・ソウル・レビュー・アンド・コンサート・クワイア」とよばれるロックバンドがあり、また一九八〇年代には「イワン・パブロフ・アンド・ザ・サリベーション・アーミー」がデビューした。一九九〇年代には「パブロフス・ダッグズ」というブルーグラスバンドや「コンディションド・レスポンス」というロックグループがいた。二一世紀に入ると、イングリッシュ・フォークバンド「パブロフス・キャット」が登場した。名前を探していてパブロフに行き当たったのは、ミュージシャンだけではない。「パブロフス・ドッグ」はアイルランドの通信局や英国のパブ、カナダの劇団の名前にもなっており、米国ボルチモアにあるワン・ワールド・カフェでは、カルーアとベイリーズとミルクのカクテルに、この名がついている。

パブロフは1904年にノーベル賞を受賞したが，彼の名声が長く残ったのは，のちにイヌを使って行った条件づけの実験のためである．

パブロフは一九〇四年に消化生理に関する研究でノーベル賞を受賞しているが、彼の名が今日までこれほど知られている理由はそれではない。彼の名声は、研究の過程で全く偶然に発見した学習の基本的なしくみからきている。

消化について研究するうちに、パブロフは唾液腺の機能にも興味をもった。生きたイヌの体内で唾液腺がどう働いているかを観察するため、イヌの頬に穴を空け、唾液が唾液腺から直接小さな計量容器に流れ込むようにした。そして、イヌにさまざまな餌を与え、唾液の組成がどうなるか

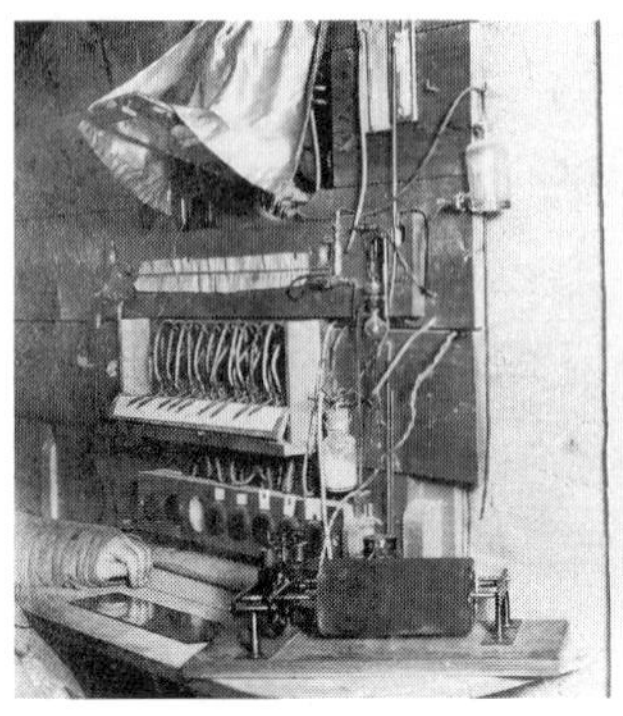

パブロフが研究室につくった実験用ブースの一つ．実験の間，イヌを完全に隔離できるようになっている．レバーと金属ロープを組合わせたシステム（写真の左）を使えば，パブロフはイヌに餌を与えるために必要な操作を，すべてブースの外から行える．

を調べようとした。しかし問題が生じた。二、三回餌を与えると、その後イヌは、食物を見ただけですぐに唾液を分泌し始めるようになったのである。最初パブロフは、これを彼の研究を台無しにする困った問題であると捉え、前もってイヌに気づかれずに口の中に餌を入れる方法を考え出した。ところがイヌは、もっと些細な気配さえも、餌と結びつけるようになった。パブロフの姿を見ただけでも、あるいは彼の足音が聞こえただけでも、それをきっかけに唾液が流れ出すようになった。

だが、それほど経たずにパブロフはこの現象を実験方法の欠陥とみなすのをやめて、それ自体を新しい研究分野と考えるようになり、餌の前に出すシグナルをいろいろ操作して実験を行った。餌を与える五秒前にメトロノームが動くように設定したり、電子ベルを鳴らしたりしたところ、数回の関連づけ（ベルの場合には、一回鳴らしただけで十分だった）の後は、イヌはシグナルを聞くとすぐに唾液を分泌し始めた。ベルが鳴った後には餌がもらえると、イヌが学習したのである。

イヌが、周囲のごくかすかな手がかりからでも、もうすぐ餌がもらえることを読取ってしまうため、パブロフはサンクトペテルブルグに防音室のある新しいビルを建てさせた。そこでは、金属ロープとレバーを組合わせたシステムを利用して、必要な操作をすべて、離れた場所から行うことができた。

これらの実験をとおしてパブロフが発見したこの基本的な学習形態は、「古典的条件づけ」とよばれている。これは、本来備わる刺激と応答（たとえば餌と唾液分泌）の組合わせを新しい刺激（たとえばベル）と結びつけることである。このような学習は、確かに考えうるほぼあらゆる組合わせで起こりうるが、このようなやり方で、新しい刺激で誘発されるようになるのは先天的な行動だけである。一方、新しい行動がどのように学習されるかという問題については、パブロフの実験から三〇年後になってようやく、米国の心理学者B・F・スキナーがスキナー箱とよばれる装置を使って研究した（一九三〇年の実験参照）。

実験を行うなかで、パブロフはどうすれば条件づけを消去できるかも発見した。学んだ関連性を忘れさせるには、ベルを鳴らして餌を与えないことを数回繰返すだけでよい。この基本原理が、のちの行動療法開発の背景となった。行動療法では、管理された状態のもとで、患者をたとえばふつうなら不安の引き金となるような状況に直面させる。この方法のねらいは、一定の状況と不安との結びつきを切り離すことである。

今日では、パブロフのイヌは誰もが聞いたことのある概念となっている。西欧産業社会における一般大衆、すなわち広告によって教育されて「消費動物」となり、特定の刺激に出会うと予測どおりの購買行動をとってしまう人々の象徴として、文化解説者たちがこの言葉を使っているのだ。

しかし、最も有名な科学者の一人として歴史に名を残したパブロフ自身とは違って、彼の名にちなんだバンドは、どれも全然人気が出なかった。いや、少なくとも、これまではブレイクしていない。人気バンドの座に最も近づいたのは、ロックグループのパブロフス・ドッグ・アンド・ザ・コンディションド・レフリックス・ソウル・レビュー・アンド・コンサート・クワイアである。このバンドは一九七三年に「パブロフス・ドッグ」と短く改名し、デビューアルバムには当時の米国でのレコード一枚としては最高額の前払い金六〇万ドルが支払われた。だが三年後には、レコード会社に解雇され、メンバーは無一文になり、メンバーどうしすっかり不和になったのだった。

## 1904年 馬にささやく男

一九〇四年の夏、ベルリン北部のまわりを建物に囲まれたある中庭で、興味深い見世物が開かれた。丸石を敷き詰めたこの中庭で、元教師のヴィルヘルム・フォン・オーステンが毎回正午から、持ち馬であるハンスの非凡な能力を実演してみせたのである。ハンスは分数の足し算ができ、人数を数え、絵を識別し、時刻を言うこともできた。そのうえ絶対音感をもち、一年分のカレンダーを記憶していた。世界中の新聞が、ハンスの驚異的能力を報道した。『メキシカンヘラルド』は、そう経たないうちにハンスは最初の米国巡業をするだろうと予想する始末だった。流行歌に歌われ、彼の名前をつけたオモチャやアルコール飲料が売られるほどもてはやされたハンスだが、今でも彼が人々の記憶に残っているのは、その知性（と思われたもの）のためではなく、彼の賢さを否定した実験のためである。

フォン・オーステンは四年間かけて、学校の生徒にするようにハンスを教育した。ハンスを中庭の黒板の前に立たせ、フォン・オーステンがそろばんを使って計算を教え、黒板に字を書いて読むことを教え、オモチャのハーモニカを使って音楽を教えた。ハンスは喋れないので、頷くか、首を横に振るか、ひづめで地面を叩いて答を示した。文字や楽譜の音符、トランプのカードの名前は、数字に置き換えてひづめで叩く回数で表した。つまり、エースなら一回、キングなら二回、クイーンなら三回地面を叩くというように。この指導法は「よく考えたうまい方法で、おそらくコイサン族の人たちを教育するのにも実用化できるだろう」とフォン・オーステンはのちに述べている。

科学界もハンスには驚かされ、注目し始めた。サーカスの団長ポール・ブッシュ、動物園長ルートヴィヒ・ヘック、獣医のミーツナー博士、当時の心理学の第一人者の一人、ベルリン大学のカール・シュトゥンプが、ハンスの実演を見に訪れた。彼らはハンスの能力に強い印象を受け、一九〇四年九月一二日に奇妙な宣誓供述書に署名した。一三人の署名者は自分たちを「ハンス委員会」と称し、フォン・オーステンがいかなるトリックも使っていないことを保証した。彼らの見解によれば、ハンスは、調教師であるフォン・オーステンから、意識的なシグナルも無意識のシグナルも全く受取っていなかったという。彼らの結論は「この事例は、これまでにあった表面的には同じようにみえるどんな例とも根本的に異なっている。」

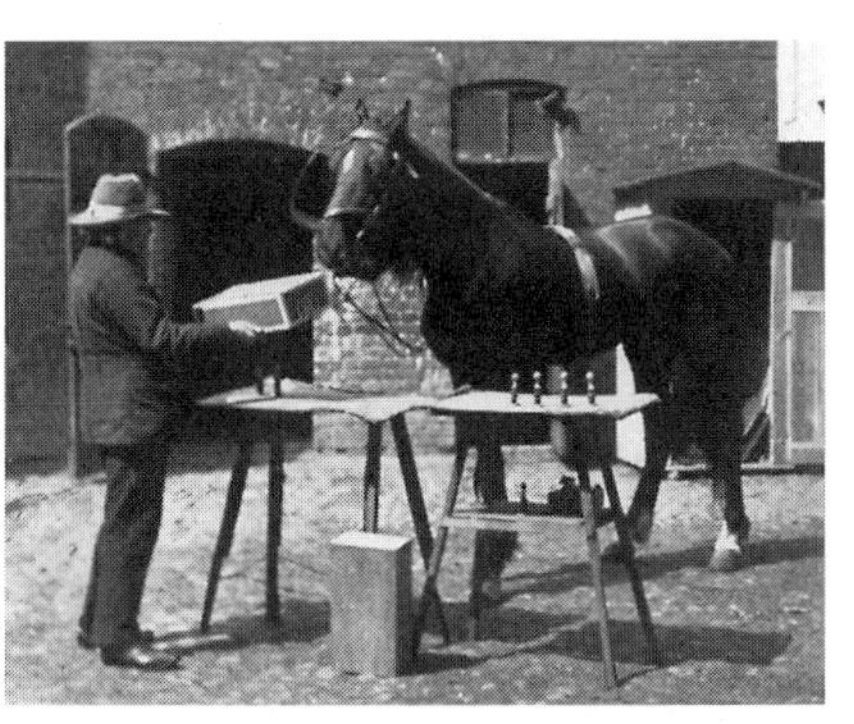
世界一有名な馬，賢馬ハンスの計算の授業．ハンスの驚くような能力の裏に隠された秘密が，巧みな実験で明らかになった．

実際、熱狂的な観客の一人が言ったように、この馬と意識をもつ人間との唯一の違いは、話す能力だけのようにみえた。ベテランの教育者が、ハンスは一三〜一四歳の子供程度の発達段階にあると判断した。ハンスがした数少ない誤答は、「強情や独立心の表れで、ユーモアのセンスと受取ってもよいくらい」だった。動物学者のなかには、ハンスは人間と動物の魂が本質的によく似ていることの生きた証明だと思う人までいた。

この現象は「真剣に徹底的な科学的検証を行うに値する」というのが、供述書の結論だった。心理学者のシュトゥンプは、この検証を学生のオスカー・プングストに任せた。彼は、ハンスの知性が、実際はそう思われていたほど高いものではないことを明らかにしたが、その過程で彼が発見したのは、計算のできる馬それ自体に負けず劣らずの驚異的な事実だった。

プングストの最初の実験は、ハンスが本当に人間の助けなしに問題を解いているのかを確かめるために行われた。もし本当に助けなしなら、実験を行う人間が問題の答を知っているか、いないかによって、結果に違いは出ないはずである。プングストはハンスにボール紙のカードに書いた数字を見せ、ひづめで地面を叩いてその数を答えるよう求めた。彼は、カードをハンスにだけ見せるのと、彼自身も一緒に見るのとを、交互に繰返した。結果は明白だった。プングストが数字を知っているときにはハンスの正答率は九八パーセントだったが、彼が数字を知らないときには、ハンスの正答率はわずか八パーセントだったのである。

ハンスの計算能力のテストでは、二人の人間がそれぞれ、ハンスの耳元で数字をささやき、足し算するように言った。こうすれば、答を知ることができるのはハンスだけということになる。ハンスの成績は悲惨だった。こうしてプングストは、ハンスが「絶対に周囲から何らかの手がかりを得ているはずだ」と確信した。この結果は、それ自体、思いがけないことだった。サーカスにいる「計算できる動物」には調教師が合図を送っているのだが、それとは違ってハンスの場合は、実験にフォン・オーステンが同席さえしていないことが多かったからである。考えられる限り、ハンスに何らかのシグナルを出せた人間といえば、実験責任者、つまりプングスト自身だけだった！　しかし彼は、自分がシグナルを出しているなどとはこれっぽっちも気づかなかったのである。

本当に、質問者自身が無意識にヒントを出していたのだろうか。プングストは、ハンスに目隠しをして視覚を制限した。この実験は、ハンスがそれでも何とかプングストを見ようとして、死に物狂いで暴れて目隠しを外してしまったりしたため、非常にむずかしかった。だが、とにかく結論には疑問の余地もなかった。プングストがハンスの視界に入らないときには、ハンスはもはや正しい答を出せなかったのである。ハンスが、質問者の表情やふるまいから何らかの方法で答を探り当てているのは明らかだった。しかし、一体どうやってだろう。プングストは、あれほど最善を尽くして、全く中立の立場でいようとしてきたのだが。

ベルリンの街の中のとある中庭に，正午に行われる賢馬ハンスの実演を見ようと，物見高い見物人が集まった．

細かく観察した結果プングストは、ハンスが手がかりにしていたのは、彼自身の頭の、ごくごくわずかな無意識の動きに違いないという結論に達した。ハンスに問題を出す人は誰でも、目を落としてひづめを見るときにわずかに頷く。ハンスにとっては、これがひづめで地面を叩き始める合図になった。そして、ハンスが求められた答の数字に近づくと、質問者が再び視線をあげるので、ハンスはすぐに叩くのをやめたのである。

プングストは、さらにこの仮説を検証するための実験を考えた。たとえば彼は、ハンスに問題を出すときの距離をさまざまに変えてみた。距離が遠くなるほど、ハンスの答は不確かになった。離れたところからでは、ハンスは質問者のボディー・ランゲージをそれほど正確に読取れなかったのである。またプングストは、ハンスに答が一になるような問題を出してみた。彼の仮説が正しければ、ハンスにとっては、このような問題が一番むずかしいはずである。実験者からの「始め」の合図と「やめ」の合図が、事実上同時に出されるからである。そして実際、あらゆる数字のなかでハンスが最も苦労するのは一であることがわかったのだった。

ただし、本当に決め手となったのは、質問者がわずかに体を前に傾けると、まだ問題を出していなくてもハンスがひづめで叩き始めるという事実がわかったことだった。

しかしプングストは、それだけで満足して終わりにはしなかった。一九〇四年一一月に彼は、二五人の人に次つぎに、ベルリンにある心理学研究所へ彼を訪ねてきてほしいと頼んだ。被験者たちは、プングストに数字を一つ思い浮かべるように言われたとき、これが何についてのテストなのか全くわからなかった。プングストは、その数字が何なのかを推測し、テーブルをトントンと適当な回数だけ叩いてその数を示した。プングストはのちに、有名な著書『賢馬ハンス（Der kluge Hans）』のなかでこのテストについてこう述べている。「頭の悪い馬の代わりに、今度は、いうなれば言葉を話す馬と一緒に作業したのである。」二五回のうち二三回、プングストは被験者の無意識のボディー・ランゲージを何とか読取って、数字を正しく言い当てた。

プングストの研究によって、あらゆる実験の結果を台無しにする恐れのある最も重大な要因の一つが明らかになった。それは、「実験者の期待」である。その後多くの研究で実証されているように、研究者は無意識のうちに、自分の仮説に有利なように実験の結果を曲げてしまう。プングストも、叩くのをやめてほしいと思ったときに、ハンスに無意識に合図を送っていたのだ。現代心理学では、この現象は「実験者効果」とよばれ、実験計画を立てるときには必ずこれを考慮に入れなければならない。プングストの研究は非常に有名になり、今日でも「賢馬ハンス現象」を論じるシンポジウムが開かれるほどである。

ところで、中心となってこれらの実験を計画し、進めたのは本当にプングストだったのだろうか。ドイツの心理学者ホルスト・グントラッハは事の真相に疑問をもち、従来いわれていた経過にいくつか矛盾があるのを指摘している。たとえば、プングストは何年間も博士論文に取組んできたのに、結局は論文を仕上げなかった。どうして、「賢馬ハンス」についての研究を論文として提出できなかったのだろう。そもそも、研究助手でさえないプングストが、どうして単独で本の著者になったのだろうか。教授が学生の著作に名前を連ねるのは、ごく当たり前の慣習である。彼はその後一冊も本を書かなかったし、論文すらほとんど発表しなかった。グントラッハは、この本の大部分を書いたのは実はプングストではなく、彼の教官のカール・シュトゥンプだと考えている。だがシュトゥンプは、それ以上ハンスとかかわりたくなかったのだ。ハンスの秘密が暴露されたときに、シュトゥンプと同じ心理学者たちや報道機関が、数カ月間もハンスの奇跡的能力を信じていたシュトゥンプを馬鹿にしたからである。

この実験のせいで、フォン・オーステンの生活は台無しになった。結果が明らかになり始めたころに、彼は「今後はどうか干渉しないでほしい」とシュトゥンプに書き送っている。フォン・オーステンにだますつもりがなかったのはまちがいない。ただ、彼もプングストと同じで、自分でも気づかずに身振りや表情でハンスにシグナルを送っていただけなのだ。ベルリンでの実演で彼がハンスに出した質問のなかに、ある人を好きか嫌いかを尋ねるというものがあった。彼は一度、当てつけがましくハンスにこう尋ねたことがある。「内情に通じたシュトゥンプ先生は好きかね？」ハンスは、首を横に振った。

ヴィルヘルム・フォン・オーステンは一九〇九年六月二九日に亡くなったが、死の床で、彼の人生がすっかり狂ったのはあの馬のせいだと決めつけ、セメントを積んだ荷車でも引っ張って一生を終えるがいいとハンスを罵った。

遺言で、ハンスはエルバーフェルトの町の実業家カール・クラルに譲られた。クラルは馬の調教施設を開設し、ほかにもモハメドとツァリフという名の馬を訓練した。第一次大戦が勃発すると、カールの厩舎の馬はすべて、軍用馬として戦争に送られた。

## 1907年 魂の重さは21グラム

それは非常に重大な発表だったので、『ニューヨーク・タイムズ』も一九〇七年三月一一日付の五面にこんな見出しで報じた。「魂にも重さがあった――医師の見解」記事では、マサチューセッツ州ヘーバリルの医師ダンカン・マクドゥーガルが行っている奇妙な実験が詳しく説明されていた。

マクドゥーガルは長年、魂の本質に興味をもっていた。彼の屈折した論法によると、もしも人の死後にも精神の働きが続くのなら、生前も体内で精神機能はある程度の空間を占有していたはずで、「最新の科学の概念に従えば」空間を占有するものにはすべて重さがなければならない。したがって、「今まさに死にかけている人の体重を量ることによって」魂の重さを決定できるはずだという。そこでマクドゥーガルは、ベッドを木枠に吊り下げて、このベッドの重さを中に寝ている人ごと五グラムまで量れる、精密な上皿天秤装置をつくった。

しかし、この装置の本当の精度は、被験者の選び方によって大幅に制約された。マクドゥーガルがのちに専門誌『アメリカン・メディスン（*American Medicine*）』で報告しているように、「極度に衰弱する病気で、筋肉をほとんど、あるいは全く動かさずに死んでいく患者を選ぶのが最もよいと思われた。このような死に方の場合、天秤装置の釣合った状態がしっかりと保たれ、重さが少しでも失われれば、すぐに気づくからである。」たとえば、肺炎で死にかけている患者は、被験者には適さない。「装置が釣合わなくなるほど、苦しがる」からである。

被験者として理想的なのは、結核の末期患者であることがわかった。結核患者の最期は、想像できないほど静かである。マクドゥーガルは、マサチューセッツ州ドーチェスターにあるカリス結核養育院でこういった患者を見つけ、死の数週間前に患者から許可を得ておいて実験したと、米国心霊研究協会の雑誌に書いている。それでも、彼の生物神学研究に疑念をもつ人もいた。体重を測定した患者は六人だが、そのうちの一人の測定を行ったときには、天秤の細かい調整が十分されていなかったし、「実験に反対する人々から、かなり妨害を受けた」とマクドゥーガルは不満を述べている。

マクドゥーガルが一人目の瀕死の患者を天秤装置に乗せたのは、夕方の五時三〇分だった。三時間四〇分後に「彼は息をひきとり、その死と同時に、棹（さお）の端が落ちて下の横木にぶつかって音を立て、そのまま跳ね返らなかった。」天秤をもう一度釣合わせるためには、一ドル硬貨を二枚置かなければならなかった。この硬貨二枚の重さは二一グラムだった。

その後の五人の被験者の結果で、状況はわかりにくくなった。二例では、測定値が使用不能だった

イニャリトゥ監督の映画『21グラム(2003年)』

し、三例目では死後に体重が減少し、その後はそのままだった。だが、それ以外の二例では患者の体重は減少した後再び増加した。五例目の体重は、減少した後でいったん戻り、再び減少した。また、死亡の正確な時刻を決めるのにもむずかしさがあった。

こういった細かい問題はあったが、それでも、人の魂の実在を証明したというマクドゥーガルの信念は揺らがなかった。実際、彼は第二の実験を行って、この発見を裏付けた。体重七～三四キログラムのイヌ一五頭を天秤装置の上で殺したが、どれも体重は一切減らなかった。『アメリカン・メディスン』への論文では、イヌをどのようにして装置の上で死なせたかは明かされなかったが、おそらく毒が使われたのだろう。マクドゥーガルは、この実験には自分でも不幸な気分になったと告白している。一五頭ものイヌを科学的好奇心のために殺したことに気がとがめたわけではなく、この実験結果が、人間での実験結果と直接比較できないものだったからである。理想をいえば、この実験も重い病気で動くことができなくなったイヌで行うべきだったのだが、マクドゥーガルによれば、「そんなふうに病気で死にかけたイヌを手に入れられるほど、私は運がよくはなかった」のである。

科学界では、マクドゥーガルの魂計測装置に対する見方はさまざまだった。ばかげた実験だと思う者もいたし、マクドゥーガルは「既知の科学に最も重要な新しい知見を付け加えた」と考え、彼の手法をどう改良できるかを論じる者もいた。特に問題視されたのは死にかけた患者を対象にしたことで、それだと、体重の変化は死後すぐに始まる分解が原因だとも考えられるからである。「もしもきわめて健康な健常者を被験者にできれば、はるかに満足のいく実験になるだろう」というニューヨークの医師のコメントが『ワシントン・ポスト』に載っている。この医師は、天秤装置に電気椅子を吊り下げ、死刑囚の体重を処刑前、処刑後に量ることを提案している。

マクドゥーガルはさらに実験を続け、一九一一年には魂が「ひと筋の輝く清らかな光」の形で体から抜け出していくのを見たと主張して、再び注目を浴びた。

この一連の実験で長く後に残ったのは、最初の被験者で起こった体重減少だけだった。魂の重さは二一グラムだという考えは、一世紀経っても、大衆文化の世界に未だに残っている。二〇〇三年には、これをもとに映画がつくられた。『21グラム』という題名で、アレハンドロ・ゴンサレス・イニャリトゥ監督による、生と死の意味を深く問いかけた映画である。

## 1912年 ハッピーバースデー、細胞くん

ニューヨークにあるロックフェラー研究所のアレクシス・カレルの研究室では一月一七日は特別な記念日で、毎年この日には、密閉したパイレックス製フラスコの前に研究室のスタッフが集まって「ハッピー・バースデー」を歌うのだった。彼らに祝ってもらっていたのは、ニワトリの心臓由来の細胞である。この細胞をカレルが初めて培養液に入れたのが、一九一二年一月一七日だったのである。この細胞は、たちまち「不死身の細胞」として有名になり、毎年一月には『ニューヨーク・ワールドテレグラム』が細胞の健康状態を尋ねるほどだった。

細胞を体外で生かし続けようと試みたのは、カレルが初めてではなかった。しかし、のちにそういっ

細胞培養に，新しい培地を注入する実験助手．のちに“不死化”細胞は，ときどき“援軍”を得て生き続けていたことが判明した．

た試みに関連して真っ先にまず彼の名前が語られるようになったのは、彼の技術的才能と芝居っ気のおかげだろう。ニワトリの心臓を使ったこの実験へと彼を駆り立てたのは、同じ科学者たちからの批判だった。彼らは、カレルが甲状腺細胞や腎細胞の培養に成功したことに対し、疑いの目を向けたのである。そこでカレルは、培養条件をさまざまに変えて膨大な数の細胞培養を始めたのだが、そのなかの一つ、一九一二年に培養開始した七二五番が画期的な成功をもたらした。ニワトリ胚の心臓の小さな切片を血漿と蒸留水を混ぜた三九℃の液に入れたところ、細胞が分裂を始めたのである。

数日後に、この心臓組織を細かく切り刻んで洗浄し、次にさまざまな二次培地へと懸濁して新たな培地での培養が始められた。このような細胞培養は、当時の生物学の重要課題の一つであった「どうしてわれわれは老化するのか」という疑問を解決するのに役立つと期待された。われわれがしだいに弱っていくのは、体の個々の細胞が何らかの理由で衰えるからなのか、それとも細胞が構成するシステム全体が原因なのだろうか。

カレルは、細胞は不死だと考えていた。実験を始める一年前にも、「老化と死は避けられない現象ではない」と書いている。彼の研究の目的は、「生物体の外で組織が活発な活動を無制限に続けられる」ような条件を見つけだすことだった。このような条件が発見できれば、「生物をつくり出すこともできるだろう」と、カレルは断言した。

カレルの不死化細胞の名声が長く残ることになったのは、実験に着手して間もなく、彼が血管手術の業績でノーベル賞を受賞したためである。ミネソタ州セントポールの『ルーラル・ウィークリー』は、一九一二年一〇月二四日の紙面で取上げている。「カレルは試験管内で心臓を生かし続け、ノーベル賞の賞金三万九千ドルを獲得した。記事は、さらにこう続けている。「カレル氏なら、さまざまな動物からさまざまな部分をとって全く新しい生物をつくり上げることもできるだろうと言われている。」もちろん、これは大げさに誇張された話であり、「不死化」細胞をめぐっては、同様にとんでもない話が飛び交った。実験室から新聞のコラムにいくまでに、ミリメートルサイズの組織片は、白い大理石の台座に据えられた保存容器の中で鼓動するニワトリの心臓にまで、すさまじい大変身を遂げた。なんと、実験室からあふれ出さないようにときどき小さく切り詰めてやらなければならなかった、という話にまでなったのである。

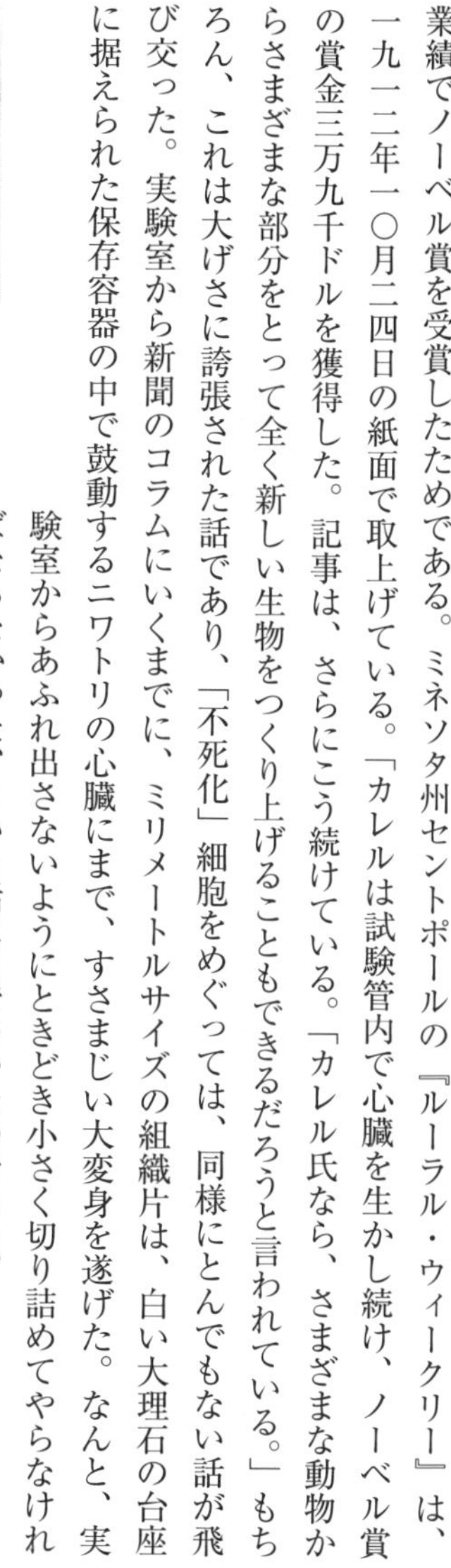

カレルが有名な“不死化”細胞を培養した容器．この細胞は 34 年間生き続けたといわれる．

一九四〇年にカレルがロックフェラー研究所を去ったときには、『ニューヨーク・ワールドテレグラム』は、不死化細胞の死亡記事を掲載した。しかし不死化細胞は死にはしなかった。カレルの同僚の一人が、細胞を生かし続けたのである。ついに不死化細胞の命運がつきたのは、一九四六年四月二六日のことだった。もっと後になって、細胞は体外で一定の回数分裂した後は死んでしまうことが発見され、生物学者たちは謎に直面することになった。本当なら、カレルの細胞は、三四年間も生きるはずはなかったのだ！

彼の実験を再現しようという試みは、すべて失敗に終わった。細胞を体外で生かしておくことはできたが、カレルのフラスコの細胞ほど長く生きる細胞はなかったのである。この問題を詳しく研究した生物学者ジャン・A・ウィトコフスキーによれば、考えられる説明は三つあるという。一つ目は、カレルの細胞が変異して、がん細胞のように無限に増殖できる能力を獲得したというものである。二つ目は、培地を取替えるたびに、気づかないまま古い細胞に新しい細胞が加えられてしまったというものである。そして三つ目は、古い細胞はとうの昔にお亡くなりになったが、カレルか助手が、絶えず新しい細胞を培地に補給申し上げ、外部には、もともとの古い細胞です、とごまかし続けたという可能性である。この最後の説明が本当なら、生物学史上最も有名な実験の一つは、不正以外の何物でもないことになる。

一九三〇年代にはすでに、実はこの三番目が真実らしいという疑いが出て、カレルの細胞は純正とはいえないという噂が流れ始めた。カレルの助手の一人が、研究室を訪れる人に、こう語ったことになっている。「もしも細胞株がだめになってしまったら、先生は腹を立てるでしょうから、ときどき、胚細胞を少し加えるんです。」

のちに、一人の研究者が皮肉っぽく書いている。「老化現象の最終的な影響のせいで、カレルは、自分を弁護することができなかった。」カレルは、一九四四年一一月五日、自分のつくった「不死化」細胞よりも二年前にパリで死んだのである。

## 1914年 バナナタワーの建設

それは非常に象徴的な写真である。一匹のチンパンジーが、三つの木箱を積み重ねた上に立って危うくバランスをとり、上のバナナに手を伸ばしている。長年にわたり、心理学の学生にとってこの写真は、高度な知性をもったサルの物語の象徴だった。このサルは、突然のひらめきによって、一個の木箱を別の木箱の上に積み重ね、そうしなければとうてい手の届かなかったバナナをつかんだのである。しかし、実は真相はもう少し複雑だった。

サル向けのこの知能パズルを考案したドイツの心理学者ヴォルフガング・ケーラーは、一九一三年の終わりにテネリフェ島に赴任し、類人猿研究所の運営を引き継いだ。一年間の予定だったが、第一次世界大戦が起こり、一年のつもりが結局は六年になった。

この間にケーラーは、類人猿の知能について一連のうまく計画された実験を行って、チンパンジーが「人間にみられるような洞察力に富んだ行動」をとることを確信するようになった。この発見は、当時の進化生物学者たちをほっとさせた。当時はダーウィンが自然選択説を打ち出してからそれほど経っていなかったので、後に続く学者たちは、ダーウィンの理論を裏付ける証拠を現実の世界で懸命に探していた。人間の体とサルの体の類似性は、両者の近い関係の証明になったが、ダーウィンは、人間とサルは精神的特徴にも共通点が多いはずだと信じていた。両者の類似性が正確にはどの程度なのかを、ケーラーは調べようとしたのだ。

知性の証明？グランデという雌のチンパンジーは，ぶら下がったバナナを取るために，木箱を積み上げた．

一九一四年一月二四日、ケーラーは六頭

のチンパンジーを天井の高さ二メートルの部屋に入れ、天井の隅にバナナを吊し、部屋の中央に木箱を一個置いて、じっと待った。チンパンジーは六頭とも、ジャンプしてバナナを取ろうと無駄な努力を繰返した。「しかし、サルタンはすぐに諦めた」とケーラーは書いている。「それから部屋の中を落ち着かない様子でぐるぐると歩き回り、突然、木箱の前で立ち止まると、木箱をしっかりつかみ、すぐに目標物のほうへと一直線に押していった。あと五〇センチメートル（水平方向で見て）のところまでくると、サルタンは木箱の上によじ登り、力の限り跳び上がって、目的の物体をつかみ取った。」サルタンは、上手に問題を解決したのだ。彼は、あたかも突然名案がひらめいたかのように、衝動的に迷わず行動した。

　だが、ケーラーがもっと驚いたのは、その次に出した問題をチンパンジーたちが解くのに、長い時間がかかったことだった。今度はバナナはもっと高いところに吊され、木箱の上にもう一個木箱を積み重ねない限り、バナナを取ることはできないようになっていた。ケーラーはじっと観察して、サルにとって、とるべき行動は「二つの明らかに異なる部分に分かれていて、一つは非常に簡単に解決できたが、もう一つが何ともいえずむずかしい」ことに気づいた。単純なほうの作業は、木箱をバナナの真下まで押していくことであり、むずかしいほうは二つ目の木箱を一つ目の上に載せることだった。ケーラーは、この「注目すべき事実」をどう説明すればいいか困り果てた。人間の場合とあまりにも話が違ったからである。人間は、バナナの下まで木箱を押していってその上に乗ればバナナに手が届くことに気づくと、たちまちのうちに、バナナがもっと高いところに吊されているときには、二個、三個の木箱を積み上げれば同じようにうまくやれることを悟るのである。人間にとっては、「一個の箱をもう一個の上に載せる行為は、一個の木箱を地面に置くという最初の作業の単なる繰返しにすぎない。」だが、チンパンジーにとっては違うのだ。

写真のチンパンジー、グランデは、二個目の箱での苦闘を何回も繰返した。最後には何とか小さな塔をつくりあげたのだが、それまで彼女は何年にもわたって同じまちがいをし続けた。そして何回かうまく成功した後でも、突然また、二個目の箱をどう使えばよいのか、すっかりわからなくなってしまうのである。つまり、チンパンジーたちは自分のつくる木箱の塔がどうすればうまくバランスがとれるのかを全く理解していないし、「つくる途中で生じた『バランスの問題』はほぼすべて、直観的にではなく、ひたすら試行錯誤することによって解決している」というのが、ケーラーの得た結論だった。

ケーラーの実験は今日では優れた古典的実験と認められており、さらに改良を加えて未だに行われている。それはそれとして、この実験が人間とチンパンジーの類似性についてわれわれに何を教えてくれたかをいうのは、簡単ではない。結局のところ、人間とチンパンジーそれぞれの同じような行動といっても、必ずしも、同じような思考過程から生じたものではないのである。

## 1920年 アルバート坊やをギョッとさせる

彼の名前は、本当にアルバートだったのだろうか。「アルバート・B」実験ではそうよばれていたが、もしそれが本名なら、彼の今の行方を突きとめることができるかもしれない。おそらく彼は八〇代後半になっているだろう。しかしおそらく彼は、自分があの有名な、心理学を学んだ者なら誰でもその泣き声をよく知っている「アルバート坊や」だとは、気づいてさえいないだろう。彼が記録映画の主役を演じたのは、まだ生後九カ月のときだった。相手役を演じたのは、白いラットである。彼が誰であれ、お

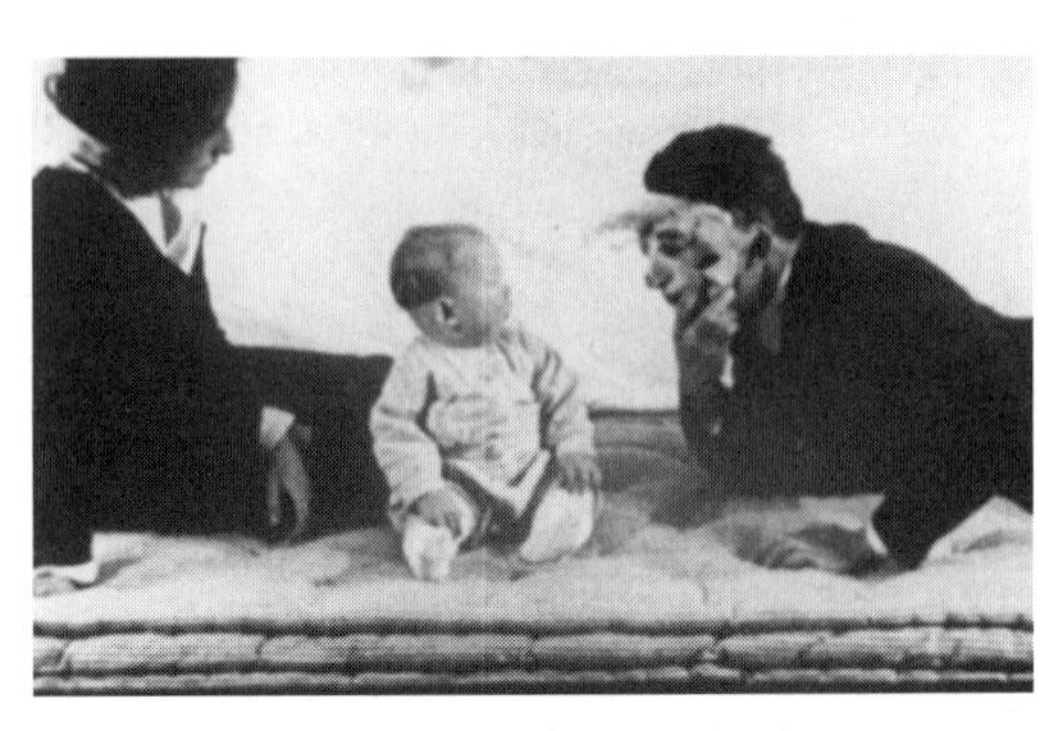

心理学の世界で最も有名な赤ん坊の叫び声．ワトソン（右）とレイナーが行った，“アルバート坊や”の恐怖条件づけの実験．

そらく未だに白いラットをひどく怖がるだろう。アルバートの母親はジョンズ・ホプキンス大学小児病院で病気の子供たちにお乳をあげる乳母をしていたので、アルバートはほとんどの時間を病院で過ごしていた。心理学者のジョン・B・ワトソンと助手のロザリー・レイナーが特にこの赤ちゃんを実験に選んだのには、理由があった。「彼は全体的に反応が鈍く、感情豊かではなかった」とのちに二人は書いている。この情緒的な安定性が、彼らがこの実験をアルバートで行うことにした理由である。「これから述べるような実験をしても、彼なら比較的傷つかないかもしれないと感じたのである。」

のちに行動主義の創始者となったワトソンは、パブロフがイヌで得た知見を（一九〇二年の実験参照）、ヒトにも応用してみたいと思っていた。行動主義は心理学の一派で、ヒトの内面の、つまり客観的に観察できない心の状態や活動を推測することをやめ、研究の対象をヒトの行動に限定するという主義である。ワトソンは、ヒトの行動は外部刺激に対する一連の反応としてしか理解できないと確信していた。

しかし、この理論には一つ、潜在的問題点があった。赤ん坊では、たとえば大きな音に対する恐怖や、動きが制限されたときの怒りなど、非常に限られた先天的反応しかみられない。これに対して大人では、人であれ、ものであれ、出来事であれ、とにかく考えうるあらゆる種類の刺激に対してそういった先天的反応がみられる。このことからワトソンとレイナーは、「感情を誘発できる刺激の範囲を大幅に広げるような、何らかの簡単な方法が必ずあるに違いない」と考えた。

アルバートを使った実験が最初に行われたのは、彼が生後八カ月と二六日のことだった。ワトソンが、アルバートの後ろに吊り下げた鉄の棒をハンマーで叩くと、彼はすぐに反応した。「アルバートはギョッとして息を止め、特徴的な上げ方で両手を上げた。二回目の刺激でも同じことが起こり、そのうえ唇をきゅっととがらせ、震わせた。三回目の刺激では、突然大声で泣き出した。」つまり、これが音と不安との先天的な結びつきであり、ワトソンはこれを利用して、この子に新しいものごとへの恐怖を教えるつもりだった。

この実験についての論文で、自分たちのしたことに関して良心の呵責を感じたと書かれているのは、たった一箇所だけである。ワトソンとレイナーは、こんなふうに考えて心の痛みを和らげた。「アルバートが、この託児所という温室のような環境を離れて、騒々しくて粗野な家庭に移れば、どうせすぐにこういった結びつきは生じることになる。」

アルバートが一一カ月と四日になったときに、ワトソンは彼に、白いラットを恐れるよう教え込んだ。ワトソンはラットを籠から出し、座っているアルバートの前に置いて、自由に走り回らせた。アルバートは全く怖がらず、ラットに手を差し伸べた。だが、アルバートがラットにさわった途端、ワトソンは例の鉄の棒を叩き始めた。「アルバートは飛び上がり、前に倒れ、マットに顔を埋めた。ただ、泣きはしなかった。」アルバートがもう一度ラットにさわろうとしたときに、ワトソンはまた棒を叩いた。今度はアルバートは泣き始めた。一週間後、ワトソンとレイナーは実験を再開した。アルバートがラットにさわるたびに、彼らが鉄の棒で大きな音を出す。これを二回、三回、四回と繰返した。その合間に、彼らはアルバートにただラットを見せて、目的が達成できたかどうかを確かめた。ラットと大きな音を組合わせる場面を七回繰返した後、ついにアルバートは、ラットを見ただけで大声で泣き始めた。ワトソンとレイナーは、アルバートのなかに、大きな騒音に対する恐怖と新しい刺激（ラット）との結びつきをつくり出すことに成功したのである。

五日後にワトソンは、アルバートがラットに対する恐怖を別の動物や物体にも移行させたかどうかを調べてみた。すると実際、アルバートはウサギやイヌ、シールスキンのコートを見ても怖がるようになっていて、それほど強くではないが、脱脂綿、髪の毛、サンタクロースのお面にも恐怖感を示した。対照となるものとしてアルバートに積み木を見せたが、彼はそれに対しては全く怖がる様子は見せず、すぐに遊び始めた。

ワトソンが制作した悪名高い「アルバート坊や」の映画のおかげで、この実験は広く知られて心理学の伝説の一つとなり、いくつも不正確な話が伝わるようになった。たとえば、一部の教科書にはワトソンがアルバートにネコ、マフ（手を入れる円筒形の毛皮の防寒具）、白い毛皮の手袋、テディー・ベアを見せたと書かれている。またアルバートの反応も、それぞれの理論に合うよう好き勝手な解釈がなされている。さらに一部の本の著者たちは、ワトソンがどのようにして、アルバートに条件づけした恐怖を実験を終える前にすべて消去したか、詳しく説明している。しかし実際には、ワトソンはそんなことは全くしなかった。アルバートと母親がいつ小児病院を離れる予定になっているのかをワトソンが前もって正確に知っていたことを考えると、これには非常に驚かされる。しかも、彼は自分の実験がどのような結果をもたらす可能性があるかを十分承知していたのに、である。実験結果を発表したときに、ワトソンは「これらの反応は、それを除去するような偶然の状況に出会わない限り、家庭環境にあっても永久に持続する可能性が高い」と書いている。

それからほどなく、ワトソンは別の実験でレイナーと親密すぎる関係になり、大学を追放された。その後彼は、子供の教育についての有名な本を書いた。そのなかで彼は、子供に愛情や関心をもちすぎないようにと、親に対してアドバイスしている。アルバート坊やの実験から四〇年経って、心理学者のハリー・ハーロウがサルで一連の冷酷な実験を行い、ワトソンのアドバイスがいかに誤りであったかを実証した（一九五八年の実験参照）。

アルバート坊やが今でも生きていた場合には、彼の名声がポピュラー音楽の世界にまで広まっているという事実に元気づけられるかもしれない。二〇〇二年に、テキサスのロックバンド、クレヴィスが、『アルバート坊やへの子守歌』と題したアルバムを発表した。CDの小冊子の背表紙にはアルバートの写真があり、ライブ・ショーでは例の実験の映画からいくつかの場面が上映された。しかし、彼が実際にこの「子守歌」で穏やかに眠りにつけたかどうかは疑わしい。何しろクレヴィスは、調子外れな前衛音楽のバンドとして知られているのだ。

## 1927年 培地にキス

二〇世紀初めごろには、人々の間で、しだいに感染症に対する意識が高まってきていた。接触感染の脅威への奇抜な対抗策の一つとして設立されたのが、いわゆる「キス反対同盟」である。これらの団体は、大人から子供への過剰なキス、女性どうしのキスに反対しており、なかにはパリ・キス反対連盟のように、キス全般に反対する団体もあった。

人気科学雑誌『科学と発明』は,
キスに関する実験を開始した.

フランスでは、キスのたびに四万個もの細菌が伝わるといわれていた。誰かにキスしようとするたびに皆がちょっと立ち止まってこのことを思い出せば、それほど経たずにキスという習慣は死に絶えるだろうと、フランス人は考えた。そして、米国やヨーロッパの映画が日本で上映される前にキスシーンがカットされるのはなぜだろうと問いかけ、それは明らかに日本人が病気になりたくないと思っているからであり、とにかく少なくとも日本人はキスの習慣を学びたくはないのだと主張した。

しかしアメリカ人は、フランス人からキスを禁じられたりするのはごめんだった。そのため、米国の人気科学雑誌『科学と発明（*Science and Invention*）』が一九二七年三月に実験を行った。数人の男女が集められ、シャーレにつくった無菌の培地にキスをした。この培地を三七・五℃に二四時間保温したところ、キスした際に培地に付着した細菌が増殖して、肉眼で見える小さな丸い斑点（コロニー）をつくった。これを数えることによって、最初に存在はしたが、そのときには一個ずつで検出できなかった細菌の数を知ることができた。

この作業を任された研究室が検出した細菌は、平均すると、四万個どころかたった五〇〇個だったが、口紅を塗った女性の場合には二〇〇個ほど多かった。こうして『科学と発明』は、口紅をぬった唇にキスするのを男性が拒むことに、ついに科学的な根拠が得られたと結論を出した。

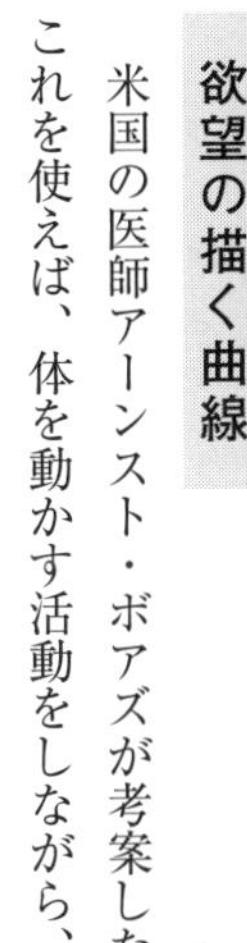


米国の医師アーンスト・ボアズが考案した心拍数測定器は、心臓専門医の誰もが夢見たものだった。これを使えば、体を動かす活動をしながら、心拍数を自動的に継続して測定できる。それまでの心拍数測定装置はどれも、横になってじっとしたまま測定する必要があった。

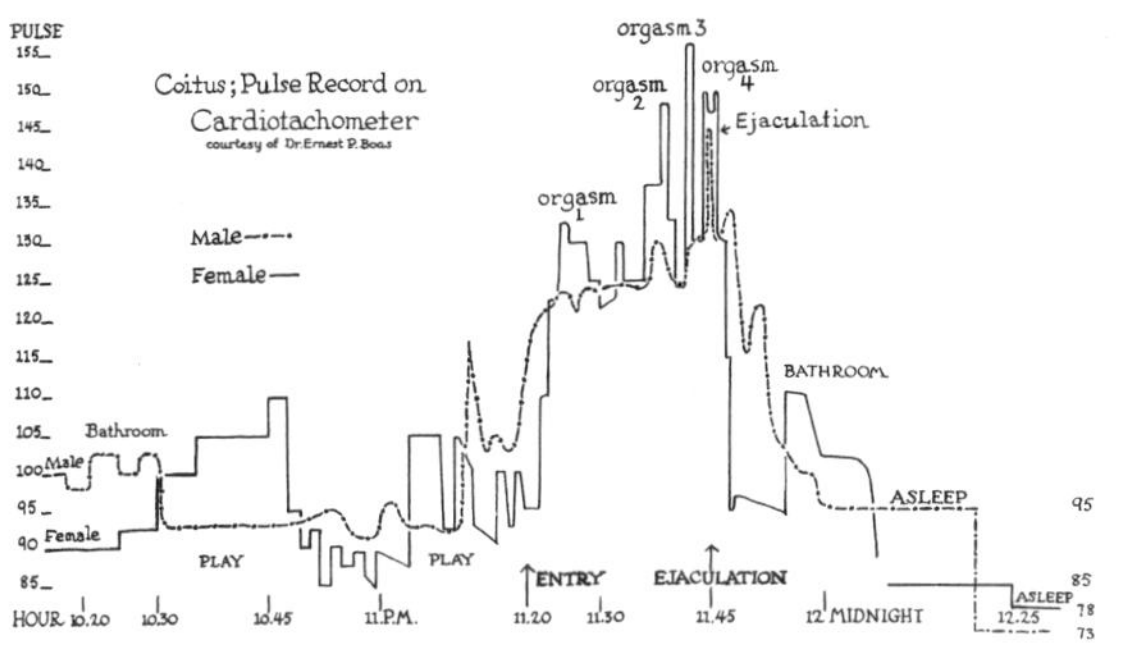


性行為中の心拍数を示すボアズとゴールドシュミットのグラフ．11時25分と11時45分の間に，女性被験者は4回のオーガズムを経験している．ある研究者は，これを男性被験者の“優れたテクニック”によるものと考えた．

ボアズと同僚のアーンスト・F・ゴールドシュミットは、すぐに男性五一人、女性五二人を対象にして日常生活のなかで心拍数の測定を始め、さまざまな活動中の最大心拍数を明らかにした。食事（一〇二）、電話（一〇六）、朝の洗面（一〇六・七）、音楽を聴く（一〇七・五）、踊る（一三〇・六）、体操（一四二・六）などである。だが、一分間に一四八・五回と最大を記録したのは、オーガズムに達したときだった。ボアズとゴールドシュミットの著書『心拍数（The Heart Rate）』は、本当のところどのようにしてこの測定値を得たのかを、積極的に明らかにしようとはしていない。「われわれは幸運にも、ある夫婦の性交中の心拍数の記録を得ることができた」とだけ書き、後は結果に話を移している。オーガズムが体操よりも心臓に大きな負担をかけるという発見は、特にあっと驚くようなことではなかったが、ボアズとゴールドシュミットは、この心拍数記録にみられた真に驚くべきもう一つの特徴を、まるでごくふつうに起こることのように軽く扱った。「女性の心拍数には四つのピークがみられ、それぞれが一回のオーガズムに相当する。」この研究が行われた夜の一一時二五分から一一時四五分の間に、女性は少なくとも四回のオーガズムを経験したことになる。しかも彼女は、邪魔なゴムバンドのついた電極を二つも胸に貼り付けられ、三〇メートル以上の長さのケーブルで記録装置につながれた状態で、オーガズムに達したのだ。

彼らのコメントは、「心拍数のカーブは、心血管系に大きな負担がかかることをはっきりと示しており、性交の最中や性交の後で起こる突然死のなかには、これで原因が説明できるものもあるだろう。別の研究者が、イヌの血圧が交尾中に著しく上昇することを実証した」というだけのものだった。

性行為の研究者ロバート・ラットウ・ディキンソンは一九三三年に著書『人体セックス解剖学(Human Sex Anatomy)』にこの心拍数のグラフを掲載し、初めてこの四つのピークに注意を向けた。しかし彼は、これは何といっても、この夫の性的能力が高いためだと考え、「優れたテクニック」のおかげで彼は二五分間も妻の腟内に挿入したまま「妻が完全に満足するのを待てた」のだと断言した。

## 1928年 血液中に毒ヘビ

『抗毒素研究所紀要(*Bulletin of the Antivenin Institute*)』の一九二八年六月号に医師フリードリッヒ・アイゲンベルガーが発表した論文の題名は、一見、毒にも薬にもならない退屈なものだった。「マンバ毒素の作用に関する臨床観察」しかし、実はこの研究で、彼は危うく命を落とすところだったのだ。一九二八年の春に、アイゲンベルガーは一滴のマンバ毒素を食塩水十滴で希釈し、その〇・二ccを自身の左腕に注射した。それから彼は、車に乗り込んだ。さて、世界で最も危険で致命的な毒ヘビの一つとされるマンバの毒を、いったいなぜ、自分で進んで注射したりしたのかと、人は不思議に思うかもしれない。しかも、よりにもよってその後、車を運転するなんて、いったい何を考えていたのだろう。

アイゲンベルガーは一八九三年にオーストリアで生まれ、一九二二年に米国に移住し、ウィスコンシン州シボイガンにあるシボイガン・クリニックに職を得た。そして妻と一緒に世界各地を探検旅行して回り、講演をしては、その旅行での見聞を語った。彼が旅から持ち帰った記念品のなかでも何といってもピカイチだったのは、彼の死亡記事でも触れられているが、メラネシア族長の干し首である。

アイゲンベルガーはメキシコ風の印象的な家に住んでいた。庭にはさまざまなランがたくさん植えられ、クーガー、ヒョウ、テナガザルまで飼われていた。おそらくグリーンマンバも飼われていたのだろう。ともかく論文には、毒素は実験の直前に「新たに抽出した」と書かれている。

この実験の前にモルモットで実験を行い、また自分自身ではガラガラヘビ毒素を使って試してみたところ、痛かったものの腫れは局所的だったと述べている。彼が、マンバ毒素の実験でも結果は同じようなものだと考えていたのはまちがいない。しかし、事態は全く違った展開をみせた。毒素を注射した後アイゲンベルガーは、急に自分が外からの刺激に過敏になっていることに気づいた。「車の振動とモーターの雑音があまりに大きくうるさかったので、タイヤが四本ともパンクしたのかと思い、止まって確かめ、初めてその理由を悟った。」

二〇分後には軽く毒が回った感じがしてきたが、その後まもなく猛烈に具合が悪くなり始めた。毒の作用を弱めようと、彼は肘のすぐ上に止血帯を巻き、腕の腫れた部分（そのときには長さ一〇センチメートルにまで広がっていた）をメスで切開し、この血の出ている傷口に熱い過マンガン酸カリウム溶液を注いで毒素を洗い流そうとした。

しかし、このときまでに毒素は彼の全身にすっかり回っていた。「唇や頬のあたり、それに舌の先がしびれ、瞬く間に顔全体とのどにまで広がった。」手や足の指の感覚が、全くなくなった。目がヒリヒリして、しゃべることもものを飲み込むこともつらくなった。「全身状態は極端に悪かったが、私はうろうろ歩き続けた。もしも横になったら、気を失うだろうと思ったからだ。」脈が一六〇に達したときに、アイゲンベルガーは急いでストリキニーネを注射してくれと求めた。これは現代的な視点、すなわちストリキニーネが興奮作用をもつことを知っているわれわれからみるといささか奇妙な要求だが、おそらく彼は、当時いわれていたストリキニーネはヘビ毒の解毒剤になるという話を信じていたのだろう。六時間後には、ほんのわずか触っても、全身に苦痛が走った。そして、インフルエンザに似た症状に一晩苦しんだ後、ようやく翌日になって毒の作用が弱まり始めた。

自身の判断ミスで危うく命を落とすところだったことは、アイゲンベルガーにもよくわかっていた。彼がそれほど大量のマンバ毒素を注射した理由は、マウスで観察したところ、この毒素の効き目が比較的遅かったからである。ガラガラヘビに咬まれたときよりマンバに咬まれたときのほうが、マウスは長く生き延びた。しかし、この二つのヘビ毒は、作用のしかたが全く違っていたのである。ガラガラヘビの毒は血管と血液細胞に作用し、組織を破壊したり、血液凝固を遅らせたり、早めたりする。しかし多くの場合、ガラガラヘビに咬まれてもアイゲンベルガーが経験したように、腫れて痛いだけで終わる。これに対してマンバの毒は神経毒で、中枢神経系に作用して呼吸器系や心臓を麻痺させる。

そもそもどうしてこのような実験を行ったのか、どうして血中に毒素が大量に入った状態で車を運転したのか。アイゲンベルガーの論文は、どちらの疑問にも全く答えていない。ただ彼は、一九六一年に死ぬまで、自分を実験台にしたこのような実験はこれ以上行わなかったようである。大型のネコ科動物を庭に飼い、干し首を机に飾る変わり者の病理学者にとっても、こんな実験は明らかにリスクが大きすぎたからだろう。

## 1928年 生きているイヌの頭

この写真は、サーカスのちょっとした出しもののように見える。中央には、切り取ったイヌの頭を載せた皿があり、そこから数本の管が出て、ラックに載せたポンプ、瓶、血液を一杯に入れた洗面器とつながっている。物見高い観客が所狭しとまわりを囲み、科学の奇跡の証人になろうとしていた。そう、このイヌの頭は、生きていたのである。

胴体から切り離し，生きた状態に保ったイヌの頭を使った実演の様子．観客の配置が奇妙なのは，後から写真に貼り付けたためと思われる．

ロシアの外科医セルゲイ・ブルコネンコとS・チェチューリンは、イヌの頭を胴体と切り離す手術を行った。有名な科学雑誌『科学と発明』は、読者に対し「これは残酷で非人道的にみえるかもしれない」と述べているが、そのすぐ次の行では、動物実験のもたらす大きな恩恵に言及している。さて、このイヌの頭は口を半分開いた状態で皿に置かれていて、科学者たちはまるで、この頭がまだ生きていることを集まった素人たちに証明してみせる義務があるとでも感じているかのようだった。そのため、瞳孔が収縮するまで目に光を当てたり、口のまわりに酢を塗ったり（これはすぐに、イヌがなめとった）、苦いキニーネの匂いを嗅がせて目に涙を浮かべさせたり、甘い物を食べさせたりした（これは、イヌが飲み込むとすぐに、食道の切り口から出てきた）。

永遠の生命は，このようなものなのだろうか．ロシアの実験に登場した“生きている”イヌの頭．

切断した頭部を使った実験を行ったのは、ブルコネンコとチェチューリンが初めてではないが（一八八五年の実験参照）、これまでの試みと違ったのは、頭部を生かしておくのに人工心臓を使ったことだった。血液を頸動脈からゴム管で洗面器へ導き、そこで酸素と混ぜると次に頭部よりも少し高い位置に置かれた瓶へと導き、最後に一定の圧力をかけてこの瓶の底から頸動脈へと戻した。また血液は、固まらないようにあらかじめ化学薬品で処理してあった。

この奇怪な実験は、人々の想像力に火をつけた。ひょっとすると、人の頭でもこれができるのだろうか。永遠の生命とは、このようなものなのだろうか。あるフランスの研究者は「不死研究学会」の創設を提案し、『科学と発明』は熱狂的に書いた。「現代のSF作家のはてしなく広がる想像力さえも、科学研究の着実な進歩の前では、ちっぽけに色褪せてみえるのではないか。」

## 1930年 スキナー箱

バラス・フレデリック・スキナーは、ハーバード大学の心理学科の作業室で自分が大急ぎで組立てた箱が、のちに科学実験のためにつくられた装置のなかで最も有名なものの一つになるなどとは、思いもしなかっただろう。このスキナー箱は、のちにさまざまな漫画のネタになり、テレビアニメ「ザ・シンプソンズ」でもパロディー化され、自分たちを「スキナー箱」とよぶロックバンドまで現れた。スキナー自身の娘は自殺したことにされ、それさえこの箱と結びつけて語られた。

スキナーがラットの行動を観察するための装置を探し始めたのは、二六歳のときだった。現在研究者の間で人気の高い迷路（一九〇〇年の実験参照）では、彼は満足できなかった。のちに学術報告に書いているように、「動物の行動は、あまりにも多くの異なった『反射』が組合わさって成り立っているので、解析するためには、一つ一つを切り離さなくてはならない。」そこで彼は、試験用迷路のごく一部分に注目し、音を立てないドアをつけた防音の箱をつけて、そこからラットが止まらずに迷路に入れるようにした。しかしまもなく彼は、装置から迷路の部分を取去ってしまい、ゼンマイに似た測定装置を使って、ラットの動きを調べようとしたが、得られる結果はあまりにもその場限りで、適切な評価ができなかった。スキナーは、三〇年前に古典的条件づけを発見したパブロフ（一九〇二年の実験参照）の著作を読んでみた。パブロフの手法は、生得的な反応と新しい刺激との結びつきをつくる方法だったが、スキナーが望んでいたのは、単に既存の反応を調べることではなく、新しい行動がどのようなしくみで生じるかを知ることだった。

そしてスキナーは、ついに実験箱にレバーを取付けるというアイディアにたどり着いた。ラットがこ

心理学者スキナーと，動物の学習行動を研究するためにつくられたスキナー箱.

のレバーを押すと、餌のドライフードが一個出てくるようになっている。もちろん、ラットは最初からこのしくみを知っているわけはなく、ただ、たまたまレバーに触ってしまったときに、それがきっかけで餌が食べられるのだった。しかし、このようなラッキーな経験を何回かすると、ラットはこの結びつきを学ぶようで、その結果、レバーを押してから次に押すまでの間隔がどんどん短くなっていった。こうしてスキナーは、ラットの行動の変化を測定する単純なものさしを発見したのである。すなわち、ある特定の行動が起こる頻度がそれである。

スキナーの実験で使われた動物は、パブロフのイヌと違って生得的な反応をみせたのではなく、新しい行動を学習したのである。この実験に基づいてスキナーが唱えた理論は、三つの要素から成り立っている。第一に、生物は絶えず自然発生的な行動をみせる。第二に、特定の行動のもたらす結果（望ましいものでも、望ましくないものでも）に応じて、その生物がその行動を繰返す可能性が高まったり、低くなったりする。第三に、行動のもたらす結果は環境によって決まる。彼は、パブロフの「古典的条件づけ」と区別するために、この全過程を「オペラント条件づけ」とよんだ。

スキナーは、この過程で脳に何が起こっているかには全く興味をもたなかった。知的活動がどのように行われているかを直接観察するのは不可能なので、それにこだわるのは全く非科学的だと彼は考えていた。ジョン・B・ワトソン（一九二〇年の実験参照）と並んで、彼は心理学の行動主義とよばれる一派の中心人物の一人である。行動主義とは、動物やヒトの行動を、もっぱら、外部からの刺激に対する一連の反応として捉えようとする主張である。

スキナー箱には、それまであった迷路などの装置に比べて一つ大きな利点があった。ラットがレバーを押して餌を手に入れた後は、人が何もしなくてもすべてが自動的にもとに戻り、ラットの次の行動に備えた待機状態になることである。自動記録装置がレバーの押される時刻を正確に記録するので、このデータからさまざまな条件のもとで動物の学習行動を研究することができた。たとえば、餌が一個出てくる前に連続五回レバーを押さないといけなかったら、どうなるだろうか。あるいは餌が出るまでに押さなくてはならない回数がその都度違ったらどうだろう。もしも、特定の行動をとると罰を避けられるという場合にはどうなるだろう。どのようにすれば、学習した行動をもう一度消去できるだろうか。スキナー箱は、動物の行動の研究を自動化したといってもよいほどだった。

一見したところ、オペラント条件づけを支えるのは、報酬を与えればある行動が促進され、罰を与えると行動が抑制されるという、ごく当たり前の原理である。だがこの原理を使って、スキナーは動物に、レバーを押すという単純作業をはるかに超えた行動を習得させた。たとえば彼は、一羽のハトにオモチャのピアノでメロディーを奏でることを教え、二羽のハトには卓球を教えた。そのためのカギは、ハトが最終目標を達成したときにだけ報酬を与えるのではなく、目の前の一つ一つの小さなステップごとに与えることにあった。そこでハトには、スキナー箱の中に入れたオモチャのピアノで、たまたま最初の音を正しくつついたときに、餌が一粒与えられた。そして、二番目の音を正しくつついたときに、もう一粒、さらに三番目の音でもう一粒、といった具合に続けていくと、とうとうハトは、子供向けの歌一曲を、終わりまで演奏できるようになったのである。

このような方法で、動物の知性をさまざまな作業に活用するための訓練が可能になった。第二次世界大戦中にスキナーは、米軍で非常に独創的な対艦ミサイル誘導システムの仕事にかかわった。このシステムは、ミサイルの先端部（ノーズコーン）に条件づけしたハトを入れ、先端にある銃眼から見える標的艦の位置に応じてスクリーン上のさまざまな場所をくちばしでつつかせ、このシグナルを利用してミサイルを誘導するというものだった。このシステムは実験室ではうまく働いたが、実地ではうまくいかなかった。

実は「スキナー箱」という名はスキナーがつけたわけではなかったが、この名はすぐに世間に広まった。彼が次女のデボラをスキナー箱に入れて育てたという話まで出て、やがて、「デボラは最後には精神科の施設に入り、自ら命を絶った」という噂が広がり始めた。この都市伝説のもとになったのは、女性誌『レディース・ホーム・ジャーナル』の一九四五年一〇月号に載った記事だった。スキナーがデボラのためにつくった暖房付きの防音保育器に関する記事で、運の悪いことに「箱入り娘」という題がつけられていた。これが読者に、デボラもスキナー箱に入れられ、ラットやハトと同じように父親の実験の対象にされていたのだという誤った印象を与えたのである。現在、デボラはロンドンでアーティストとして活動しながら、「彼女は自殺した」というしつこい噂に終止符を打とうと、ときどきマスコミに登場している。

スキナーについては、米国の学界でも賛否両論がある。彼の研究成果は、特に教育分野に大きな影響を与えた。彼の実験と、教師が生徒を褒めたり叱ったりするやり方には、明らかに類似点があるからである。スキナー自身の考えではこの世界は一個の大きなスキナー箱であり、彼は、人間の行動は何から何まですべて、これを使って説明できると固く信じていた。議論を巻き起こした一九七一年出版の著書『自由と尊厳を超えて（Beyond Freedom and Dignity）』のなかで彼は、人々が社会にとって望ましい行動をとれるよう訓練する手段として、人類の幸せのために条件づけを広く導入すべきだと提案している。

## 1930年 旅行仲間は中国人

リチャード・T・ラピエールには、電話をかけた瞬間に、答の予測がついていた。彼は、「立派な中国人紳士」を宿泊させてくれるかどうかを、ホテルに尋ねたのだが、「いいえ、お泊めできません」というのが電話の相手の答だった。

だが実は、スタンフォード大学の社会学の教授であるラピエールは、二カ月前に友人の中国人夫妻と一緒にそのホテルに一晩泊まったことがあった。問題のホテルは、ある小さな町で一番の高級なホテルで、その町はアジア系の人に対する差別がひどいことでよく知られていた。しかし、ラピエールも驚いたのだが、彼らは何の問題もなく泊まれたのである。

ホテルの支配人は電話では一つの答を出しながら、二カ月前にはそれとは全く正反対のことをしていたことになる。これは特殊な事例だろうか。ものごとをはっきり言わない性格のためだろうか。それとも、もっと深い理由があるのだろうか。実験とは、白黒を確実にはっきりさせるはずのものである。これは重要な疑問だった。ある状況に置かれたときに自分はどう行動するかを、人が他人に話すということ自体に、根本的問題があったのだろうか。当時、社会科学は、アンケートを利用した研究を基本としていた。「神を信じますか。」「アルメニア人の女性に電車で席を譲りますか。」「アジア人についてどう思いますか。」回答を評価する際、研究者は暗黙の前提として、回答者は普段、回答したとおりに行動していると受け止める。だが、もしもこの前提が正しくないとしたら、多くの研究結果は全く根拠を失うか、少なくとも意味がないことになる。なぜなら、アンケートの目的は人々が実際に何をするかを知ることであり、紙の上でどう答えるかを知ることではないのだから。

そこでラピエールは、一九三〇年から一九三一年にかけて二回、友人の若い中国人夫妻と一緒に米国のあちこちを旅して回った。車で走った距離は約一万六千キロメートルになり、泊まったホテルは全部で六六箇所、食事したレストランは全部で一八四軒に上った。受入れを拒否されたのは安いバンガロー村での一回だけで、そのときはオーナーが車をのぞき込み、空いているバンガローがあるかを尋ねたラピエールに、ぶっきらぼうに「だめだね、俺は日本人が嫌いなんだ」と答えたのだった。

そのとき以外は、三人は最上級の丁重な扱いを受けた。田舎の人の多くはそれまで中国人に出会ったことがなかったが、中国人の存在がひき起こした動揺は、拒絶ではなく、逆に極端な優遇という形で現れたのである。

ラピエールは、出会ったフロント係、ポーター、ベルボーイ、ウェートレスの反応をすべて、詳しく記録した。もちろん、彼自身もすぐに認めたようにこの観察は主観的なものだったが、何といってもこの実験は、あらゆる要素をことごとく制御できる実験室での実験ではなかったのである。

そこで彼は、事のなりゆきに彼自身が及ぼす影響を最小限にとどめようとして、部屋があるか尋ねるのはできる限り中国人夫妻に任せ、その間、自分は荷物の番をしていた。レストランへは彼らだけを行かせるようにして、後から合流することが多かった。しかも、夫妻が完全に自然にふるまえるように、彼らには、実験をしていることすら話していなかったのである。

記録によればラピエールは、旅行の最後には、人々の考え方、態度に影響するおもな要因は人種ではなく、友人夫妻の洗練された身なり、タイミングのよい笑顔、完璧な英語のほうだという結論に達した。この実験をまとめた彼の論説「考え方対行動（Attitudes vs. Actions）」は今では有名になっているが、そのなかで彼は「白人が母国を旅行するときには、中国人と同行するのがお薦めである」と書いている。

しかし、これは人々のアンケートに表明された考え方とどう重なるのだろう。ラピエールは、アメリカ人がアジア人に対して強い偏見を抱いていることを調査から知っていた。彼は、人々の考え方と実際の態度を比較する基盤にしようと、旅行から六カ月後に、しかも自分の正体を明かさずに、旅行中に訪れたホテル、レストランすべてに「そちらのホテル（お店）では、中国人をお客として受入れますか」と尋ねる手紙を送った。受取った一二八通の返事のうち、「受入れる」と答えたのは一通だけだった。残りの事実上すべてが、中国人は受入れないと答えていた。ただし、一、二通は、どちらとも決めかねるものだった。

ラピエールは返事を読むなり、彼の旅行自体がこういった否定的な姿勢の原因になったのではないかという疑いを抱いた。ホテルやレストランへの彼と中国人夫妻の滞在、訪問が、オーナーたちに悪い印象を残したのかもしれない。ラピエール自身は、そのとき、否定的な対応を受けたとは全く思わなかったのだが。この懸念が当たっているかを調べるために、彼は、旅行ルート上にあるが自分たちが訪れなかったいろいろなホテル、レストランにも同じ手紙を送った。結果は全く同じで、中国人と関係をもつことを望むところは一つもなかった。

「このデータをもとに考えると、中国人が米国を旅行するのは無謀ということになる」と彼は書いている。しかし、実際の体験で出会ったのは、全く違った光景だった。このことから社会学者であるラピエールが得た結論は、人々がある状況に置かれたときにどのようにふるまうかを予測したい場合、アンケート調査には根本的な弱点があるというものだった。「アンケートでわかるのは、ある特定の言葉の組合わせに出会ったときに、A氏が何を書いたり言ったりするかであり、A氏がB氏に会ったときに何をするかではない。B氏は、言葉を並べただけの存在ではなく、はるかに多くのものをもった存在である。彼は人間であり、行動するのだから。」

## 1931年 息子の妹はサル

サルにも、子供時代の奇妙な体験はいろいろあるだろうが、なかでも最も奇想天外なのは、チンパンジーのグアの体験に違いない。一九三一年六月二六日、グアは生後わずか七カ月のときに、ある人間の一家のところに送られ、一緒に暮らすことになった。ペットとしてではなく、完全に家族の一員として、生後一〇カ月になるその家の息子ドナルドと全く同じ扱いで育てられたのである。

ウィンスロップ・ケロッグが型破りな実験を最初に思いついたのは、一九二七年、二九歳のときだった。きっかけになったのは、おそらく、二人の小さな少女がインド東部の洞窟でオオカミの群れと一緒に暮らしているのが見つかったという記事だった。二人は、食べ方も飲み方もオオカミそっくりで、手は四つん這いで這うためにしか使わなかった。発見されてから直立歩行はできるようになったが、夜中に吠えるのも、鳥に襲いかかって生で食べるのも、どうにもやめさせることはできなかったし、ほとんど話せるようにはならなかった。

専門家たちは、これはオオカミ少女たちの知能が低いためだとしたが、ケロッグの意見は違った。

「この少女たちは、オオカミとの暮らしから粗野な行動を学んでしまったのであり、ごく小さい子供のころに刷込まれた行動を忘れ去るのは非常にむずかしいため、新しい環境に適応しようとしても不可能だったのだろう。」

この仮説を検証するためには、正常な平均的知能の赤ん坊を荒野へ放り出して、その行動を研究しさえすればよい。しかし、いくら彼がこの計画に「科学的熱意」を抱いても、もちろん、これを実行するのは倫理的、法的に不可能だった。だが、この逆の実験なら、良心の呵責を覚えずに実行できた。すなわち、幼いサルを人間の赤ん坊のように育てるという実験である。

里親は、どんなことがあっても決してこの子ザルをサルとしては扱わず、キスし、あやし、ベビーカーで散歩し、スプーンで食べること、おまるを使うことを教えることになっていた。最初ケロッグは、近所の児童養護施設から「物わかりのよい親」のいる子供を選んで、赤ちゃんチンパンジーの遊び相手にした。やがて彼は、自分たち自身の子供をもつ親にサルの里親になってもらえばもっとよいということに気づいた。そうすれば、彼らの子供とサルの子供の発育・発達を、直接比較できるからである。

ドナルドとグアは，9カ月間一緒に暮らした.

ケロッグは、このような方法で、氏か育ちか、つまり環境要因と遺伝要因のどちらが子供の発育・発達に大きく影響するかを、決定的に明らかにしたいと考えたのである。もしもサルが人間の子供と同じようには育たなかったとしたら、生まれもった素質のほうが大きいということであり、もしも子ザルが人間の子供と同じような反応を示したとすれば、環境のもつ威力を示す証拠となるだろう。
ただし実験を始める前に、ケロッグはまず妻のルエラを説得しなければならなかった。彼が里親として選んだのはほかならぬ彼自身と妻で、サルとの比較の対照となるのは、これからつくろうという彼ら自身の子供だったのである。この実験がルエラの希望に反して行われたことは、この実験について説明したケロッグの著書『サルと子供（The Ape and the Child）』の前書きの一節から察しがつく。「実は、われわれの一方の熱意はもう一方からの非常に強力な抵抗に遭い、このような実験を試みるべきかどうか意見が一致することは決してないだろうと思ったほどだった。」しかし最後には、ウィンスロップがルエラの反対を押し切った。彼はその間にインディアナ大学の心理学の教授に任命されていたが、実験の期間中、一家はフロリダ州オレンジパークにあるエール大学類人猿実験センターの近くで生活した。

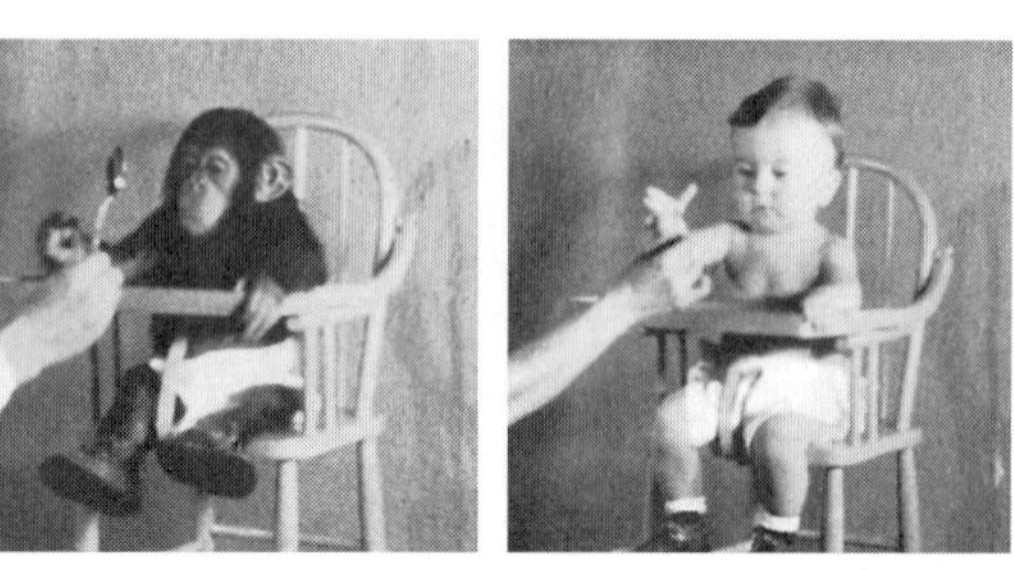

氏か育ちか，どちらが強いのだろう．グアを，人間のようにふるまえるように育てることはできるだろうか．チンパンジーのグアと人間の赤ちゃんは，全く同じように育てられた．

グアが到着したときから、ケロッグ夫妻はすべてを捧げて実験に専念した。昼夜を問わず、グアとドナルドを全く同じように、きちんと公平に扱った。毎日グアとドナルド両方を比較し、血圧と体重を測り、視覚と運動能力をテストした。グアとドナルドの怖がりやすさを調べるために、ウィンスロップは彼らの背中の後ろで弾を入れずにピストルを撃ち、彼らの反応を録画した。

実験についてのケロッグの説明を見ると、彼が科学的な正確さにこだわるタイプであることがわかる。「グアとドナルドの頭蓋骨の違いは、スプーンの丸いところや似たようなもので軽く叩くと、音で聞き分けられる。最初のころドナルドの頭の音は、やや鈍い感じのゴンという音だったが、グアの頭の音はもっと硬く、木でできたクロケットのボールやボウリングのボールを木槌で叩いたようなコンという音だった。」

『サルと子供』では、グアとドナルドの発達の様子が細かな点までしっかり詳しく説明されている。だからこそ、なぜ九カ月後に実験が打ち切られたのか、何の説明もないのは驚きである。心理学者のルディー・T・ベンジャミンは、ケロッグの元教え子にこの問題について尋ね、事態が思いがけない展開を迎えたからだと推測している。確かに、グアは人間として扱われる状況に驚くほどの適応能力を示し、ドナルドよりもよく指示に従い、謝るときにはキスして許してもらい、ごく早い時期からトイレに行きたくなると知らせた。また天井から吊したビスケットに手が届くためには椅子に登らなければならないことも、ドナルドより早く悟った。ただ、ドナルドのほうが優れている点が一つあって、彼のほうが真似がうまかった。リーダーはグアで、彼女がオモチャを見つけ、遊びを考え出し、ドナルドはグアのすることを真似るのだった。言語能力についても同じことが起こった。ドナルドは、食べ物をほしがるグアの鳴き声をそっくり真似し、オレンジがほ

グアは多くの点でドナルドよりも優れていたが，一つ重要な例外があった．ドナルドは，ものごとを真似るという能力ではグアよりも上だった．

ドナルドとグアをベビーカーに乗せて押すルエラ．実験を行ったケロッグの妻のルエラは，当初，息子が実験台にされることに強い不安を抱いていた．

しいと、グアと同じようにハァハァ息をした。

ドナルドが一九カ月のときに実験は終わりになったが、そのときに彼が話せた言葉はわずか三つだった。その年齢の平均的なアメリカ人の子供の語彙は約五〇語で、そのころにはそろそろ、それらの単語を使って文を話し始める。要するに、ケロッグはサルを人間のように育てようと計画したが、結局、人間がサルのようになってしまったのである。おそらく、こんなことが起こるのをルエラがこれ以上黙って見ていられなくなったのだろうと考えるのが、妥当なところだろう。実験の終わった後、グアはオレンジパークの類人猿センターへと戻された。彼女は、本当の母親と一緒に檻の中で暮らすのにうまくなじめず、翌年に死んだ。

この実験は大変な騒ぎを巻き起こし、ケロッグは厳しい批判も浴びた。子供をこのような実験の対象にしたのは無責任だと考える人が多く、ケロッグは世間を驚かせて注目されたかったのだと非難された。のちに彼自身、この種の研究には、目的を根本的に誤解して激しく攻撃する人たちに勇敢に立ち向かえる「腹の据わった科学者」が必要だったと、失敗を認めている。

『サルと子供』を出版した後は、ケロッグの興味の対象は他の分野へと移った。彼は一九七二年六月二二日にフロリダで七四歳で亡くなり、妻のルエラも一カ月後に亡くなった。

ドナルド・ケロッグは、言語能力発達の「失われた時間」をすぐに取り戻し、のちにハーバード大学医学部に進んで医学を学び、最終的に精神科医になった。しかし、両親の死から数カ月後に、彼は自身で命を絶った。この事実は、ケロッグの実験について書かれたもののなかでは、隠されたり軽く扱われたりしていることが多い。「もちろん、ドナルドの自殺をグアと過ごした幼児体験やグアから引き離されたことに結びつけようとする人もいるが、彼のうつのもっとわかりやすい原因は、彼を育てた父ウィンスロップが極端に厳しく、かかわる人すべてに完璧を要求したことにある」と心理学史の研究者でもあるベンジャミンは書いている。

ドナルド・ケロッグの息子ジェフは、父が自殺したとき九歳だった。ベンジャミンとは違って、彼は父の自殺は例の実験の必然的結果だと今も確信している。「確かにベンジャミンが言うように、祖父は、父の気持ちを自分のことのように受け止めて支えるという接し方はせず、息子だから愛するというより、父の行動やその成果を非常に重視した。それでもベンジャミンは、あの実験の明らかな寄与を軽くみすぎている。おそらく、彼が実験心理学者だからだろう。」ジェフは、祖父の実験の後遺症に関する未発表の論文のなかで、父の自殺を「四五年かけた殺人」とよんでいる。祖父のウィンスロップが実験を計画し始めたのが、ドナルドの死の四五年前、すなわち、ドナルドが生まれる前だったのである。

## 1938年 一日は28時間

ナサニエル・クライトマンは、何年もかけていくつもの特殊な実験を手がけてきたが、実験の最後に、目がくらむほどのライトを浴びたのはこのときが初めてだった。彼と助手を務めた学生ブルース・リチャードソンがマンモス・ケーブから出てきた一九三八年七月六日には、カメラマンたちが洞窟の入

マンモス・ケーブにあるこの部屋で，二人の睡眠研究者は32日間暮らした．かさ上げしたベッドの長い脚は，クマネズミが登れないよう，バケツの中に入れられている．

口に列をなして待ちかまえていたのだ。翌日の新聞には悲惨な格好をした二人の写真が載った。ぼうぼうに伸びたひげと長いコート、濡れたアノラックのフードで、彼らはまるでホームレスのように見えた。この二人はシカゴ大学の研究者で、睡眠の謎を探ろうと、三二日間を洞窟の部屋の一つで過ごしてきたのである。

クライトマンは当時四三歳で、それまで何度も自分自身を実験台にして実験を行ってきた。あるときは、一八〇時間の睡眠遮断が人間にどのように作用するかを知るためのモルモットになったし、またあるときには、うまくはいかなかったが、睡眠-覚醒リズムを通常の二四時間周期から四八時間周期へ、ずらそうと試みたこともある。この実験では彼は、三九時間連続して起きていてその後九時間眠る生活を、一カ月間続けた。一方、彼の学生の一人は一二時間周期へとずらそうと、一日に二回、三時間半ずつ（午前四時から七時半と午後四時から七時半）眠るよう試みた。睡眠のパターンをリセットしようというこの試みも、やはり失敗に終わった。

当時の研究でまだ解決されていなかった睡眠の大きな謎の一つが、人間の二四時間周期の睡眠-覚醒リズムは単なる習慣（一日の長さに合わせて実用目的で調整され、いつでも変えられる）にすぎないのか、それとも人間には固有の変化しにくい体内時計が備わっているのかという問題だった。

クライトマンの実験から、人間の睡眠リズムは二倍に伸ばしたり半分に縮めたりできないことは、確実に明らかになった。そこでシカゴ大学での次の実験として、彼は二四時間の自然なリズムにもっと近い二つのリズムを選んだ。それは二一時間周期と二八時間周期で、一週間すなわちふつうの七日は、ちょうど、一日二一時間なら八日、二八時間なら六日に相当するからである。そのおかげで、二つの実験の被験者（うち一人はクライトマン本人）は、実験を行いながら大学での仕事を続けることができた。

被験者が睡眠パターンの変化に順応したかどうかを知るために、クライトマンは体温を測定した。ふつう、眠っているときには代謝が低下するために体温は低くなり、起きているときに最も高くなる。もしも体温の上昇、下降パターンが変化して睡眠と覚醒の新しいタイミングに一致すれば、体が新しいリズムに順応したものと考えることにした。

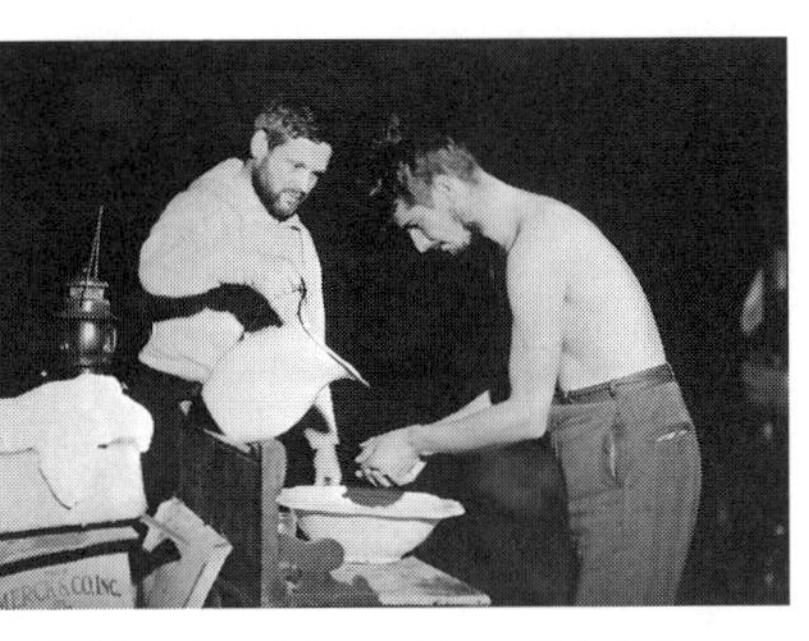
洗面中のクライトマン（左）と学生リチャードソン．

しかし、大学での二一時間と二八時間の実験では、決定的な結論は出なかった。実験に参加した学生の一人の体温リズムは新たな条件に順応したが、クライトマンの体温リズムは、約二四時間周期を保ったままだった。

考えうる混乱要因の一つが、実験の行われた場所である。おそらく自然な昼間の光は順応の妨げになっただろうし、昼間に雑音が増えたり温度が上昇したりすることも影響した可能性がある。そこでクライトマンは、昼と夜に全く違いのない場所を探し、ケンタッキー州にあるマンモス・ケーブという巨大な洞窟群の、地表から深さ四〇メートルのところにある幅二〇メートル、高さ八メートルの「部屋」に目をつけた。この部屋は「オーデュボン・アヴェニュー」とよばれる通路の脇にあり、常に暗く、音もせず、室温は一年中一二℃に保たれている。これこそ、二八時間周期の一日を試してみるのに理想的な場所ではないだろうか。

この「オーデュボン・アヴェニュー・アパートメント」（新聞や雑誌では、こうよばれるようになった）には、マンモス・ケーブ・ホテルからテーブルと椅子、洗面台、ベッド二台（湿気とネズミ対策として、脚を長くしたベッド）が運び込まれた。ホテルの調理室からは、毎日この部屋に食事が届けられた。

計画では、クライトマンとリチャードソンは九時間眠って一〇時間仕事をして、その後は九時間自由に過ごすことになっていた。実験期間中、起きているときは二時間ごとに、寝ているときは四時間ごとに体温を測定した。

わずか一週間で、リチャードソンは新しい周期に順応した。つまり、体温が二八時間周期で変動するようになったのである。対照的に、二〇歳年長のクライトマンは、実験期間の終わりになっても順応できていなかった。彼は、時間割で仕事、睡眠、余暇のどれに指定されているかに関係なく、夜一〇時には必ず疲れを覚え、その八時間後には元気を取り戻した。

つまりこの実験でも、結果は不明確だったわけだ。クライトマンは報道陣に、「少なくとも、自分が立派なあごひげを生やせることは証明できた」と語った。

のちの実験で、実際に人間には体内時計が備わっていることが明らかにされている。多くの人の体内時計は約二四時間に設定されていて、日々、実際の昼間の光量によって調整されている。

1945年
## 大飢饉

それが始まったのは、実験開始から四カ月経ったころだった。一九四五年七月六日までは、レスター・グリックがレストランに行って「人々が食事をしているのを見ても」、何も問題は起こらなかった。その日も、それまでの日々と全く同じように、彼はいわゆる「相棒ルール」に従い、自分一人で出歩くことはせず、同じ実験参加者の一人であるジムと一緒だった。彼らはそこで、立派な身なりの女性がポークソテーを注文し、少し手をつけただけで半分もお皿に残すのを見せられる羽目になった。さらに、彼女がココナツクリームタルトもほとんど残して脇に押しやるのを見たところで、彼ら二人の我慢は限界に達した。

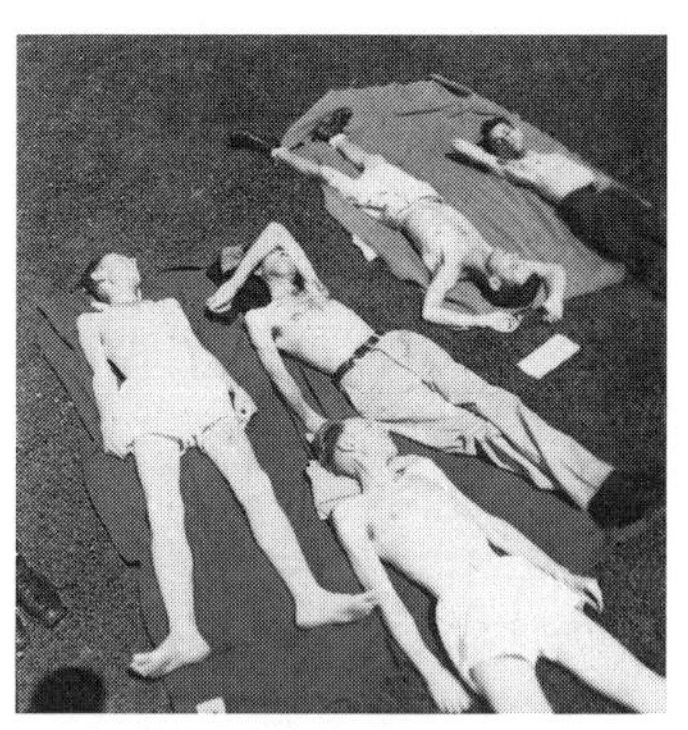

48 週間続いた飢餓．日光浴している実験終了間際の参加者たち．彼らの一部は，のちにシェフになった．

彼らは、支払いを済ませて出て行った女性の後を追って呼び止め、世界の貧困と、彼女がいかにそれに手を貸しているかを詳しく語り、責め立てた。女性は怒り声を上げ、走り去った。レスターとジムが二月一二日以来、パンとジャガイモ、カブ、キャベツ中心の一日二回の粗末な食事だけで生き延びてきたことなど、彼女は知るはずもなかった。

レスターとジムの二人は良心的兵役拒否者で、市民公共サービスの募集に応じて実験に参加したのだった。生物学者のアンセル・キーズが社会奉仕活動参加者に配っ

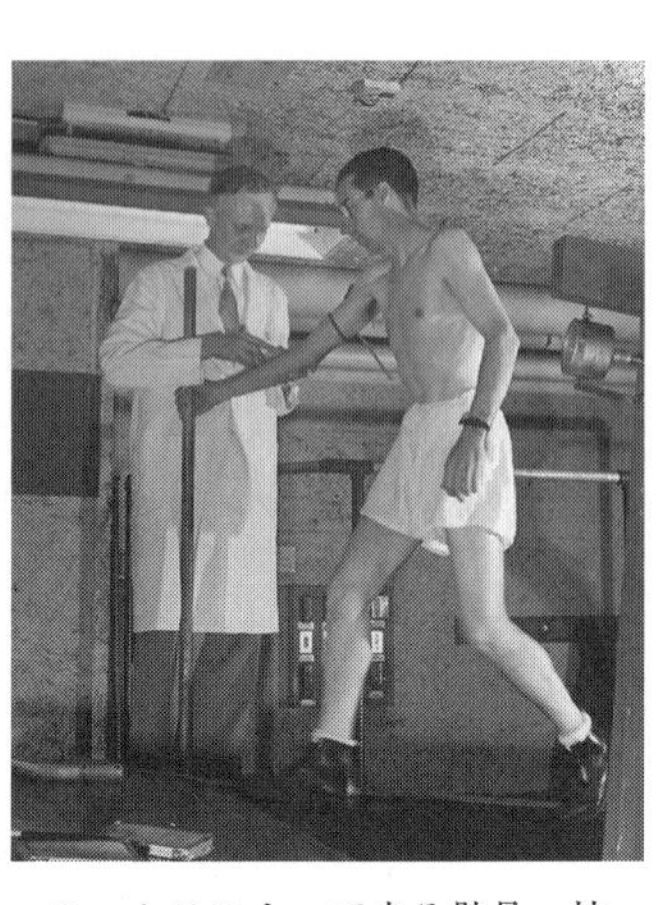

ルームランナーで走る骸骨．被験者の持久力の測定が，定期的に行われた．

たパンフレットには、「人々にうまく食べさせるために、飢えに苦しんでみませんか？」というスローガンが書かれていた。キーズはミネソタ大学セントポール校の生理衛生研究所の創設者で、第二次世界大戦のときに米軍のために働き、野戦携行食を開発し、食事と疲労の関係を調べ、発汗時にビタミンが失われるかを研究した。戦争末期に、彼は新たな問題に興味をもった。「そのころには、多くの人々、何百万もの人々が飢餓に近い状態に置かれていることに気づいていたので、この半飢餓が体にどのような影響をもたらすか、影響はどのくらい続くか、正常な状態に戻すには何が必要かを知りたいと考えた。」

応募してきた良心的兵役拒否者は一〇〇人を超え、そのうち三六人が被験者に選ばれた。一九四四年一一月一九日に、被験者たちはミネソタ大学の宿泊施設に入った。最初の三カ月間、彼らは正常な食事を与えられ、その間キーズは、彼らの健康状態、平均栄養摂取量、詳細な代謝機能の検査を行った。厳密な意味での実験が始まったのは、一九四五年二月一二日である。このときから被験者たちに食事が与えられるのは、午前八時半と午後五時の一日二回だけになった。欧州の飢餓に苦しむ地域の人々が食べている食事に相当する三種類のメニューが、六カ月間、順に繰返して出された。これらの食事では、一日の総エネルギー摂取量は一五〇〇カロリーになるが、これは、被験者たちがそれまで摂取していたエネルギー量のちょうど半分だった。キーズは、提供する食事の量を、被験者一人一人の体重に合わせて厳密に調整した。彼がねらったのは、被験者たちそれぞれの体重を、六カ月間で四分の一減少させることだった。この飢餓期間の後にくるのが三カ月間のリハビリ期間で、この時期には被験者をグループに分け、違うメニューの食事をとらせて、再び体重が増えるようにした。

実験から四年後に、キーズは実験で得られた知見とすべてのデータを、後世に残る一四〇〇頁の大作『人の飢餓の生物学(The Biology of Human Starvation)』にまとめた。この実験では、体重減少や脱毛、冷え性、生化学的変化、内臓の変化といった身体的側面だけでなく、栄養の欠乏が知性や理解力、人格に及ぼす影響も調べた。

被験者は、週に一五時間働き(実験室や洗濯室、寄宿舎での作業)、屋外で少なくとも三〇キロメートル歩き、さらにルームランナーでも三〇分歩かされた。大学の通常の授業には参加でき、また週末は一人で過ごしてよいことになっていた。

キーズの実験でわかった最も興味深いことのなかには、空腹のために生じた精神的な変化もいくつかあった。多くの人は無気力になり、うつに陥った。あまりに空腹になると、それ以外のことはどうでもよくなり、身だしなみや衛生管理はおろそかになり、テーブルマナーを無視し、引きこもりがちになって食べ物に関することにしか興味を示さなくなり、性衝動も失った。ロマンス映画を見ても退屈するだけだった。ただし、食事のシーンだけは別だったが。

五月一〇日に、レスター・グリックは日記にこう書いている。「空腹は、これまで想像したこともなかった新たな次元に達している。骨も、筋肉も、胃袋も、心も、すべてが一つになって、ひたすら『食べ物』と叫んでいるようだ。」まわりも多くが同じだったが、グリックはしだいに口数が少なくなり、好んでレシピを読むようになった。食べ物に対する極度の執着心が、普段とは違う行動となって現れた。新聞広告で食べ物の値段を比較したり、他人が食べる様子をじっと眺めたり、レシピ本を集めたり、ホットプレートやティーポットなどの調理器具を買い込んだりしたのである。実験終了後に、被験者のうち三人が仕事を変え、シェフになった。

飢餓の期間が終わりに近づくころには、一部の被験者は、わずかばかりの食事に二時間も費やすようになった。皿の上の食べ物を実際より大きく見せようと延々といじくり回し、皿をきれいに舐め尽くしたあとはすぐに、次の食事はどのような順序で食べようかと計画を立て始めるのだった。

最初は、コーヒーとチューインガムは好きなだけ飲んだり噛んだりしてよいことになっていたが、そのうち、一日にコーヒーを一五杯以上飲む人、ガムを四〇包みも噛む人が出始めたので、キーズは、多くても一日にコーヒー九杯、ガム二包みまでと、制限を設けた。

被験者全員が、実験を最後までやり遂げられたわけではない。一人は食料品店で自制心を失い、スコーンをいくつかとポップコーン一袋、それに腐りかけたバナナを二本、すさまじい勢いで食べてしまった（バナナは、すぐに吐き出した）。もう一人はルタバガ（カブの一種）とチョコレートバーを盗んだ。レスター・グリックはあるとき、鉛筆から芯を抜き取って、木の軸のほうを噛んでみた。日記にはこう書いている。「味は悪くなかった。」さらに後にはこんなことも書いている。「飢えに苦しむ人間にとってカニバリズム（人肉食）がいかに恐ろしい選択肢であるかを考えて、何とか頭から追い出そうとはしているが、とても考えずにはいられそうもない。」

こっそり隠れてでも何か食べたいという誘惑があまりに強かったため、二カ月後にキーズは「相棒ルール」を導入しなければならなくなった。少なくとも誰か他の人一人と一緒でなければ、実験室を離れてはいけないと取り決めたのである。

飢餓期間二四週間の間ずっと、被験者たちは実験の最終段階であるリハビリ期間が始まるのを心待ちにしていた。しかし、いざそのときがきてみると、リハビリ期間は期待はずれだった。食事の量は少しずつしか増えず、絶え間ない空腹感はなかなか消えなかった。一九四五年九月二〇日のグリックの日記には「リハビリ期間に入って七週間経つが、飢餓の症状は目に見えるほどよくなってはいない。外見も、空腹感も、体重がごく少ししか増えていないことも、すべてリハビリが最小限にとどまっていることをよく示している」と書かれている。

一九四五年一〇月二〇日午後五時に、グループは最後となる共通の食事を一緒にとった。この四八週間の間で、何の制限もされない食事はこれが初めてだった。キーズの言葉を借りると、「食の自由がほしいという被験者たちの想いがあまりにも差し迫っていて、もう一週間待たせたら、感情の爆発を招いて反乱が起きかねなかった。」だが、宴会の豪華な食べ物で多くの被験者の胃袋は想像以上にすばやくいっぱいになり、キーズによれば、「食事の最後にはほとんどの人が、自分の分の食べ物を、そう、食べきれずに残った食べ物を、信じられない思いでじっと見つめていたのだった。」

この実験では、その後ずっと消えずに残る害はなかったが、参加者たちの体の機能が正常に戻るには何カ月もかかった。実験後、被験者たちは、もうこれ以上食べられないほど食べたときでも空腹感を感じることが多いとこぼしている。被験者の多くは、気持ちが悪くなるまで食べてしまい、それなのに、またすぐ同じことを繰返してしまうのだった。

この行動は過食症の症状によく似ているため、今では、キーズの行った実験は摂食障害の研究に重要な役割を果たしている。飢餓実験の被験者たちの食物に対する強い執着心や無気力、引きこもりは、どれも拒食症にみられる行動に似ている。このような行動形態は、現在では摂食障害の原因とみなされることが多いが、飢餓を味わったあの良心的兵役拒否者たちがそうであったように、これらの行動は飢餓がひき起こした結果のほうであるというのが真相かもしれない。

この実験は参加者たちにとって、その後もずっと「生涯で最も重大なできごと」であり続けたので、一九九〇年代に至るまでずっと、彼らは定期的に同窓会を開いていた。

## 1946年 落ちこぼれが降らせた雨

おそらく、ピッツフィールドの誰も、その水曜日に雪が降ったことにはほとんど気づかなかっただろう。一九四六年一一月一三日に、マサチューセッツ州に広がった、塔のように盛り上がった積雲からちらりほらりと落ちてきた雪は、地面まで届かずに溶けて消えた。そして、もしも誰かが空を見上げ、雲からちらほら落ちてくる白いものに気づいたとしても、この目立たない光景がもつ重大な意義は、到底、想像もできなかっただろう。この意義に思い至るためには、何しろ、降る雪を眺めながら、それと雲のまわりを旋回する軽飛行機とを結びつけて考えなくてはならなかったのである。

この単発フェアチャイルド機に乗っていたのは、研究者のヴィンセント・シェーファーと操縦士のカーティス・タルボットである。彼らは雲の中を高度四〇〇〇メートルまで上がり、シェーファーが一・一キログラムのドライアイスを窓から外に投げたのだった。どう見ても、それはまるで、クルミ程度の大きさの灰色のタネを撒いたようだった。しかし、収穫まで長く待つ必要はなかった。彼らが中を通りぬけたばかりの雲からすぐに、雪が落ち始めたのである。「私はカートのほうを向き、『やったね!』と言いながら握手した」とシェーファーはのちに実験日誌に書いている。

人類最古の夢の一つが実現したようにみえた。これでもう、迷信じみたおまじないの言葉も、雨乞いの踊りも、神への熱心な祈りも必要なくなった。この実験成功の後で、シェーファーの同僚の一人はこう言った。「何しろ、今日の午後シェーファーはピッツフィールドに雪を降らせたんだから、来週には水の上を歩く奇跡だって起こすよ。」

翌日には、世界中が彼の実験の話を耳にしていた。『ニューヨーク・タイムズ』が、「三マイルの雲が雪に変わった」という見出しで記事にしたのである。一方、『バークシャー・イブニング・イーグル』は、シェーファー自身についての記事を載せた。「グレイロック山に雪を降らせた男は、学校では早くから落ちこぼれだった。」実際、シェーファーは高校を卒業していない。彼の百科事典並みの化学や物理の知識は、長いゼネラル・エレクトリック（GE）社勤務の間に得たもので、この実験も同社の後援で行われた。GEの研究所所長アーヴィング・ラングミュアは、気象制御の将来に関して強気な考えをもち、ドライアイスによる人工降雨技術を使えば「豪雪を都市部から遠ざけて、冬のリゾート地に雪を供給できる」と固く信じていた。

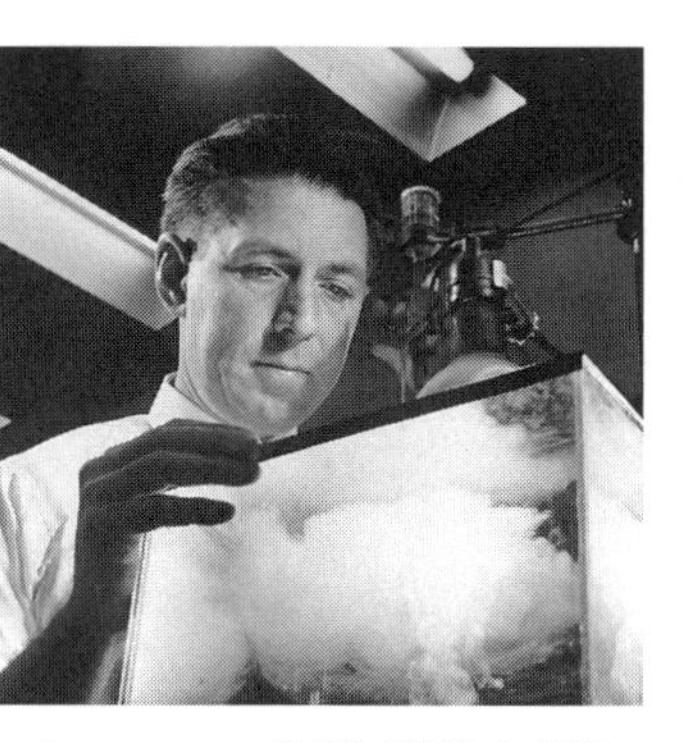

シェーファーは“冷却箱”を考案し，これを使って実験室で雲をつくり出した．

ラングミュアは、雨と雪の予想外の性質を偶然発見し、ノーベル化学賞を受賞していた。第二次世界大戦の際には、彼はシェーファーとともに、飛行機の機体が吹雪に遭うと、静電気を帯びて無線通信ができなくなる問題に取組んだ。米北東部にあって「世界一の悪天候」の巣とされるワシントン山で実験を行ううちに、彼らはおもしろい現象に出くわした。冷たい風が吹いているときには必ず、すぐに実験装置を覆う薄い氷の層ができたのである。このような状況では、空気中に過冷却された微小な水滴が充満していて、隙あらば飛行機のアンテナや装備に凍りつこうと機会を窺(うかが)っていることは明らかだった。

彼らは即座に無線通信に関する研究を中止し、雲の内部機能の研究に没頭した。当時すでに、雲の内部の水は温度が〇℃以下になっただけではすぐには凍らないことは広く知られていた。問題は、その理由だった。冬になると一部の雲からは雪が降るのに、同じくらい温度が低くて過冷却の水滴を含んでいるのに、絶対に氷の結晶が形成されない雲もあるのはどうしてなのだろう。

雲の中の水滴は、埃や煤や塩の結晶といった、顕微鏡でようやく見えるような小さい「凝結核」のまわりに形成されている。この水滴はあまりに小さいため、数百万個が集まらないと地上に落ちる雨滴一個にならないことが多い。

雲の温度が氷点よりも高いときは、微小な水滴が衝突しあえば、雨滴が形成される。しかし雲は、水滴が落下に必要な大きさにまで達しないうちに消失してしまうことが多く、その場合、雨は降らないことになる。

雲の温度が氷点下のときは、水滴が凍ってごく微細な氷の結晶になり、それに他の水滴が次つぎに凍りついていき、やがて雪片となり、そのまま雪として、あるいは溶けて雨として地上に落ちていく。雪片がまだ雲の中にある間にそこから小さな氷晶が離れると、それ自体がまた、他の水滴がまわりに凍りつくための核になる。だが明らかに、多くの雲ではこのような連鎖反応が起こっていない。ラングミュアとシェーファーは、その理由を知りたいと考えた。

ラングミュアが理論的推定で問題に取組んでいる間に、シェーファーのほうは実験によってこの現象を調べようと試みた。彼は、急速冷凍庫の内側を黒いビロードの布で覆い、スポットライトを当てて、もしも氷の結晶が形成されたら反射する光で逃さず見えるようにした。冷凍庫に息を吹き込むと、マイナス二三℃では息が凝結して微細な水滴になった。こうしてシェーファーは、過冷却された雲を実験室に持ち込むことに成功した。

一〇〇回を超える実験のなかで、彼は冷凍庫の空気に火山灰、タルカム・パウダー、硫黄など、さまざまな物質を加えてみた。だが、いろいろ試してみても、氷の結晶をつくることはどうしてもできなかった。一九四六年七月一三日に、幸運の女神が救いの手を差し伸べてくれるまでは。

その朝シェーファーは、まちがって冷凍庫のスイッチを切ってしまっていたことに気づいた。できるだけ早く実験を続けたいと思った彼は、冷凍庫にドライアイスをひとかけら入れた。ドライアイスは無害な二酸化炭素を固体にしたもので、マイナス七八℃で凍り、舞台やショーでおなじみのように、室温ではもくもくと「煙」を吹き出す。

急速冷凍庫の過冷却状態になった水滴の雲に足りなかったのは、雪をつくる連鎖反応をスタートさせる最初の氷晶だったのである。自然界でも物質がシェーファーの冷凍庫の中と同じようにふるまうとすれば、最初の氷晶は簡単につくることができる。必要なのは、雲の一部の温度をマイナス三九℃に下げることだけだ。これこそ、ピッツフィールド上空でドライアイスを飛行機から投げることによって、シェーファーがしたことだった。

何が起こったのかを正確に理解するためには、綿密な計算が必要だった。この目的のために、ラングミュアは物理学者のバーナード・ヴォネガット（小説家カート・ヴォネガットの兄）を作業に参加させ突きとめることだった。この計算をするなかで、ヴォネガットは新しいことを思いついた。最初の氷晶が、雪の形成につながる連鎖反応をひき起こせるのだとすると、氷晶によく似た他の物質が同じようにうまく働かないのはどうしてだろうか。彼は一〇〇〇種類を超える物質の結晶構造を研究し、最終的に三つを選んで急速冷凍庫で実験した。失敗を何度か繰返した後、そのうちの一つ、ヨウ化銀がついにうまく働き、冷凍庫の中の小さな雲から、すぐに雪が降り始めた。ただし、ドライアイスの場合とは違って、温度はマイナス三九℃よりもはるかに高かった。

つまり、雲の中に最初の氷晶を生じさせる方法が、二つ見つかったことになる。温度を確実にマイナス三九℃以下に下げるか、ヨウ化銀の結晶を雲に撒くかである。

その間にシェーファーは、ドライアイスを使った試験飛行をさらに数回行った。そのうちの一回があまりにうまく行ったため、GEの法務部が神経をとがらせ始めた。一九四六年一二月二〇日の日中、シェーファーがニューヨーク州北部スケネクタディ上空の雲に一一キログラムのドライアイスを撒くと、二時間ほどで雪が降り始め、八時間経っても降りやまなかった。これはその年の冬一番の大雪だった。シェーファーは一二・五センチメートルの積雪の原因は自分ではないと確信していたが、GEの顧問弁護士たちは彼の言葉を信じようとはせず、当面実験を禁じることにした。

ラングミュアは、この研究にうまく米軍の関心を得ることに成功し、一九四七年二月には、初めてヨウ化銀を使った「巻雲プロジェクト」が開始された。ヨウ化銀には、わざわざ航空機から撒く必要もないという利点があり、降雨が期待できそうな雲の下でヨウ化銀の混ざった煙を発生させるだけで、煙は自然に雲へと上昇してくれる。

しかし、このプロジェクトはすぐに国民の批判を浴びることになり、参加した科学者のなかからも、ラングミュアのデータ解釈が甘すぎると批判が出た。一九五七年に死ぬまで、ラングミュアは自身の実験はうまくいったと言って譲らなかったが、多くの科学者は懐疑的で、プロジェクトの資金も底をついた。雲に凝結核を投入することで氷晶が形成されることには誰も疑いはもたなかったが、多くの専門家は、それによって最終的に降水量が増えるという主張には根拠がないと考えた。今日に至るまで、人工降雨のデータ処理は実にむずかしく、悩みの種となっている。大気中での実験の場合、とにかく何があっても雨が降らなかったはずかどうか、人工降雨操作の有無にかかわらず、確実なことはいえないからである。

「巻雲プロジェクト」が一九五三年に終わりを迎えた後も、シェーファーは気象に関するさまざまな仕事を行い、一九九三年に八七歳でスケネクタディの地で亡くなった。そこは、約五〇年前に、彼がその年一番の降雪をひき起こした、いや、ひき起こしていたのかもしれない場所だった。

現在でも、規模は小さいが、注文に応じて天候を左右しようという研究は行われている。たとえば、気象調節協会は毎年会合を開いており、いくつもの研究グループが、しっかりした統計基盤に基づいて実験を実施しようとしている。しかし、この分野の研究すべてから明らかにわかることは一つ、気象は、未熟な技術で操作するにはあまりにも複雑だという事実である。

これを最近痛感させられたのが、サンクトペテルブルク建都三〇〇周年記念祭のために、晴天を望んだロシアのウラジーミル・プーチン大統領である。記念祭の前に、近づく雨雲を人工降雨で除こうと、五〇〇万ユーロをはるかに超える予算をかけて、ロシア空軍の戦闘機一〇機が用意された。ロシア気象サービスが公表したように、パイロットの任務は「ネヴァ川での記念祭が雨で台無しになるのを防ぐことだった。」しかし当日、プーチン大統領が公賓を聖ペテロ像の前で迎え、聖イサク大聖堂へと歩いて案内しようとしたときに、天が裂けたかのような土砂降りになった。

おそらく、こういった失態が原因で、現在でも、雨を阻止したり、雨量を増やしたり、霧を晴らしたりといったサービスを提供する営利企業がほとんどないのだろう。天候の操作という仕事が困難なのは、たとえ成功しても、失敗したと同じように多くの問題をひき起こしてしまう恐れがあるからである。たとえば、米国のビール醸造会社クアーズが一九七八年に、雹が降る恐れをなくそうと自社の大麦畑の上空で人工降雨を試みたときには、地域の他の農家が裁判に訴えた。クアーズ社の本当のねらいは、収穫期に雨が降るのを完全に防ぐことだと、疑ったからである。判事は農家に有利な判決を下し、クアーズ社は計画を中止せざるをえなかった。

## 1948年 クモの実験Ⅰ ――ドラッグとクモの巣

クモの研究が非常に厄介なのは、クモのもつ習性の一つが原因である。クモが巣をつくるのは、必ず、早朝四時ごろなのだ。この問題を何とかしようと考えた研究者の一人が、ドイツのテュービンゲン大学の動物学者ハンス・M・ピータースである。ピータースは一九四八年に、クモが巣をつくる様子を撮影しようと計画したが、そのために毎回夜中に起きるのは避けたいと考えた。そこで同じ大学の薬学部の若い研究助手ピーター・N・ウィットに話をして、クモに何らかの刺激薬を投与して、もう少しまし な時間帯に巣をつくらせることはできないだろうかと相談した。ウィットは最初、試しにストリキニーネやモルヒネ、それにD-アンフェタミン（覚醒剤の「スピード」）を投与した。投与方法は非常に単純で、与えたいと思った毒素がどんなものであっても、少量のショ糖溶液に混ぜておけば、クモはそのまま飲んでくれた。しかし、全く効果はなかった。クモは相変わらず夜明けに巣をつくり続け、ピータースはすっかりこの実験への関心を失った。

一方、ウィットは、結果に興味をかき立てられた。クモが薬物の影響下でつくった巣は、彼がそれまで全く見たことがないような巣だった。非常に隙間の多いスカスカの巣や逆に目の詰まった巣、異様に不規則な巣もあったが、細かいところまできわめて正確につくられた巣もあった。ならば、クモの巣を、薬物や医薬品の効果を測定する方法として利用できないだろうか。当時は、こういった物質の作用を生体で定量的に調べる方法は、ほとんどなかったのである。

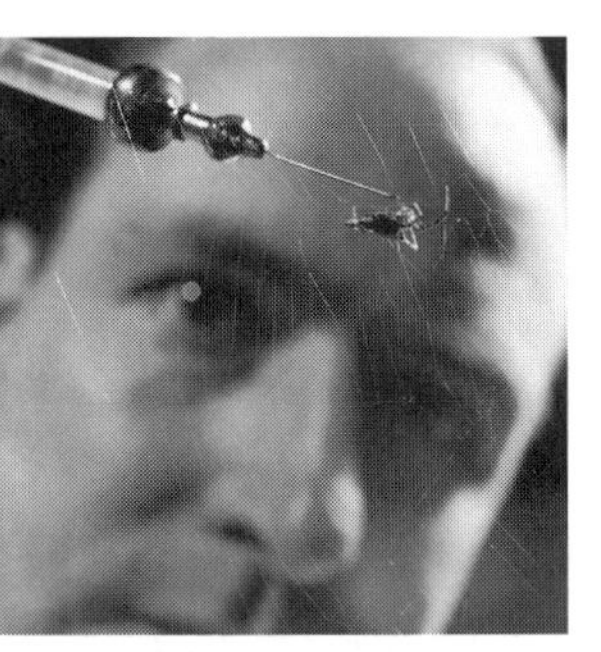

クモに薬物を投与するウィット

そこでウィットは、医薬品棚から手に入る限りの物質を取出して、クモに投与することにした。メスカリン、ＬＳＤ（どちらも幻覚剤）、カフェイン、サイロシビン（幻覚剤のマジックマッシュルーム）、フェノバルビタール（抗てんかん薬）、ジアゼパムなどである。その後、三五センチメートル×三五センチメートルの正方形の枠を使ってクモに巣をつくらせ、背景を黒にして、写真を撮った。

そのまま目で見ただけでは明確に分類できなかったため、ウィットは巣の構造のごくわずかな違いもきちんと識別できるように、統計学的手法を考案した。巣の写真を調べ、角度や個々の糸どうしの距離、覆う領域といった因子を測定し、巣のつくられる頻度、捕獲域の大きさ、軸糸どうしの相対的な比率を示す表を作成した。

これは非常に骨の折れる作業で、たとえば雌のニワオニグモの成

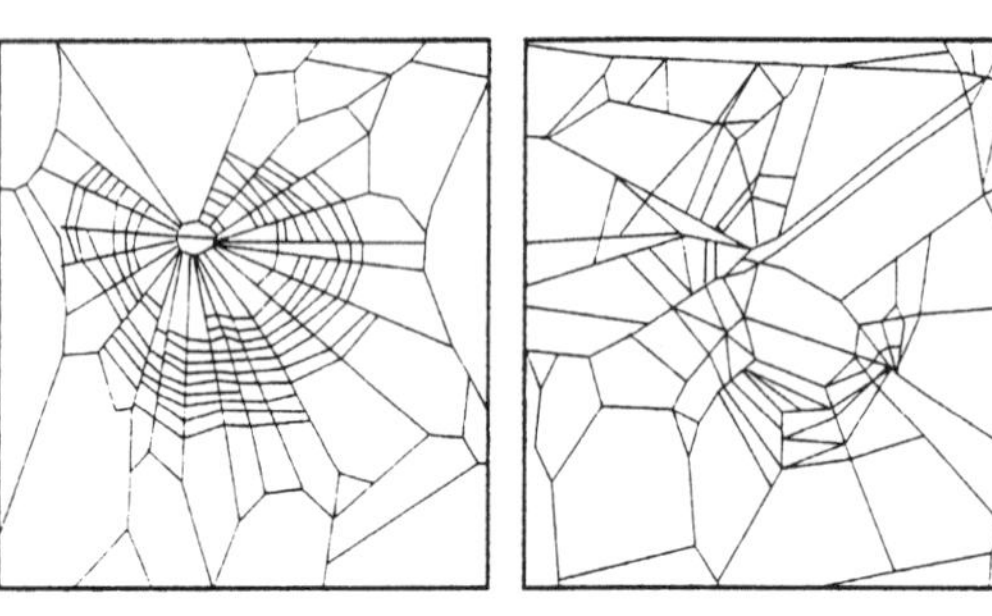

薬物乱用防止には役に立たない結果. 最も滅茶苦茶な巣(右)がつくられたのはカフェインを投与したときで, 最も美しい巣(左)をつくったのは, マリファナを投与したクモだった.

虫がつくる巣は、優に縦糸三五本、横糸四〇本もの大きさになる。このような巣では、糸どうしの交点が一四〇〇にも達する。意味のある比較を行うためには、薬物を投与する前に巣を二〇個は分析する必要があるし、投与後も同じである。当時はコンピューターの誕生前であり、これほど大量のデータを処理するのはほとんど不可能だった。そこでウィットは、話をわかりやすくするために、薬物を投与した後、特におもしろそうにみえる領域にだけ限定して測定を行うことにした。しかし、そうすると今度は、さまざまな物質の効果の比較がむずかしくなった。

この種の奇抜な実験をさらに行った挙げ句（一九五五年の実験参照）、科学者たちは、クモの巣を化学物質の作用の一般的指標として使うという思いつきは断念した。それ以降の研究の関心は、投与した薬物を巣の構造から同定することからは離れ、特定の薬物がクモの神経系に及ぼす作用へと向かった。一九九五年に、NASAの科学者たちが、実験結果を公表した。なぜ、よりによってNASAがこのような実験をしようとしたのかは、誰にもわからないが。このころには、コンピューター技術が飛躍的に発展していて、結晶学向けに特別に開発された統計プログラムを使えば、クモの巣の解析も可能になっていた。これらの結果から、一つ、はっきりわかったのは、クモがつくる巣は、薬物乱用防止プログラムには全く役立たないどころか、むしろ有害だということだった。最も滅茶苦茶な巣がつくられたのはカフェインが作用したときで、最も美しい巣はマリファナのときだった。そして、クモが最も完璧に整った規則的な巣をつくったのは（これには、ウィット自身も気づいた）、ＬＳＤを投与したときだったのである。

## 1949年 秘書の取引

ある日、ランド研究所の二人の秘書に、次のような取り決めが提示された。一人目は一〇〇ドルもらえて二人目は何ももらえないか、または二人合わせて一五〇ドルもらえるか、どちらか一方を選ぶことができる。ただし後者の選択肢には、二人があらかじめこの一五〇ドルをどう分配するか合意できたら、という条件がつく。このゲームは、数学者のメリル・フラッドが考え出したものだった。フラッドが知りたかったのは、協力することによってお金を余分に得られる機会があるときに、人々がこの利益をどう分配しようとするかである。

彼は、一人目の秘書が一二五ドルをとり、二人目が二五ドルをとると予測した。この場合、協力しなかった場合に比べて、二人とも二五ドル多く得ることになる。そうしなければ、一人目の秘書は一〇〇ドルを受取り、二人目は何もなしということになっていただろう。だが、秘書たちは違った考え方をした。二人は、合計額をきっかり半分に分け、それぞれ七五ドルを手にした。フラッドの得た結論は、人々のとる行動は明らかに、自己の利益を最大化するという数学的論理だけに従ってはいないということだった。実際には、フラッドが考えついたような状況では、社会的関係が行動に強い影響を与えたのである。

## 1950年
# よい人であれ、だがお人好しにはなるな

一九五〇年一月のとある午後に、メリル・フラッドとメルヴィン・ドレシャーは、同僚を二人呼んで、その朝考えついたばかりのゲームを試してもらった。このゲームは特に知的能力の必要なむずかしいものではなかった。質問に対し、ただ、回答AかBで答えればよかった。その日参加した誰も、彼らが今しているゲームに政治家や軍の高官たちがすぐに興味を示し始めるとは、想像もしなかっただろう。一回ごとに、二人のプレーヤーはそれぞれ、A（協力する）、B（協力しない）のどちらかを秘密に選ばされる。両方が選択を決めた後、それがAだったかBだったかが、開示される。二人が何を選んだかに応じて、彼らは賞金がもらえたり、罰金をとられたりする。ゲームは、これを一〇〇回行うというものだった。

当時、この種のゲームについての研究は、まだ生まれたばかりの分野だった。「ゲーム理論」とよばれ、利害の対立を分析する数学的手法である。たとえばビジネスの世界では、買い手の一番の望みはできるだけ支払う金額を少なくすることであり、一方、売り手の望みはできるだけ高値で売ることである。だが、最終的な値段は厳密に需要と供給の法則によって決まりはしない。人々はときにはきわめて不合理な決定を下すこともあるし、利益の最大化をねらわないこともある。ゲーム理論で考える典型的な対立の構図は、次のようなものである。決定を下すときには、競争者の誰も、他の競争者がどんな決定を下すかを知らないが、彼らは全員、自分たちそれぞれが下す決定によって最終的な結果が左右されることを知っている。

実際、フラッドとドレシャーのゲームもそうだった。二人のプレーヤー、アルメン・アルチアンと

ジョン・D・ウィリアムズは、毎回、四通りの結果に出会う可能性があった。二人ともが「協力する」を選んだ場合、二人ともが「協力しない」を選んだ場合、アルチアンが「協力する」を選んだがウィリアムズは違った場合、その逆の場合の四通りである。それぞれの場合に自分が何セントもらえるかは、表を見ればわかるようになっていた。この表を見ていくと、それほど経たないうちに、このゲームの本当のジレンマがどこにあるかがわかり始めた。二人がともに「協力」を選んだときには、アルチアンは二分の一セント、ウィリアムズは一セントもらう。もしも二人とも「協力しない」を選んだときには、どちらももらう額が二分の一セントずつ減って、アルチアンは何ももらえず、ウィリアムズは二分の一セントもらうだけになる。この点から考えると、二人のどちらにとっても、協力するのが最善の戦略のようにみえる。だが、本当の問題が生じるのは残る二つの選択をした場合で、一方の協力することを選んだ人は罰金を科されるのに、もう一方の協力しないことを選んだ人は賞金をもらえるのだった。

つまり、もしもアルチアンが協力を選び、ウィリアムズは選ばなかった場合、アルチアンは一セントの罰金を払わされるが、ウイリアムズは二セントもらえ、逆の場合は、ウィリアムズが一セント払わされ、アルチアンは一セントもらえたのである。この二つの場合、賞金や罰金額の複雑な表とは何の関係もないところに、プレーヤーたちが直面する根本的ジレンマがあった。

どちらのプレーヤーも相手がどのような戦法をとるかわからないため、協力しない選択をすることだけが唯一の賢明な行動方針だと結論するしかなかった。「協力しない」を選んでおけば、最善の展開はもう一人のプレーヤーが「協力する」を選ぶことで、そうなれば、賞金を得られる。同様に、最悪の展開でもう一人のプレーヤーが自分と同じように「協力しない」を選んだ場合でも、少なくとも罰金をとられることはない。まさにこれこそが、数学者のジョン・ナッシュがミニマックス理論で予想した、二人の合理的なプレーヤーが採用するであろう方法である。

だが、この一見合理的な行動は、実際にはパラドックスにつながる。すなわち、結局はプレーヤーは二人とも同じ結論に達し、決して協力しなくなるはずである。ところが、ある段階で二人は、この方法で得られる金額のほうが、自分たち両方が「非合理的」に行動して必ず協力した場合よりも少ないことに気づくだろう。明らかに、合理的行動が、関係者全員にとっての最良の選択とは逆になってしまうのである。

フラッドとドレシャーが予想したとおり、アルチアンとウィリアムズはナッシュの理論には固執せず、非合理的に行動し始め、アルチアンは一〇〇回のうち六八回、ウィリアムズは七八回、「協力する」を選んだ。

フラッドとドレシャーは、この奇妙な実験結果を所内研究メモで発表した。これを注意深く読みさえすれば、誰でもこの段階で、この実験の前途に開ける輝かしい未来を予感できただろう。実際、一回ごとにアルチアンとウィリアムズが書きとめたメモにも、それがよく現れている。「たぶん、ここまでにはわかっただろう。」「嫌なヤツだな。」「頭に来た。痛い目をみせてやろう。」「苦しめてやるか。」「ここまでくれば、少しはお利口さんになったかな。」「あいつなんて、クソくらえ。」「彼は、こっちに善良さを要求するくせに、自分は違うんだよ。」「おやまあ、優しいね。」「赤ちゃんのトイレトレーニングと同じだ。我慢強くならなくちゃ。」

このゲームは、信頼と裏切りによって左右される。のちに一部の解説者たちは、このゲームが突きつけるジレンマは、社会が直面する基本的問題、すなわち個人やグループが自己に有利な行動をとると共通の利益にはきわめて有害になる、という問題を表していると指摘した。

ただし、この実験を有名にしたのは、ややこしい賞金が出てくるこの複雑な設定のバージョンではなかった。フラッドとドレシャーの同僚のアルバート・タッカーがこのジレンマを別の設定につくり替え、この実験は、タッカーのつけた「囚人のジレンマ」という名でよく知られるようになった。一つのバージョンでは、次のような設定で話が進む。暴力団の二人のメンバーが逮捕され、別々に尋問されている。警察は、この二人を大きな犯罪の容疑で起訴したいが、それには証拠が足りない。別の微罪ならこれ以上の証拠がなくても起訴できるが、それでは二人は懲役一年にしかならない。そこで、警察は容疑者それぞれに次のような取引を持ちかけた。「もしもどちらか一方が、もう一方の罪を証言したら釈放する代わり、もう一方は刑務所に三年間入ることになる。」さて、ここで問題になるのは二人が両方とも相手の罪を証言したときだが、そのときは、二人とも二年の刑務所暮らしとなる。

合理的な容疑者なら、この状況について、次のようにじっくり考えるだろう。「相棒が黙秘したとして、俺も黙秘すれば微罪で懲役一年を食らうことになるが、相棒を売れば、全く刑務所暮らしせずにすぐに出て行ける。相棒が証言したとして、俺は何も言わずにいたら三年の刑務所暮らしだが、俺も証言すれば二年ですむ。つまり、どっちに転んでも、秘密をしゃべっちまうほうが、俺にとっては有利だ。」ただ一つ問題なのは、もう一人の容疑者も確実に同じ結論に達することで、そうなると、二人とも結局は二年間収監されることになってしまう。二人がともに黙秘しさえすれば、どちらも一年収監されるだけなのに。

この囚人のジレンマは、必ず同じ要素で成り立っている。関係者全員が協力した場合の報酬。誰も協力しなかった場合の罰。ある一人が協力せず、他の全員が協力した場合に、その一人の取り分が最大になるという誘惑である。

世界は囚人のジレンマだらけである。万引き、脱税、不正乗車など、他の人全員が支払っている限り、自分はうまくただで済ませられるが、誰もが支払わないと決心すると、全員が痛い思いをする。

囚人のジレンマの好例が、米国とソ連の軍拡競争である。正直なところ、フラッドとドレシャーがゲームを考案したときにはそこまでは頭になかったのだが、類似は明らかである。何しろ、この二人の数学者はどちらも米軍と密接なつながりのあるランド研究所（ロサンゼルス近郊のサンタモニカにある）で働いていたのである。

二つの国が核兵器を配備するかどうかを決めようというときには、その論拠はこうなる。「相手国が唯一の核兵器保有国になったら、我が国は不利な立場に立たされる。」したがって、両国とも核兵器を開発する。だがともにこのような政策をとると、両国が望んだ有利な立場は、実際には不幸な状況を生む。もしも、どちらも最初から核開発を行わなかったとしたら、はるかに安全な状況になっただろう。

一九五〇年のフラッドとドレシャーの最初の実験以来、囚人のジレンマの活躍は目覚ましいものがあった。数学、ビジネス、心理学、生物学など、何百もの研究が、これに基づいて行われてきた。厳密な意味でいえば、これには解決法はない（解決できれば、ジレンマではないだろう）が、ゲーム理論は利害の対立を詳しく記述して、それに対処する戦略を編み出すことを可能にしてくれる。

さて、対戦者たちが一回だけしか会わないのなら、最良の戦略は協力しないことである。しかし、互いに繰返し会う対戦者の場合には（たとえば、定期的に取引する間柄だったり、互いにシラミを取り合うサルだったりすれば）、違った戦略をとるのが賢い。

一九七九年に政治科学者のロバート・アクセルロッドは、こういった場合の最適な戦略はどのようなものかを正しく知りたいと考えた。そこで、ゲーム理論家たちどうしを、好みのさまざまな戦略をとって対戦させた。誰もが驚いたのだが、最も成績が高かったのは一番単純な戦略、すなわち、初回には協力し、次からは前回相手が選んだことをそのとおりに返すことだった。この戦略は、「しっぺ返し戦略」と名づけられた。

この戦略には、さらにその後の実験で、改良が加えられた。そこでわかったのは、「しっぺ返し」よりももう少し利他的な戦略のほうが、さらによい成績を収めることだった。すなわち、誰かがあなたをだまそうとしたらすぐにやり返すが、その後は相手を許し、もう一度協力しようとする。もっとわかりやすくいうなら、「よい人であれ、だが間抜けなお人好しにはなるな」である。

## 1951年 嘔吐彗星で急降下

一九四〇年代の終わりに、それまでよりも高性能のジェット機が開発され、飛行中のさまざまな状態を想定した航空医学の必要性が、いよいよ高まった。

人体実験用遠心力発生装置では、急激な加速によって人体にかかるストレスが再現でき、減圧室では、高高度での気圧低下を模倣することができた。また、無重力も人体に重大な問題を及ぼすだろうと考えられた。「しかし、低重力状態をつくる必要に迫られているものの、あらゆる手段を講じても模擬的な低重力がうまく再現できないことは、認めざるをえない」と、テキサス州にあるランドルフ米空軍基地の航空医学学校のフリッツ・ハーバーとハインツ・ハーバーは書いている。彼らは有名な論文「医学研究のための無重力状態をつくりだせる可能性のある方法」のなかで有望な方法をすべて検討し、最

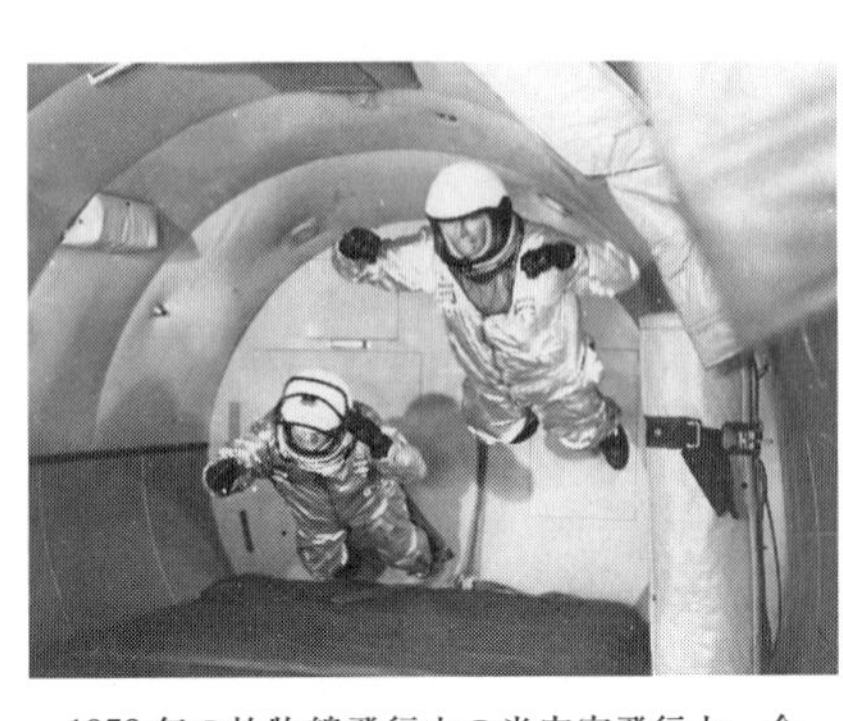
1959年の放物線飛行中の米宇宙飛行士．今日でも，地球の重力場のなかで無重力状態を30秒間体験するには，ジェット機で0G経路を飛ぶしか方法はない．

終的に一つの方法にたどり着いた。ただし、これは地上で実施できる方法ではなかった。

このときには論文の著者たちの頭には、未来の米国の宇宙探査計画に携わる宇宙飛行士たちの姿があったわけではない。宇宙旅行の時代は、まだはるかに遠かった。ジェット機は非常に高い高度を飛ぶが、そこでの重力でも、地上に比べてわずかに低いだけでしかない。彼らにこのような検討を促したのは、特定の飛行の際に、瞬間的に無重力状態が生じるという事実であった。たとえば、高高度でエンジンが突然故障したりすると、航空機は地表に向けて自由落下し、パイロットは無重力状態に陥ることになる。

今日でも、重力を完全になくすことはもちろん、地上で重力をほんの少しでも減らせるような装置は、誰もつくりだせていない。なかには、これを実現したと主張し続ける研究者もいるが、ほとんどの物理学者は、実現は不可能だと考えている。地球の引力のもとで重力に打ち勝つには、運動の助けを借りるしかないとフリッツ・ハーバーとハインツ・ハーバーは考えた。たとえば、落下するエレベーターの中などである。空気抵抗による減速が起こらないとすると、エレベーターは中にいる人と全く同じ速度で落ちるので、落下する間、中の人は無重力状態になる。ここで問題なのは、きわめて高いエレベーターだったとしても、落下がそれほど長くは続かないことだった。だが、この落下するエレベーターという概念が、彼らが正しい方向へ進むのに役立った。どのような落ち方をするかにかかわりなく、空中を落ちる人が自分の落下経路と全く同じ方向に動いている部屋に閉じこめられている場合、中は無重力状態になる。この状態をできるだけ長く続かせ、しかも落下の衝撃を和らげるためには、この部屋は波形の飛行経路をたどる航空機でなければならないというのが、ハーバー兄弟の結論だった。飛行機はまず、四五度の角度で上昇し、それからゆっくりと上昇角度が小さくなって最高地点に達し、その後は対称的な経路をたどって下降する。これはまさに、四五度の角度に設定したカタパルト（投石機）で人が真空へと打ち出されたときにたどるような放物線である。ハーバー兄弟は、この実験によって無重力状態を三五秒間つくりだせると予測した。

一九五一年の夏と秋に、テストパイロットのスコット・クロスフィールドとチャールズ・エルウッド・（チャック）・イェーガーが、ハーバー兄弟の予測が正しいことを発見した。二人はジェット戦闘機で放物線を描き、二〇秒間も無重力状態を実現したのである。のちにクロスフィールドは、重力ゼロ（0G）では頭がくらくらしたが、調整能力には影響はなかったと述べた。イェーガーは、自由落下した感覚をもち「宇宙で迷子になった」ように感じたという。

今日でも、放物線飛行は宇宙飛行士にとって不可欠の訓練となっている。ただし、クロスフィールドとイェーガーのようにジェット戦闘機の座席に固定されることはない。NASAの所有する、客室の内側の壁が緩衝材で覆われた、特殊装置を備えた大型の航空機KC－135が使われている。この航空機には、搭乗者が示す典型的な身体的反応にちなんで、「嘔吐彗星」というあだ名がつけられている。

KC－135の客室に乗った人が本当に放物線飛行中に無重力状態を体験するのか、疑いを抱いた人は、トム・ハンクス主演の映画『アポロ13号』を見るとよい。この映画では、実際に「嘔吐彗星」を借りて、無重力シーンの撮影が行われた。

## 1951年
# 何もしないで20ドル

それは、楽にお金がもらえるうまい話に聞こえた。モントリオールにあるマギル大学の心理学者ドナルド・O・ヘッブは、一日当たり二〇ドルのためなら「何もしないでいる」ことを嫌がらない学生たちに、目を光らせていた。彼らは、明るく照明した防音室に置かれたベッドに、ただ横たわってだけいるよう指示された。手には手袋が、腕には段ボールでつくった筒がはめられ、散光しか通さない磨りガラスのメガネをかけさせられた。食事のときとトイレに行くときにだけ、起き上がることが許されたが、そのときでもメガネを外すことは許されなかった。

ヘッブは長い間、ある疑問を抱き続けてきた。脳を、いつも受取っている刺激から完全に切り離したら、いったい何が起こるだろうか。そのころ一般的だったのは、脳が正常に機能するには、さまざまな感覚刺激が必要であるという考え方である。動物なら、ヘッブが考えていたような完全な刺激の遮断は、脳幹を切断すれば簡単に実現できた。「しかし大学生は、実験のために脳の手術を受けたりはしたがらないので、そこまで極端に環境から隔離できなくても我慢しなければならない」とヘッブは実験ノートに書いている。また、実験を行った実際の理由についても述べている。「たとえば、レーダーの画面をずっと監視するといった単調な仕事に従事する人はミスを犯しやすいため、研究者たちは、このようなミスの正確な原因が何なのかを見極めたいと強く思ってきた。」

しかし、実験の実施を促した本当の原因については触れていなかった。それは、ソ連と中国が、受刑者を洗脳するために感覚遮断を利用しているという事実だった。そのためヘッブの実験には、特に軍が強い関心を示した。

二二人の参加者はすぐに見つかった。しかし、この実験室で三日間以上耐えぬいた参加者は一人もいなかった。一日につき二〇ドルという謝礼は、他の仕事で同じ一日に稼げる金額の二倍を超えていたのだが、心理学者たちは、実験にとどまるよう参加者を説得するのに大変な思いをした。実は被験者たちは、隔離期間の間に丸暗記で何かを覚えようとか、卒論の準備をしようとか、次の講義の計画を立てようとか心づもりをしていたが、実際には、ある程度時間が経ったあとは何か特定のことがらについて集中して考えることが全くできなくなったと、全員が報告している。参加者の一人の言葉を借りると「考えるネタが尽きてしまっただけだ」という。何人かは、すっかり退屈して大声で数を数え始めた。

最後には、学生たちは空想に身を任せ、ぼーっとした。心理学テストの結果、隔離が思考能力に重大な支障をもたらすことが示された。だが、最も重大な結果は、予想外の副作用が現れたことだった。被験者全員が幻覚を体験したのである。突然、色が変化したり、壁紙のようなパターン模様が見えたり、またもっと複雑な、たとえばジャングルに大昔の動物がいる光景や、袋を肩にかけたリスが雪のなかをとぼとぼと並んで歩いていく光景が見えたりした。

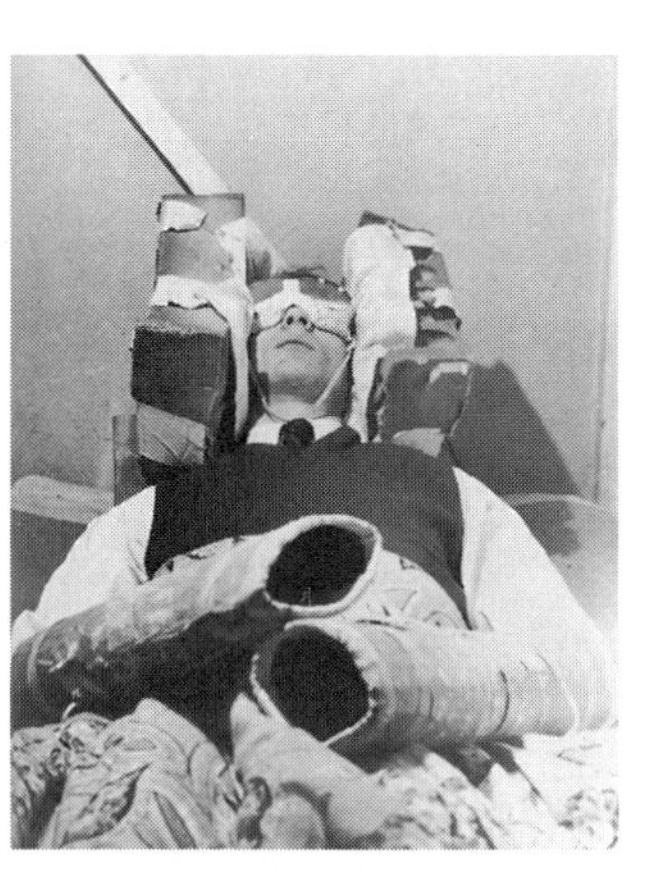

脳が外界のあらゆる刺激から遮断されるとどうなるだろう．この被験者は，モントリオールのマギル大学で行われた隔離実験に参加し，幻覚を体験した．

ヘッブの隔離実験は、研究に新たな一分野を開いた。その後の数年間で、同じような実験が何百回も行われた。軍だけでなく、NASAも結果に関心を示した。長い宇宙旅行の間には、ヘッブの実験室と同じような状況が生じてもおかしくないと考えたからである。

## 1952年 クモの実験Ⅱ——脚を切られたクモがつくった巣

子供のころにクモの脚を引っこ抜いたことで未だに良心の痛みを感じている人は、生物学者マルグリット・ヤコービ・クリーマンが発表した四八頁にものぼる研究に慰められるかもしれない。彼女は、数匹のニワオニグモの脚の数を変えて「切断し」、巣をつくる様子を映画用カメラで撮影した。彼女は約一万コマの映像を調べ、「ニワオニグモは脚を何本か失っても、昆虫を捕らえる機能をきちんと果たす巣をつくることができる」という結論に達した。ただし、彼女が切断した脚の数は、多くても右側一本、左側一本の二本である。子供時代にそれ以上引っこ抜いたり、もっとひどいことをした人にまで、科学の世界から赦しが与えられるわけではない。

## 1954年 イヌのフランケンシュタイン

モスクワにある国立生物学博物館を訪れた人の多くは、移植医療コーナーのガラスケースの横を、二度と振返らずに通り過ぎる。一目見ただけでは、中に展示されているのがいったいどんな怪物なのか、すぐにはわからないだろう。ちょうど、大きな成犬のすぐ前にぬいぐるみのイヌが置かれていて、それは両方をきちんと並べて置く十分な隙間がなかったからのように見える。

実際には、子イヌの体は前足のすぐ下で終わっている。ロシアの外科医ウラジミール・デミコフが、

デミコフがつくった双頭のイヌの一例は，今でもモスクワの国立生物学博物館に展示されている．

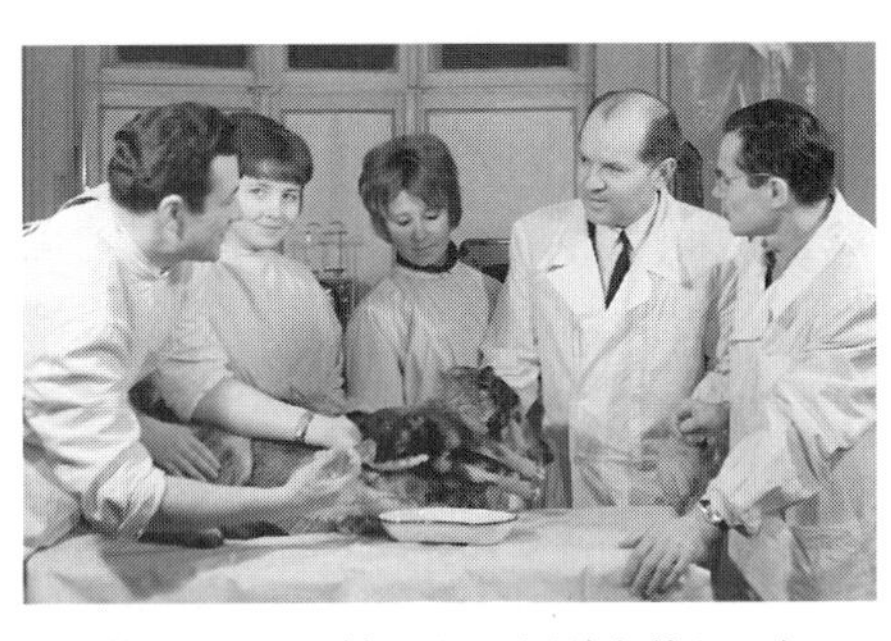

外科医デミコフ(右から二人目)と彼がつくった奇怪な生き物．4歳の雑種犬の体に，2カ月の子イヌの頭と前足を移植した．

切り取った子イヌの体を、ちょうどこの位置で成犬の首の部分に縫い合わせたのである。

デミコフがモスクワ外科学会に研究を報告したのは一九五四年二月二六日のことだった。その八年前に彼はイヌで心臓移植手術を行い、さらにその後、肺移植、バイパス手術も実施していた。このイヌの頭部移植手術は、異なった複数の臓器からなる系全体を移植した、世界で初めての例だとデミコフは述べている。三時間かかった手術では、彼はまず子イヌの体を第五肋骨と第六肋骨の間で二つに切り離し（心臓と肺は胴体のほうに残した）、その動脈と静脈をシェパードの成犬の動脈、静脈につなぎ、最後に子イヌの頭部を成犬の骨格に固定した。子イヌの気管と食道は、つながずに開いたままにした。子イヌへの血流は、成犬の循環器系によって維持された。手術から三時間後に成犬が瞬きをし、さらに四時間後には成犬が頭を動かした。一日経つと、移植した子イヌの頭も活力を取り戻し、デミコフの助手の一人に強くかみついたため、指から出血するほどだった。

この哀れな怪物は、六日後に感染症のために死んだ。だがデミコフは、この程度の失敗にはめげなかった。その後数年かけて、彼はこの種の手術をさらに二〇回行い、そのうちの一例では、子イヌの頭を母イヌの胴体に移植することまでした。彼がつくり出した生き物の生存期間の最長記録は、一九五九年の二九日間だった。

当時でさえ、この実験にいったいどのような知見が期待できるのか、論争が巻き起こったが、とにかくそのおかげで、デミコフが世界中の注目を集めたのは確かだった。ソ連が一九五七年にスプートニク一号を打ち上げ、衛星を軌道に乗せた世界初めての国になった後、デミコフの手術は「外科手術のスプートニク」と称えられた。

## 1955年 クモの実験Ⅲ——巣におしっこ

一九四八年に薬学者のピーター・N・ウィットは、クモが薬物の影響を受けているときには、ふつうとは全く違った巣をつくることを、たまたま発見した（一九四八年の実験参照）。スイスのバーゼルにあるフリードマット療養老人ホームの精神科医たちは、ウィットの研究を知って、統合失調症の根本原因の究明にクモを使うことを思いついた。

今から五〇年前、統合失調症発症の本当のきっかけが何かは謎だった（実は今でも謎である）。ただ、当時の科学者たちは、有力な手がかりを見つけたと考えていた。メスカリンやＬＳＤのような幻覚剤を摂取すると、健康なヒトでも統合失調症患者に似た症状を示し始める。これら化学物質が短期的に幻覚や人格障害をひき起こすのである。もしかしたら、統合失調症患者の代謝系には、このような物質が恒久的に存在するのだろうか。いいかえると、統合失調症患者は、体のちょっとした化学的気まぐれのために、常に「ハイ」になっているのだろうか。

そこで一九五〇年代初頭にバーゼル大学の研究者たちは、このような化学物質があるなら、それが何かを知りたいと、統合失調症患者の尿を調査し始めた。調べる材料として尿を選んだのは、「そうすれば、大量の調査材料の調達に困ることはないから」であると、研究チームの一人がのちに書いている。しかし、どのような組成の物質かを全く知らず、そもそも存在するかどうかさえ確かでないのに、いったいどうすれば見つけられるというのだろう。

生物学者のハンス・ピーター・リーダーは、一五人の統合失調症患者から、試料となる尿を五〇リットル集めた。その濃縮物をクモに与えて、これらのクモがつくる巣を、代わりに研究者たちの尿を与えたクモのつくる巣と比較した。この二群のクモがつくる巣に、もしも何らかの系統だった違いがみられたとしたら、その原因は、自分たちが探し出そうとしている物質だと考えてよいだろう。さらに、もしもその巣がＬＳＤやメスカリンを与えたクモのつくる巣に似ていたとしたら、科学者は、少なくとも自分たちが探し求めている物質がどのような種類の物質かを知ることができるだろう。

この実験は、尿の濃度を変えて何回か行われたが、結果は期待はずれだった。尿を与えたときには、クモは確かに与えていないときとは違った巣をつくったが、研究者の尿と統合失調症患者の尿とで系統だった違いはみられなかった。さらに一連の実験を繰返した後で研究チームは、クモの巣は精神疾患の診断法に使うには適していないという結論に達した。

ただ、研究者たちが発見したことが一つある。それは、濃縮した尿が、「さまざまな糖を加えてみたものの、クモにとってひどく不快なものに違いない」ことである。クモの反応には、疑う余地はなかった。「ほんの一口なめただけで、その後はクモはこの濃縮液に触れることさえ嫌がり、巣を離れ、体に残ったしずくを木枠にこすりつけて落とし、肢や口を完全にきれいにし終わってからでないと巣には戻らなかった。そして、ほとんどどうやっても、それ以上一滴も飲ませることはできなかった。」

## 1955年 恐怖の霧

その夜、二度目のサイレンが鳴らなかったときに、ロイド・ロングはそれが現実のものになったことを知った。一八歳のロングは六日前に、ユタ砂漠にあるダグウェイ実験場に、ボランティア・グループの一人として来ていたのだった。それ以来、毎晩同じプロセスが繰返されてきた。日没の少し前に、ロングを始め皆がトラックに乗せられ、砂漠の離れた場所へと連れて行かれた。そこで、仮設の屋外シャワーで体を洗って清潔な衣類を身につけ、毛布を小脇に抱え、決められた位置へと移動して席に座った。各自の席は固めた砂の上に置かれたカウンターチェアーに似た椅子で、およそ一キロメートルにわたって一列に並べられていた。椅子と椅子の間には一段高くなった場所がつくられ、アカゲザルとモルモットを入れたケージが置かれた。

サイレンが鳴ったときには必ず、グラニット山の方向を見て規則正しく呼吸するようにと、ロングは指示されていた。実験を指揮する米陸軍の軍医ウィリアム・ティガート大佐は、参加者たちに次のような注意を与えた。「真空ポンプの音が聞こえたら、ごくふつうに呼吸することを忘れないように。」いつもは、ここで二度目のサイレンが鳴って、風の向きがよくないためにやむなく実験が中止になったことを伝えるのだった。そして被験者たちはもとの服装に着替え、宿舎へと連れ戻されるのだった。

しかし、一九五五年七月一二日の夜は、風の状態が理想的だった。グラニット山から軽風が吹き、ロングには、彼の座る場所から一キロメートル離れたところにあるポンプが、空気中に一リットルの細菌製剤を噴霧し始める音が聞こえた。この実験のために選ばれた細菌製剤はQ熱の病原菌で、激しい頭痛、筋肉の痛み、高熱をひき起こす。ほとんどの場合、Q熱は自然に治り、後に長く害が残ることはなかったが、当時、この病気に罹ると約三〇人に一人は死亡した。ロングのグループの人数は三〇人だった。

ロングは、まわりに漂う細かい霧をほとんど気にも留めなかった。実験が終わったことに初めて気づいたのは、防護服を着た男たちが現れたときだった。彼はシャワーを浴び、細菌が残っていたとしても死滅するよう紫外線ランプの下に立ち、さらにもう一回シャワーを浴びさせられた。身につけていた衣類は燃やされた。その後、グループ全員がワシントンの近くにあるフォート・デトリック（米陸軍の医学研究施設）へと飛行機で運ばれた。野外で生物兵器を用いて人間を対象に行われた初めての、そして、米軍の記録によれば今日までで唯一の実験は、こうして第二段階へと入った。

メリーランド州のフォート・デトリック研究所にある“エイトボール”．この丸い中空の装置は，ヒトに対する細菌兵器の効果を調べるために使用され，それ以来，米国国家歴史登録財となっている．

当時の米政府は、日本が第二次世界大戦中に生物兵器を幅広く研究していたことを知っており、ソ連も同様の実験を行っていると考えていた。米国は公式には生物兵器の製造、使用を非難していたが、一九四三年には秘密裏に、生物兵器製造に向けた独自の研究プログラムを開始していた。フォート・デトリックは、このプログラムにかかわる科学者たちの本部となっていた。そこでは、動物実験を行って特定の病原体が兵器に適するかどうかを調べると同時に、自軍のためのワクチン開発も行われた。しかし、動物実験の結果を簡単に人間に当てはめられるはずはなかった。米空軍のある文書に述べられているように、「住民がすべてサルという都会があれば、われわれは生物兵器による攻撃がどのような効果を上げるかをかなり正確に推測できるが、人間が住む都会の場合にどうなるかの推測は、未だに非常にむずかしい。」ヒトで実験しない限りこれ以上の進展は望めないというのが、軍の達した結論だった。

医学実験では、ヒトを実験台に使うことが全くないわけではない。医薬品はどれも、広く一般の人々への使用が認められる前に、被験者を使った臨床試験が行われる。しかし、Q熱の病原体を使ったこの実験は、薬で人々を治療しようと試みたのではなく病原体で人々を病気にしようとしたという意味で、それとは違っていた。ただしフォート・デトリックの人々は、参加者が同意しているのだから、実験には何の問題もないと考えていた。

米軍には、この任務に最適な兵士たちのグループがあった。セブンスデー・アドベンチスト教会に属する人たちで、宗教的な理由から銃撃や武器の使用を免除されていた。しかもタバコを吸わず、アルコールもコーヒーも飲まないので、非常に健康だった。そのうえ、彼らの多くは菜食主義だった。「彼らの反応が、土曜の夜にべろんべろんに酔っぱらったためかどうか、訊かなくてもすむ」と、酒も薬も飲まない真面目な生活スタイルが医学研究に好都合な理由を、ある牧師がこう説明している。

ティガート大佐はセブンスデー・アドベンチスト教会の長老たちに連絡をとった。長老たちはこれが名誉ある実験だと納得し、信者たちを実験に参加させる計画を正式に承認した。一九五四年一一月一九日に、教会の事務局長であり、医療問題に関する広報担当でもあるセオドア・フレイズは、政府の要請に喜んで応じた。「我が教会の若者たちにとって、この研究計画のこのような任務に志願することは、軍事医学だけでなく、広く人々の健康に価値ある貢献のできるすばらしい機会となるだろう。」一九五五年から一九七三年の間に、この特殊任務に二二〇〇人の若者が志願した。これら一五三回の極秘実験(参加者に感染させた病気には、炭疽、野兎病、腸チフス、髄膜炎などがある)のコードネームは「ホワイトコート作戦」である。

第一回は、ロングが参加したQ熱の実験だった。ただし、ユタ州の実験場で野外実験を行う前に、フォート・デトリックでは「エイトボール」が稼働していた。これは高さ一三メートルのステンレス製の丸い中空のタンクで、ビリヤードのブラックボールにちなんでこう名づけられた。実験を行うときには、アドベンチスト教会の信者たちは、「エイトボール」の脇に取付けられた電話ボックスくらいの大きさの小部屋に入り、呼吸マスクを装着した。このマスクはタンクの内部とつながっていて、実験助手が遠隔操作することにより、タンク内部から細菌やウイルスを含んだ細かい霧がマスクへと流れるようになった。信者たちはこの霧を一分間吸った後、すぐに医務室へと移され、隔離され、観察された。

ユタから戻った人たちにも、同じことが行われた。彼らは、テレビ、本、ゲームの用意された一人用の個室に入れられ、Q熱の発症の兆候であるひどい頭痛が始まるのを待った。被験者の約三分の一が実際にQ熱にかかった。症状の重さは、彼らが「エイトボール」を使ったそれまでの実験に参加して免疫を獲得していたかどうかに応じて決まった。正確にいうと、砂漠での実験のときに椅子が置かれていた場所も、重症度を決める要因になった。実験区域の端に座っていたロングは、ベッドで一日過ごした後は、また元気に動けるようになった。また被験者は全員、完治した。

現在も、ホワイトコート作戦に参加した退役軍人の大半が、この作戦に貢献したことを誇りに思っている。「後になって自分たちはだまされていたと思うようになった人は、私の知る限り、誰もいません」と、ロングは語る。彼は現在六〇代後半になり、保険外交の仕事も引退している。ホワイトコート作戦参加者のなかには、世界貿易センタービルのテロ事件が起こり、生物テロに対する恐怖感が強まるなかで、テレビのインタビューにたびたび登場するようになった人もいる。ただ、軍とセブンスデー・アドベンチスト教会との密着した関係については批判の声も聞かれ、特に一九六〇年代には、非暴力を主張する教会が細菌兵器プログラムに協力するのは正しいことだろうかという疑問も出された。しかし、同じ時期に行われていた他のいくつかのことと照らし合わせてみて、倫理問題に目を光らす人たちも、ホワイトコート作戦はほぼ無罪との判断を下している。参加者たちは、考えられるリスクについて繰返し説明を受けており、いつでもプログラムへの参加をやめることができたのである。とはいえ、この種の実験が今日でも許されるとは考えにくい。肺など、感受性の高い臓器へのリスクが大きすぎるからである。

ユタ砂漠で放出された細菌は、実験の翌日には、日光に曝されて死滅した。また、細菌の影響を調べるために実験場から約五五キロメートル離れた高速道路四〇号線に沿って置かれたモルモットには、一匹も病気の兆候は現れなかった。

## 1957年 心理学の原子爆弾

一九五七年九月一二日にニューヨークで開いた記者会見で、米国のマーケティング業者ジェームズ・ヴィカリが、ある種の妄想のタネをまき散らした。現在でも、この妄想にとらわれる人々は後を絶たない。彼は、集まった報道関係者たちに、魚に関する短い映画を見せた。上映中、特殊な映写機が「コーラを飲もう!」という文字を、ときには五秒おきに点滅させ続けた。一回の映像は長さがわずか三〇〇〇分の一秒とあまりに短く、要するに、新聞記者たちにはこのメッセージを見たという意識はなかった。ヴィカリがこのメッセージの色をわざと濃くしたときにだけ、メッセージが透かし模様のように映像に重なっているのが、はっきり見えた。

ヴィカリは、記者会見の少し前にも、ニュージャージー州フォートリーの映画館でこの実験を行ったと説明した。六週間の間にこの映画館を訪れた四万五六九九人もの人たちが、知らずに「ポップコーンを食べよう!」「コーラを飲もう!」という隠れたメッセージに曝され、その結果、映画館でのコカコーラの売り上げは一八・一パーセント、ポップコーンは五七・五パーセントも増加したという。

ニュージャージー州のフォートリーにあるこの映画館で，サブリミナル・メッセージによる観客の操作が行われたとされる．

この会見は、世論を憤慨させた。もしも誰かが、映画の観客の脳にそれと知らせずにポップコーンを食べたいという衝動を刷込めるのだとしたら、人を殺せと命令することも、洗脳されたゾンビの大群を戦場に送ることも、さらにもっというなら、掃除機をかけるのなんてやめてしまえと女性をそそのかすのも、止められないのではないか。

「心への不法侵入だ」と『ザ・ニューヨーカー』は書いた。小説家オルダス・ハクスリーは、自身が小説『すばらしい新世界

(Brave New World)』で予想したような、人々が自分の心の支配力を失う「憂慮すべき危機」だと警告した。この問題について、何らかポジティブな対応をしたのはファッション誌『ヴォーグ』だけだった。同誌は、「メッセージを潜在意識に送り込む」効果のある、一六〇ドルもする黒のクレープデシン製の「サブリミナル・ドレス」を掲載した。

しかし、当時サブリミナル効果を実験していたのは、ヴィカリだけではなかった。心理学では長い間、意識的知覚の閾値より下のレベルで情報がどのような作用を示すかに関心がもたれてきた。ただし、映画の観客を遠隔操作で操ったと公言したのは、彼が初めてであった。記者会見で説明したとおり、一カ月も経たないうちに彼の会社「サブリミナル・プロジェクションズ」は、一五の映画館に三カ月間、例の特殊映写機を試験的に配置する計画を立てた。

彼は、最終的にはこの隠れた広告が、テレビの視聴者を邪魔なコマーシャルから解放してくれると主張した。「私は、しょっちゅうテレビの深夜番組で映画を見ますが、ジョンがメアリーにキスしようというちょうどその前に、排水管洗浄のコマーシャルとかが入るんですよ。」サブリミナル・メッセージは人々に恩恵をもたらすと彼は考えた。

問題は、人々が全く違った受取り方をしたことだ。ジャーナリストで広告に批判的なヴァンス・パッカードが、著書『秘密の誘惑者（The Secret Seducers)』のなかで、広告会社が人々の購買決定を左右するためにどのようなトリックを駆使するかを暴いたばかりだった。この本はベストセラーになったが、ヴィカリの実験は、パッカードの差し迫った警告を裏付けるようにみえた。たちまちヴィカリの特殊映写機は、「心理学の原子爆弾」とよばれるようになった。明らかに政治が介入すべき潮時だった。

米上院では議員から何回かこの問題が持ち出され、ヴィカリは一九五八年一月にワシントンに出向いて、彼の新しいマーケティング手法を実演することになった。広告業界の業界誌『プリンターズインク』の記事によれば、ポップコーンのメッセージが隠された映画の上映は、かなり奇妙な具合で、思いどおりにはいかなかった。「見られるはずがないというものを見に行って、予想どおりそれが見られなくて、FCC（連邦通信委員会）も議員たちも、満足しているようだった。」一方、『ニューヨーク・タイムズ』は、一部の政治家たちはポップコーンを買いたいと感じなかったことで、がっかりしていると報じた。後世のために記録された唯一の直接的な反応は、共和党の上院議員チャールズ・E・ポッターの行動で、彼は上映途中に「ホットドッグが食べたくなった」と表明した。

ヴィカリは、彼の広告手法の明らかな失敗に、うまい説明を用意していた。「メッセージに関係したものを欲していた人が、反応するのです。」彼は、サブリミナル広告は非常にマイルドな方法であり、たとえば、決して共和党員を民主党に鞍替えさせたりはできないだろうと主張した。

ワシントンでの実演後、ヴィカリが主張していた実験結果は、完全に正しくはないことが明らかになり始めた。彼の実験を再現しようという試みはどれも失敗し、科学者たちはしだいに、この怪しげなマーケティング業者を信じられなくなっていった。彼は、特許はまだ審査中だと言い、実験に関する詳しい手順や正確なデータの開示を拒否し続けていた。そのころ、ヴィカリが広告代理店からのコンサルタント料から四五〇万ドルを着服していたとの噂が広まり始めた。もしこれが事実なら、お金の無駄である。最初の実験が行われたというフォートリーに行ってみれば、そこの小さな映画館ではおそらく、六週間の間に四万五六九九人もの観客を収容できなかったことがすぐにわかっただろう。

一九六二年にヴィカリは、業界誌『アドバタイジング・エイジ』でついに、すべての話が捏造だったことを大体のところ認めた。確かに彼の映写機は順調に働いたが、測定できるような効果は全くみられなかった。「フォートリーの映画館で実験した後で特許を申請したが、一部の新聞記者に情報が漏れたため、実際の準備が整う前にサブリミナルについて公表しなくてはならなくなり……まだ、ごく少しかデータがなくて……意味のある話をするには少なすぎたので…」

ヴィカリはその後、何の痕跡も残さず姿を消した。彼が生きているのかどうか、そして彼が最後に語ったいろいろなことが実際に本当だったのかどうかも、誰にもわからない。

しかし、例の実験は、現在でも一種の都市伝説として生き続けている。ダイエットや自信獲得をねらったサブリミナル・メッセージ入りの自己啓発ビデオの制作者は、ビデオに効果があることを示す明白な証拠として、相変わらずこの実験を引き合いに出している。また、サブリミナル効果は大衆文化にも浸透している。サブリミナル効果で人々を動かせることを前提にした映画は、いくつもある。あの刑事コロンボも、一九七三年放映の「意識の下の映像」では、怪しげな心理学研究者の犯罪を、サブリミナル・メッセージを利用して解決している。

一方で、サブリミナル知覚研究は、科学研究の一分野として花開きつつある。今日では、人々がそれと気づかずに情報を得たかどうか、またその情報が行動に影響したかどうかを、単純な実験によって明らかにできる。しかし、行動に与える効果はごく小さいことが明らかになっており、ともかく、ポップコーンの売り上げが六〇パーセント近くも増えるようなことにならないのは確かである。

ヴィカリの実験が最後に大きく取上げられたのは、二〇〇〇年の米大統領選挙のときである。民主党のアル・ゴア候補の選対本部長が、共和党のジョージ・W・ブッシュ候補のテレビ広告に何かおかしいところがあるのに気づいた。視聴者には見えなかったが、民主党の政策について述べたときに、画面全体に一瞬「Rats（ネズミ、卑怯なヤツ）」という文字が映っていた。制作者は、文字の挿入は、次にくる「Bureaucrats（官僚）」という語を強調して目立たせようとしただけだと、苦し紛れの主張で自分の行為を正当化した。しかし、この共和党の政治広告に紛れ込んだ「ネズミ」は、ヴィカリの実験、実際には全く行われなかったあの実験の、遅れてきた後継者の可能性が高い。

## 1958年 母親マシン

まるで矛盾した話だが、科学史上で最も神経を逆なでするような残酷な実験が、愛情の本質を研究しようという試みの一環で行われた。この実験を考案したのはハリー・ハーロウという心理学者で、仕事中毒のうえにアルコール中毒であり、気むずかしい夫、冷たい父親でもあった。だが愛情に関する彼の発見は、子育てという営みをそれ以来すっかり変えてしまった。

心理学者のハーロウと，彼の悪名高い作品，タオル製の母人形.

ハーロウの研究が焦点を合わせたのは、最も根源的な愛情、すなわち母性愛である。彼が偶然この分野に関心をもったのは、学習の実験のためにアカゲザルを飼育していたときだった。病気から守るため、ハーロウはサルを生後すぐに母親から引き離し、個別にケージに入れて哺乳瓶でミルクを与えて育てた。このサルたちは自然環境で育ったサルよりも健康で体重も重くなり、ハーロウは、母ザルよりも自分のほうが、生まれたばかりの子ザルにとってよい母親なのだと確信した。

だが、一見、何も不足のないはずの子ザルたちは、ケージの中で背を丸めて座ったまま指をしゃぶり、少し離れたところをうつろに眺めていた。のちに雄と雌とをつがいにしても、サルたちは互いが何をすべきなのか、全く見当もつかないようだった。これにはハーロウも驚かされた。当時の科学の基本的な考え方では、赤ん坊の正常な発育の可能性を最大限にするために何よりも必要なのは、十分に食べさせ、清潔を保つことだった。そして実際、ハーロウのサルたちの場合はどちらの基準も十分にみたしていたのである。

心理学的な視点からいうと母性愛は、母親が子供のもっとはるかに重要な要求、すなわち空腹やのどの渇きをみたしてやった後にようやく出番がくる、二番手に位置づけられる感情であった。育児の専門家は親たちに、子供を抱きしめないようにとアドバイスした。心理学者のジョン・B・ワトソン（一九二〇年の実験参照）は、両親の過剰な愛情は有害だと唱えた。一九二八年に出版されてベストセラーになった彼の育児書『Psychological Care of Infant and Child』には、「過剰な母性愛の危険性」と題した章がある。そのなかでワトソンは、子供に愛情を注ぎすぎると、成人してから必ず問題が生じると強く主張し、子供にどうしてもキスしなければならないときには、おでこにするだけにしなさいとも書いている。

さてハーロウの子ザルたちは、無気力なだけでなく、ほかにも異常な行動を見せた。ケージに敷いた布に強く執着して、しがみつき、体に巻き付け、定期的に掃除の際に布を取替えると、キーキーと鳴いて騒いだ。こういった布のないケージで最初の五日間を過ごしたサルは、ほとんど生き延びることができなかった。まさか、この柔らかい布が、餌のミルクと同じくらい重要だなどということがあるだろうか。

ハーロウは実験を試み、子ザルたちに母親をつくってやった。頭はカエデ材のビリヤードボール、目は自転車の反射板を使った。ただし、人形のこれらの部分はそれほど重要ではなかった。肝心なのは円筒形の胴体で、小さな柔らかいクッションのまわりにタオルを巻いてできていた。このタオル地の母人形の隣には、第二の人形を置いた。これは形は全く同じだが針金製で、柔らかい詰め物もカバーもないが、胸の位置にミルクの入った哺乳瓶を取付けた。当時支配的だった科学的見解がもしも正しければ、子ザルは、生命維持の唯一の手段であるミルクを提供してくれる針金製の母親のほうに強い嗜好を示すだろうと、ハーロウは考えた。しかし、実際はその逆であることが明らかになった。子ザルはタオル製の母親に一日一二時間以上もしがみつき、針金製の母親には短時間、お腹が空いたときによじ登るだけだった。こうしてハーロウは、赤ん坊の愛情は、母親が食物を与えてくれるか否かには無関係に、母親の柔らかくて温かい体に向かうことを証明した。いいかえると、彼は、子供の発達に体の触れあいがどれほど重要であるかを示したのである。

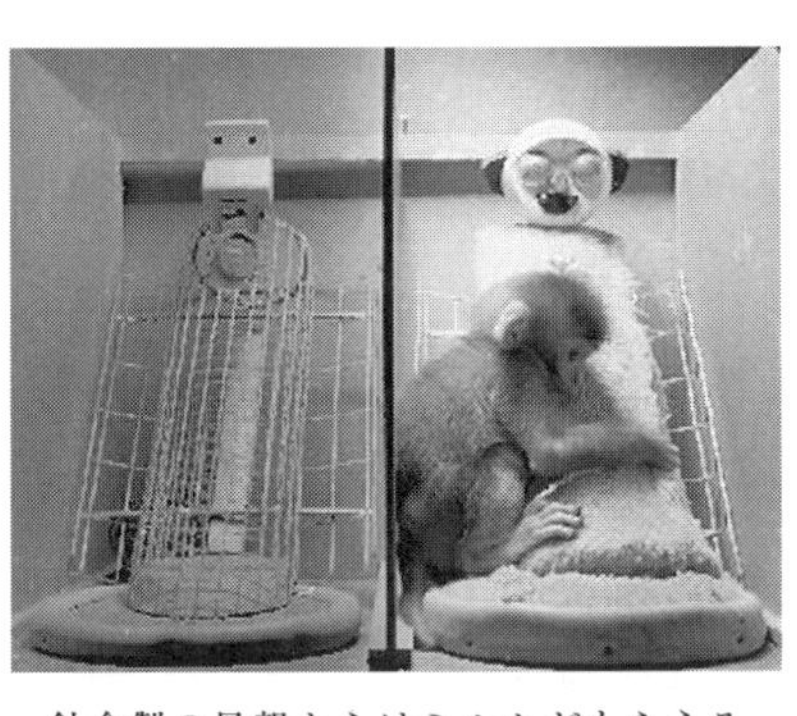

針金製の母親からはミルクがもらえるが，赤ちゃんザルはタオル製の母親のほうを好んだ.

タオル製の母人形での実験はほんの手始めで、その後ハーロウは、愛について、また子ザルに何も与えなかったらどうなるかについて、広く詳しく研究を行った。次の実験で彼は、最初のタオル製母人形のように柔らかいが、実は嘘つきで無慈悲なモンスター人形をつくった。一つは子ザルを何度でも振り落とすよう設計されていたし、もう一つは圧縮空気を吹き出して子ザルを怖がらせる人形だったし、さらにもう一つは、隠れていた金属の突起が胴体から突然飛び出して子ザルを突き落とす人形だった。では、子ザルはどうしただろう。子ザルたちは、モンスター母が「静かになると」すぐに、また母人形のところに戻り、鼻をすり寄せた。これが、何度も何度も繰返された。ハーロウのモンスター母人形は、赤ん坊がどれほど母親を切実に求め、完全に依存しているかを示し、強く印象づけた。

さらにもっと残酷だったのが、じょうご形のケージ「絶望の落とし穴」である。その一番底に子ザルを置くと、最初の二、三日は、ケージの側面の斜めの壁を這い登ろうと無駄な試みをする。その後、登るのを諦めて、ひとりぼっちで落胆した様子で、底にじっと座ったままでいる。それほど経たずに、このサルは、人でいえばうつの状態になった。ハーロウは、薬を使ったり、他のサルと一緒にしたりしてこのサルを治療しようと試み、なかには治療が効いた例もあった。

ハーロウは、彼の実験がサルたちを苦痛にさらしたことを決して否定しなかったが、そのことを後悔しているとも決して言わなかった。実際、彼は新聞記者に語ったことがある。「虐待されるサルもいるが、虐待されている子供はその一〇〇万倍もいるんだ。もしも私の研究によって、そこに目が向き、たった一〇〇万人でも人間の子供が救われるなら、一〇頭のサルのことをひどく気に病んだりはできないよ。」

皮肉なことに、ハーロウは自分自身の子供のことはちっとも大切にしなかった。最初の妻は、ハーロウと暮らすのは一人で暮らすのも同然と言って、子供たちを連れて彼のもとを去った。二番目の妻は彼が六六歳のときにがんで死んだ。その八カ月後、彼は再婚した。最初の妻と、である。

## 1959年 ユナボマーの実験

一九九六年四月三日、重武装のＦＢＩ捜査官一五〇名が、モンタナ州リンカーンの町の近く、森の中にぽつんと建つ掘っ立て小屋を急襲した。そこに住んでいたのは、かの有名なハーバード大学で学位を取った五四歳の元数学教員だった。彼は博士論文では賞を貰ったほどで、その優秀さゆえに、のちに「米国で最も聡明な連続殺人犯」とよばれた。

一九七六年から一九九五年にかけて、テッド・カジンスキーは一六個の手製爆弾を爆発させ、三人を殺害し、一一人に重軽傷を負わせた。彼の犯行は、科学技術の進歩に抗議するためであった。彼は、科学技術の進歩が個人の自由を容赦なく踏みにじっていると考えていたのだ。ＦＢＩは彼を「ユナボマー」とよんだ。彼の最初の被害者になったのが、大学（University）や航空会社（Airline）だったからである。

1996年，ユナボマーが身柄を拘束された．過去の心理学実験が，カジンスキーを連続殺人犯に変えたのだろうか．

彼の逮捕の後、一時は前途に輝かしい未来が待っていた優秀な数学者が、なぜ、電気も水道もない掘っ立て小屋に暮らし、そこで爆弾をつくるようなことになってしまったのだろうかと、人々がそれぞれに思いをめぐらせた。歴史家のオールストン・チェースは二〇〇三年の著書『ハーバードとユナボマー（Harvard and the Unabomber）』のなかで、この問いの答を見つけたと書いている。それは「マレーの実験」だという。

一九六〇年初頭からカジンスキーは、ヘンリー・A・マレーが行った三年にわたる実験に参加した。マレーはハーバード大学社会関係学部の教授だったが、被験者の一人であるカジンスキーに初めて出会ったのは、そろそろ退職の時期も近づいたころだった。マレーは六二歳で、画期的な心理学テスト（TAT、主題統覚検査）の開発を行い、それについて本を書き（この本は広く読まれている）、軍の秘密任務に採用する兵士の適性評価にも携わってきた。

カジンスキーがどうして実験の噂を聞きつけたのかはわからない。「心理学の問題解決に貢献してみませんか。現在行われている人格形成についての研究プログラムの一環で、いくつかの実験の被験者になったり、年間を通じて何回かテストを受けてくれる人を募集しています（一時間当たり大学が定めた額の報酬を払います）」という参加者募集の広告を見たのかもしれないし、マレーが個人的にカジンスキーを選んだ可能性もある。マレーは実験のために、ハーバード大学の新入生のなかから、自信家、体制順応型、精神不安定型など、さまざまな性格の人間をできるだけ幅広く捜していた。心理学テストの結果で見ると、マレーが選んだ二四人の青年のなかで、カジンスキーが最も情緒不安定だった。

参加者のプライバシーを守るため、マレーは学生それぞれに暗号名をつけた。カジンスキーは「合法的」とよばれた。今になってみると、これはひどく皮肉な暗号名だが、実際には相応しくない名前ではなかった。カジンスキーは控えめで、反抗的なところは全くなかった。労働者階級の出だったため、ハーバード大学は彼にとっては居心地が悪く、友人も少なく、両親の大きな期待が重荷になっていた。彼はこつこつ真面目に勉強し、ほとんど外出しなかった。

マレーの実験の中心は、「ダイアド（二者関係）」とよばれる、ストレスを誘発するような討論だった。被験者は、明るく照明した部屋のマジックミラーの前に座らされ、ミラー越しに観察され、撮影された。測定装置が心拍数、呼吸数を記録した。

マレーは被験者全員に、もう一人学生が加わって彼らと討論すると告げた。ただし彼は、この討論の相手が雄弁な法学部生で、被験者たちを怒らせるよう特に訓練を受けてきたことは明かさなかった。この討論の相手には、被験者たちを手荒に扱い、彼らの哲学を愚弄するよう指示してあった。マレーは、餌食にされる被験者たちの人生観について、実験の一部として行った一連のテストや自己紹介文から情報を集めておいた。討論の間、被験者たちは皆、最初は自分の考えを主張しようとしたが、相手が繰り出す巧妙なひねくれた反論に出会い、とても太刀打ちできないことに気づかされた。結局彼ら全員、やりこめられてやり場のない怒りを感じたのだった。

この敵対的討論の後に、さらに大量のテストと話し合いが行われた。そのなかで、被験者たちは自分の討論の記録を見せられ、自分の怒りの反応について意見を述べるよう求められた。

この実験でマレーが何をしようとしていたのか、今日まで誰にも判然としていない。彼の目的は、何ともあいまいでわかりにくい。彼は一応、「二者関係に関する理論を発展させ」、集めたデータを使って人々の自己啓発の助けにしたかったと主張しているが、彼の助手たちでさえ、実験の意図を本当につかめてはいなかった。彼の伝記の著者は、単にマレーは、ある人が別の人に攻撃されたときに何が起こるかを知りたかっただけだと書いている。

オールストン・チェースは、マレーの実験の根っこは、全く違ったところにあると信じている。マレーは二三歳で結婚し、七年後にクリスティアナ・モーガンに出会った。彼女も結婚していたが、このとき始まった彼女との不安定な不倫関係は、生涯にわたって続いた。彼の実験の初期の協力者たちのなかには、この実験は二人の不倫関係の再現にほかならないとみる人たちもいる。一九八八年の死の直前には、マレー自身が、このような見方を遠回しに認めている。「クリスティアナと私がなぜもともとは別の二者関係を始めたのかと、私は何度も訊かれてきた」と彼は書き、理由をいくつかあげている。そのうちの二つが「二人の人間（一つの人格ではなく）を一つのシステム、すなわち二者関係に組込んだ理論を考えたいと、私が思っていた」ことと、「さまざまな組合わせが働くのを実験したいと、われわれ二人が望んでいた」ことである。いいかえれば、マレーは彼らの関係をある種の実験のように捉えていたらしい。チェースはこのことから、マレーの実験での議論は、彼とモーガンの関係を表しているのだと結論づけた。

カジンスキーはのちに、あのダイアドは「非常に不愉快な経験」だったと思い起こしている。確かに、それが彼の人生の分かれ道になった可能性はあるのではないか。ただチェースは、実験それ自体だけではなく、カジンスキーが当時倫理的な核になるものをもっていなかったことや、もろい性格だったことなど他の要因もあるといっている。

カジンスキーは、ハーバード大学の最終学年には、科学技術を嫌悪する世界観をもつようになり、科学や技術は人々の自由を脅かし、しだいに思考を支配するようになると確信するに至った。

ハーバード大学を卒業後、彼はミシガン大学で優れた博士論文を書き、一九六七年にカリフォルニア大学バークレー校で助教の職についた。しかし彼は二年後にバークレー校を去り、リンカーン郊外の森に自分で小屋を建て、そこで爆弾闘争の計画を温めた。

ユナボマーが最終的に捕まる原因になったのは、一九九五年六月二四日、『ニューヨーク・タイムズ』、『ワシントン・ポスト』両紙と『ペントハウス』に同時に送りつけた犯行声明だった。この「産業社会とその未来」と題する論文の形をとった声明文は、「ユナボマー・マニフェスト」とよばれ、広く知られることとなった。ユナボマーは、この声明文が公表されれば、爆弾攻撃を中止するとにおわせた。一九九五年九月一九日、『ワシントン・ポスト』がマニフェストを、五六ページにわたって紙面に掲載した。それから間もなく、デビッド・カジンスキーがFBIに、兄のテッドがユナボマーかもしれないと通報した。マニフェストのいくつかの部分が、しばらく前にテッドから送られてきた手紙とぴったり一致することに気づいたからだった。

テッド・カジンスキーは一九九八年五月四日、仮釈放なしの終身刑の判決を受けた。オールストン・チェースが『*Atlantic Monthly*』の二〇〇〇年六月号で、カジンスキーが爆弾魔になったのにはマレーの実験が何らかのかかわりをもっている疑いがあると表明すると、マレー研究センター(マレーにちなんで名づけられた、ハーバード大学の研究所の一つ)はきっぱりと反論した。実験に参加した他の学生たちは例の討論を不愉快だとは感じていなかったし、チェースはマレーの研究の目的を誤解していると、研究センターは主張した。

テッド・カジンスキーの「合法的」という暗号名が公になった後、マレー研究センターは、実験の生データを無期限で公開禁止とした。

## 1959年 キリストの三位一体

一九五九年七月一日、ミシガン州デトロイト近くのイプシランティにある州立精神科クリニックで、信じられないような出会いが起こった。クリニックの小さい簡素な面会室で、心理学者のミルトン・ロキーチが集めた三人の男が、順番に自己紹介した。最初は、頭ははげ、歯は隙間だらけの五八歳の男だった。

「私の名はジョセフ・カッセル。神である。」

次は七〇歳の男だったが、その言葉はつぶやくようで聞きとりにくかった。

「私の名はクライド・ベンソン。私が神をつくった。」

最後にひどく痩せて深刻な顔をした三八歳の男が進み出たが、彼はレオン・ガボールという本当の名前は言おうとしなかった。

「私の出生証明書には、ナザレのイエスの生まれ変わりと書かれている。」

心理学史上、類をみない奇妙な実験の一つが、こうして始まった。実験の課題は、人間が、想像しうる自己矛盾の極致、すなわち自己と全く同じアイデンティティー（自己認識）をもつと主張する人間に出会ったときに、何が起こるかを調べることだった。この三人の男は、イエスが何人もいることに突然気づいたときに、いったいどう反応するのだろうか（彼らに言わせれば、神とイエスは全く同一の存在である）。

ロキーチは、それまで長い間、人間のアイデンティティーと心の奥深くにもつ信念との関係を研究してきた。ある人がもつどのような内的行動規範が、人格を決めるうえで重要になるのだろう。このような規範のどれかを、人格に何も影響を及ぼさずに変えられるのだろうか。そして、ある人の信念体系のなかでも非常に重要な主張の一つが脅かされたときには、いったい何が起こるだろうか。

ロキーチは、人が自分のアイデンティティーに対する侵害にどれほど敏感かを、自身の子供たちの例で知ったのだった。あるとき彼は冗談で、二人の娘の名前を取り違えてみた。

娘たちは最初は笑ったが、すぐに困惑した様子になり、下の子が不安そうに尋ねてきた。「お父さん、これは遊びだよね。」彼が違うと答えると、すぐに娘たちは二人とも、お願いだからもうやめてと頼み始めた。ロキーチが攻撃を加えたのは、彼女たちの心の奥にある信念の核心、すなわち自我だったのである。

もしも彼が一週間ずっと娘たちの名前を取り違え続けたらどうなったかは、当て推量することしかできない。明らかに、このような方向で実験を行うのは、倫理的にみて全くの論外である。しかし、この手の方法で洗脳を行っている中国の刑務所からの報告では、人間のアイデンティティーに深刻な影響が出るとされている。

倫理問題を起こす懸念のない実験方法はないかと考えをめぐらせていたロキーチに、突然よい考えがひらめいた。自分を誰かほかの人間だと考えている精神病患者を使うのはどうだろうか。もしも、全く同じ人だと主張する数人の患者を一つ屋根の下に集められれば、二つの根本的信念の衝突が生じることになる。一つは自分が誰であるかに関する彼らの誤った信念であり、もう一つは、二人の人間が全く同一のアイデンティティーをもつことはありえないという彼らの正しい信念である。

ロキーチは、心理学の文献から、簡単に書かれたこのような事例を二つ見つけた。一七世紀に、ある精神病院で自分はイエス・キリストだと信じている二人の男が偶然に出会ったという例と、心理学研究所で二人の「聖母マリア」が鉢合わせしたという例である。どちらの場合も、出会ったおかげで、患者にある程度の改善がみられたという。

ロキーチは、この実験が人々の内的な信念体系をもっと知るのに役立つだけでなく、重いパーソナリティー障害の患者の新しい治療法につながるだろうと期待した。彼はミシガン州にある五つの精神障害者施設すべてに問い合わせて、同一のアイデンティティーを主張している患者を二人探そうとした。二万五〇〇〇人の患者のなかに、このような例はほんの少数しかなかった。ナポレオンもいなければ、フルシチョフも、アイゼンハワーもいなかった。自分はフォード王国あるいはモルガン財閥のメンバーだと考えている人が少数、それに女神が一人、白雪姫が一人だったが、キリストは一〇人ほどいた。

自分はキリストだと考えていて、しかもこの実験の被験者に適している三人の男性のうち、二人はイプシランティの精神科クリニックの入所者だった。そこで、三人目の男性もここに移された。彼ら三人は、二年間にわたって隣り合わせのベッドで眠り、同じテーブルで食事をとり、病院の洗濯室で似たような仕事を割り当てられた。

レオン・ガボールはデトロイトで育った。父親は家族を置き去りにして出奔した。母親は、狂信的なクリスチャンで、教会で一日中祈って過ごし、子供たちは家に放りっぱなしにされ、自分たちで何とか生活していた。彼は神学校に入ったが、まもなく兵役に就いた。その後、彼は母親のもとに戻って暮らし、母が完全に彼を支配した。一九五三年三二歳のときに、おまえはイエスだという声が聞こえるようになり、一年後に精神科の病院に収容された。

クライド・ベンソンはミシガン州の田舎で育った。二四歳のときには、妻、義父、両親が全員亡くなった。長女が結婚して家から出た後、彼は酒を飲み始め、再婚し、全財産をなくし、暴力を振るうようになり、最後には刑務所に入り、そこで自分はイエス・キリストだと唱えるようになった。一九四二年五三歳のときに、彼は精神障害者施設に収容された。

ジョゼフ・カッセルはカナダのケベック州で生まれた。人間嫌いなところがあり、本に埋もれて暮らし、妻が仕事をして彼を支え、彼は本の執筆をしていた。やがて、妻の家族と同居したが、そこでは絶えず、毒を盛られるのではないかと怯えていた。この妄想が原因で、彼は一九三九年にイプシランティに連れてこられた。当時彼は三九歳だったが、その一〇年後から、自身を「父であり、子であり、聖霊である」と信じるようになった。

数回会っただけで、三人はそれぞれ、他の二人が自分はイエスだと主張している事実に、うまい説明をつけるようになった。ベンソンは、こう主張した。「彼らは本当は生きていなくて、ただなかにある機械がしゃべっているのさ。だから機械を取出してしまえば、もう何もしゃべらなくなるよ。」一方、カッセルの説明は、拍子抜けするくらい合理的だった。「ガボールとベンソンは、わかりきったことだけど精神障害者施設の患者なので、イエスのはずがないよ。」ガボールはほかの二人のありえないアイデンティティーについて、さまざまな説明をした。たとえば、「彼らは、自分に箔をつけたくてイエスだと言っているだけだ。」それでも彼は、二人は大文字で書く本物の神（God）ではないが、小文字のgで表せる張りぼての神かもしれないというところまでは譲歩してみせた。

三人をよく知るために、ロキーチは、毎日の集まりのたびにテーマを決めて話し合わせた。彼らは家族について、子供時代について、妻について、そして、何度も繰返して自分自身のアイデンティティーについて語り合った。議論は熱を帯び、三週間後に初めての暴力的な衝突が起こった。ガボールがアダムは黒人だったと言い出すと、ベンソンが彼を殴ったのである。さらに二回、殴り合いが起こったが（一回はベンソンとカッセル、もう一回はカッセルとガボールの間で）、その後は残りの実験の間ずっと、三人のイエスたちは平和的にふるまった。しかし、彼らは自分が何者であるかという問題については、ガンとして信念を曲げなかった。ただガボールだけは、アダムについての考えを変え、もしかしたらアダムは黒人ではなかったかもしれないと認めた。

二カ月後、ロキーチは三人に討論の進行を任せた。一人ずつが順番に毎日の話し合いの司会をし、討論のテーマを選び、毎日のタバコの分配も行った。彼らはさまざまなテーマを取上げた。映画、共産主義、宗教などだったが、自分たち自身のアイデンティティーについては二度と触れなかった。そして、たまたま誰か一人がぽろりと自分は神だと言うと、他の二人がさりげなく話題を変えるのだった。

しかし、こういったことすべても、自分こそ真のキリストであるという彼らそれぞれの信念を揺るがすことはなかった。ガボールが病院のスタッフに見せた手書きの名刺には、こう書かれていた。「Dr Domino dominorum et Rex rexarum, Simplis Christianus Puer Mentalis Doctor(ナザレのイエス・キリストの再来)」

しかし一九六〇年一月、最初の出会いから六カ月経ったころに、ガボールは名前を変えた。名刺に書かれたのは「Dr Righteous Idealed Dung Sir Simplis Christianus Puer Mentalis Doctor」

「あなたのことを何と呼べばいいですか」とロキーチは尋ねた。

「もしもDr Dungと呼びたいのでしたら、特別に許可しましょう」とガボールは答えた。

この名前は、クリニックに困った事態をひき起こした。Dungとは「糞」で、看護婦たちは、患者を「糞」とは呼べないと拒否したが、ガボールは他のどんな呼び方にも決して返事をしようとしなかった。すったもんだの末、彼と婦長とは「Righteous Idealed」から略して「R.I.」と呼ぶことで合意した。

ロキーチはすぐに、この名前の変更はガボールのアイデンティティーが変化する兆しなのかどうか、自問した。しかしおそらく、彼の動機は単に、争いの矢面に立つのを避け、これ以上の対立が起こる原因をなくすことだった。

実験の過程でロキーチは、何が三人を動かすのかをもっと詳しく知ろうとして、いくつかの場面にわざと介入した。たとえば、彼らが主張するアイデンティティーを額面どおりに受取り、カッセルを「我が神」、ベンソンを「我がキリスト」と呼び分けようと提案した。だが、彼らはこの提案を却下した。彼らは、自分以外誰も、自分の信念を共有してくれないことをよく知っており、正式な呼び名を変えてもかえって多くの問題が起こることをよくわかっていた。これとは別に、ロキーチはこの実験についての地方紙の記事を彼らに読み聞かせ、ベンソンに尋ねた。

「これが誰の話か知っていますか。」

「いいえ、知りません」とベンソンは答えた。

「誰だと思いますか。」

「さあ、名前は書かれていませんから。」

「少しよくなっている人についてはどう思いますか。」ガボールのことを指して、ロキーチが尋ねた。

「彼はイエス・キリストであり続けようとして時間を無駄に使わなくなりました。」

「どうして、それが時間の無駄なのですか。」

ベンソンは、少し口ごもりながら答えた。「人は、自分自身にもなれないのに、どうして誰か他の人になろうとするのでしょう。どうして自分自身になれないのでしょう。」

この話し合いの後半では、ベンソンはこの記事の三人の男が一つの精神病院に入っていると考えたことを明かしている。

一九六〇年四月に、ガボールは妻からの手紙がくるのを待っていると話した。ロキーチはすぐに、これが実験の幅を広げる機会になることに気づいた。ガボールの妻とは、彼の想像のなかだけの存在であり、彼は結婚したことなどなかったからである。ロキーチは、ガボールが本当に妻の存在を信じているかを突きとめ、そしてもし本当に信じているとしたら、妻が頼めば自分のまちがったアイデンティティーを放棄するかどうか、知りたいと考えた。そこで彼は、ガボールに「Dr R.I. Dung 夫人より」とサインした手紙を何通も送った。

ガボールは、本当に自分には妻がいると信じていた。彼は律儀に、手紙に書かれた待ち合わせ場所へ行ったが、もちろんそこに妻は現れなかった。最初の手紙から一週間ほど経ったところで、彼はロキーチに、実は自分の妻は神だと説明した。ロキーチ、別名Dr R.I. Dung夫人は手紙のなかで、ガボールにいくつか頼み事をした。たとえば、ある歌を歌ってほしいとか、他の二人にお金を分けてあげて、などである。最初、彼は律儀に妻の言うことに従っていたが、Dr R.I. Dungという名前を使うのをやめるようにという頼みだけは、決して受入れなかった。

初めて出会ってから二年後の一九六一年八月一五日が、イプシランティの三人のキリスト（ちなみに、これはロキーチがこの実験について書いた本の題名でもある）が集まる最後の日になった。ロキーチは、心理療法によって彼らを正常に戻そうという望みを、完全に諦めた。それに彼は、気づいたのだった。三人の男たちにとって、自分のアイデンティティーの問題を根本的に解決しようとするより、互いが平穏にともに暮らすことのほうが好ましい状態だったのである。

## 1961年 とことん服従

一九六一年の夏、コネチカット州ニューヘヴンにあるエール大学のリンスリー・チッテンデン・ホールを訪れたモーリス・ブレイバマンは、まさか一時間もしないうちに、自分が何の理由もないのに他人を拷問する羽目になるだろうとは、これっぽっちも思っていなかっただろう。ブレイバマンは三九歳のソーシャルワーカーで、地元紙に出た広告に応募したのだった。「記憶と学習に関する科学研究を手伝ってくれる、ニューヘヴン在住の男性を五〇〇人募集。「仕事は約一時間」で、報酬は四ドル、交通費五〇セント支給。彼は広告に書かれた住所宛てに申込書を送り、数日後に参加してほしいという電話を受けた。

こうして行われたのが、社会心理学分野で最も賛否両論をよんだ実験の一つである。これは人間の行動に関して行われた実験のなかで最も重要な実験だとの見方もあれば、このような実験はこれ以上決して許されるべきではないと考える人もいる。それほど経たないうちにこの実験は、考案者の二七歳のエール大学助教、スタンレー・ミルグラム（一九六三年、一九六七年の実験参照）にちなんで、単に「ミルグラム実験」という名でよばれるようになった。今日でもこの実験は非常に有名で、たとえばルワンダ大虐殺やイラクでの拷問事件などのたび、新聞報道に繰返し登場する。フランスには「ミルグラム」という名のパンク・ロックバンドがあるし、ニューヨークのあるお笑いコンビは「スタンレー・ミルグラム実験」という名で活動している。スタンレー・ミルグラムはこの実験で世界的に有名になり、前途は閉ざされたのだった。

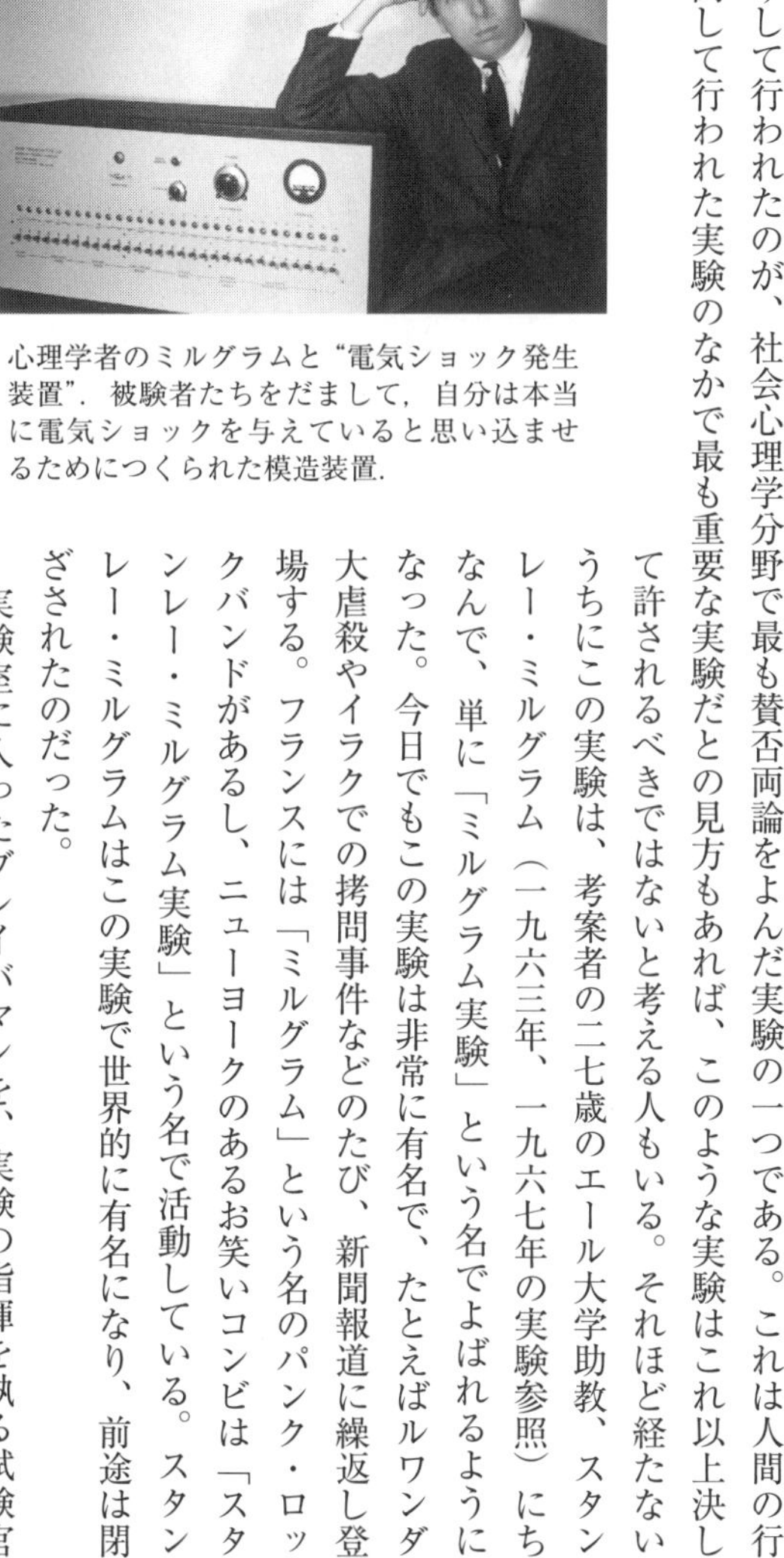

心理学者のミルグラムと“電気ショック発生装置”．被験者たちをだまして，自分は本当に電気ショックを与えていると思い込ませるためにつくられた模造装置．

実験室に入ったブレイバマンを、実験の指揮を執る試験官

（白衣を着た若い男性）が出迎え、彼よりも先に入っていたもう一人の参加者、ウェストヘヴンの四七歳の簿記係ジェームズ・マクドナウを紹介し、それから二人に実験の目的を説明した。この実験は罰を与えると学習の成果にどのような効果があるかを調べるために計画されたもので、そのために、二人のどちらかに教師役、もう一人は生徒役をして貰いますと、彼は言った。そして彼は、それぞれの役割を決めるため、ブレイバマンとマクドナウにくじを引かせた。しかし、ブレイバマンは知らなかったのだが、このくじはインチキだった。どちらの紙にも教師役と書かれていたのである。実はマクドナウは役者で、二人目の参加者のふりをしていただけだった。ミルグリムが実施したかった実験のためには、何も知らない参加者、すなわちブレイバマンが教師役をすることが絶対に必要だったのである。

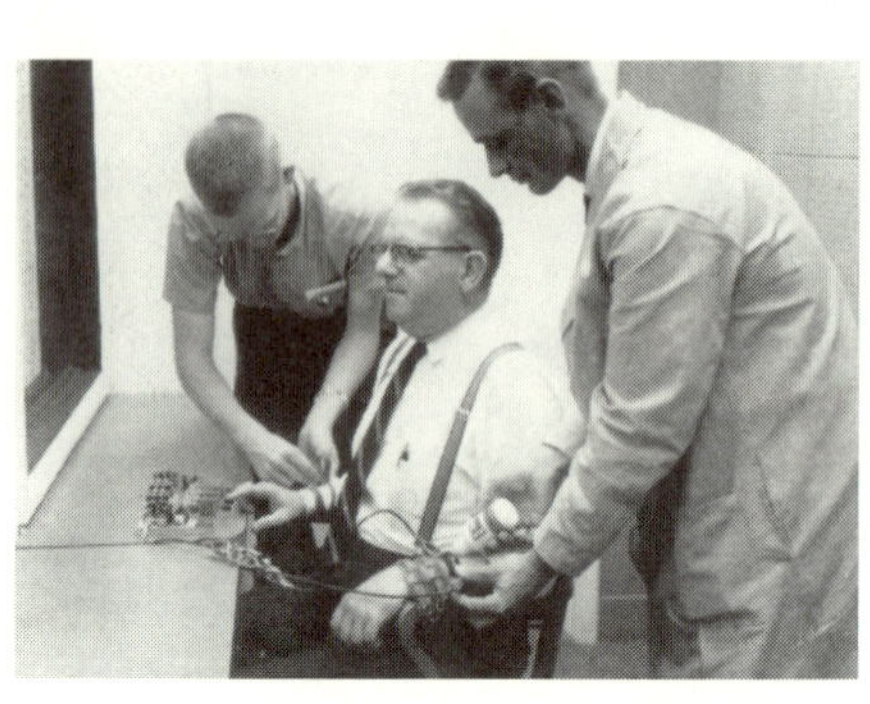

“犠牲者”の体に電極を取付ける．彼は心臓が悪いことになっているが，実は演技である．

くじを引いた後、試験官はマクドナウを隣の小部屋に連れて行き、電気椅子に見かけの似た椅子に彼を座らせて固定し、左の手首には電極をつけた。そしてブレイバマンに、この電極は実験室に置いた発電器につながっていると説明した。マクドナウが自由に動かせるのは右手だけで、隣のテーブルに置かれた四個のボタンのついた装置に指が届くようになっていた。マクドナウが電気ショックの強さはどのくらいになるのかを尋ねると、試験官は「非常に痛いと思いますが、組織に永久に損傷が残るようなことはありません」と答えた。

実験室に戻ると、試験官はブレイバマンにしてほしいことを説明した。先ず、インターホンを使って隣の部屋にいるマクドナウに、「青い—箱」、「素敵な—日」「野生の—アヒル」などのような対になった言葉を読んで伝える。次に二回目には、対になった言葉のうち一番目だけを言う。さてマクドナウに与えられた課題は、それぞれの二番目の言葉を覚えることだった。つまり、ブレイバマンが「青い」と言ってから四つの選択肢（「日」、「箱」、「空」、「アヒル」）を示すと、マクドナウはボタンの一つを押して、正しい答を選ばなくてはならないのだった。

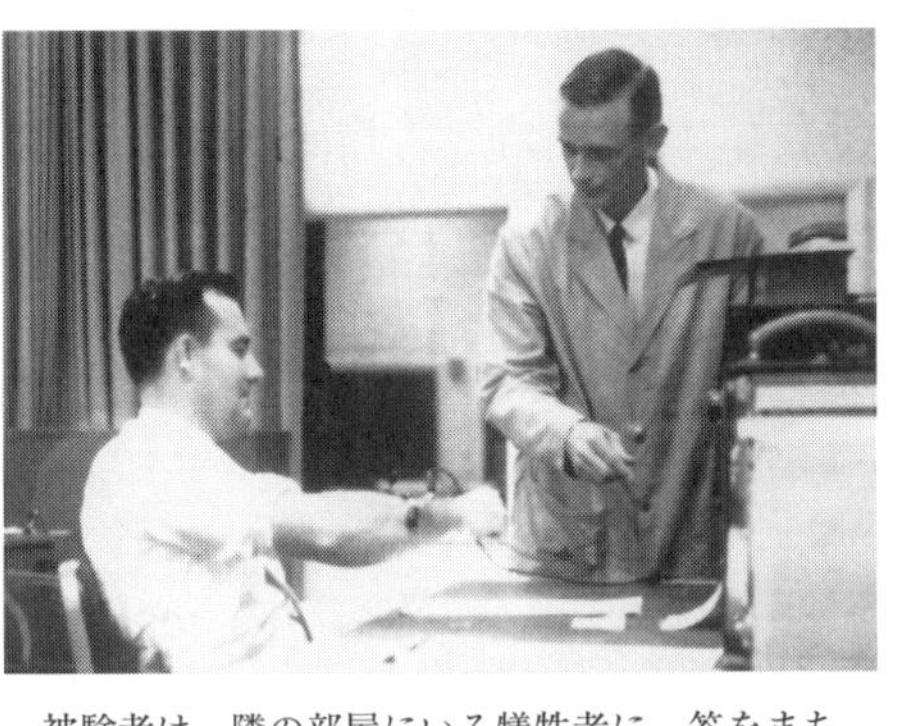
被験者は，隣の部屋にいる犠牲者に，答をまちがえた罰として電気ショックを与えるよう指示される．

もしもマクドナウが正しい答を選べば、ブレイバマンはリストに書かれた次の言葉へと進む。もしもマクドナウがまちがったときには、ブレイバマンは罰として電気ショックを与えることになっていた。最初のまちがいでは一五ボルトのショックを与えるが、二つ目のまちがいでは三〇ボルト、三つ目は四五ボルトというように、電圧は最大四五〇ボルトまで上げていく。ショックを与えるための装置はブレイバマンの目の前に置かれ、そこにはスイッチが一列に並び、「電気ショック発生装置、ZLB型、ダイソン機器製造、マサチューセッツ州ウォルサム、出力一五ボルト—四五〇ボルト」と書かれた製造番号プレートがついていた。もしもブレイバマンがマサチューセッツ州ウォルサムのあたりをよく知っていたら、そんな名前の会社はそこには存在しないことがわかっただろうに。

ミルグラムがこの実験を思いついたのは、一九六〇年、まだ彼がニュージャージー州のプリンストン大学の学生のときだった。彼の指導教員だった心理学者のソロモン・アッシュが、のちに非常に有名になった実験を行って、集団は個人にとって非常に大きい圧力になることがあると実証した。この実験の被験者は推測ゲームを行うなかで、ただ集団の他のメンバーに合わせるためだけに、まちがいだと自分でもわかっている答を選んでしまったのである。

ミルグラムは、ぜひこの実験をさらに進めて、当たり障りのないゲームではなく、もう少し害の出る状況で集団のもたらす圧力を調べたいと考えた。被験者に、何の理由もなく他人に痛みを与える行為をさせることはできないだろうか。彼は何回か予備実験を行い、集団の圧力がない場合に被験者がどこまでやるかを探った。その結果わかったのは、集団など全く必要ないということだった。人はたった一人でも、やってしまうのである。

ブレイバマンはこんなことは何も知らずに、マクドナウが最初にまちがえた後、一五ボルトの電気ショックを与えた。マクドナウはさらにまちがいを繰返し、ブレイバマンは実験の前に指示されていたとおりに、そのたびに一五ボルトずつ電圧を上げていった。

一二〇ボルトのショックの後、マクドナウはインターホン越しに試験官に、電気ショックの痛みがひどいと訴えた。一五〇ボルトになると、彼は「試験官、ここから出してほしい。これ以上実験は続けたくない。もうごめんだ！」と叫んだ。一八〇ボルトでは「痛くて我慢できない！」そして電圧が二七〇ボルトに達したときには、苦痛のため大声を上げ、もうこれ以上は何を訊いても答えないぞと叫んだ。

ブレイバマンは試験官のほうを向いたが、彼は淡々と「そのまま続けてください」と言い、答がないのは誤答として扱い、生徒役にそれまでどおり電気ショックの罰を与えるよう指示した。ブレイバマンは落ち着かない様子で椅子に座り直し、かすれた笑い声を立てたが、そのまま続行した。マクドナウは、それ以上問題に答えるのを拒否し、電気ショックのたびに金切り声を上げた。

ブレイバマンは、もう一度試験官のほうを向いて尋ねた。「指示されたとおり、忠実に従わなければいけないのですか。」試験官は、こう答えた。「実験のためには、続けていただく必要があります。」そして、ブレイバマンはそのまま続行した。三三〇ボルトの後、マクドナウは何も声を出さなくなった。ブレイバマンは、マクドナウと交替しようかと一応形だけは申し出たが、その後、また電気ショックを与え続けた。三七五ボルトのスイッチの下には「危険――強烈なショック」と書かれた警告標識があったが、ブレイバマンはそのまま、四五〇ボルトの最後のスイッチに到達するまでショックを与え続けた。

この一九六一年の夏に、たいして権威があったわけでもない試験官にそう指示されたからというだけの理由で、命にかかわるほどの電気ショックを与えるところまで行ったのは、ニューヘヴンのソーシャルワーカー、モーリス・ブレイバマンだけではなかった。肉体労働者のジャック・ワシントン、溶接工のブルーノ・バッタ、看護婦のカレン・ドンツ、主婦のエリノア・ローゼンブルームも、一番最後の最大電圧スイッチまで進んだ。ミルグラムの実験はさまざまに装いを変えて行われ、全部で一〇〇〇人以上の被験者が参加したが、その三分の二が四五〇ボルトのショックを与えるところまでいった。

ミルグラムは、この予想外の結果に衝撃を受けた。実は、誰もが同じだった。それ以降の講演のときにミルグラムは、まず実験の枠組を詳しく説明し、それから聴衆に、結果がどうなると思うかと尋ねた。しかし心理学者であれ素人であれ、人間が権威にどこまで盲目的に従うものか、誰もが実際とはかけ離れた予想しかできなかった。ほとんどの人は、誰も一五〇ボルト以上にはいかないだろうと考えたのである。

　ミルグラムは、この実験がセンセーショナルであることはよく心得ていたが、科学的観点からも問題点があった。この実験は、疑問の解決でも理論の証明でもなかったからである。心理学雑誌への掲載は二回却下された。三回目の試みで、さまざまに条件を変えた実験を並べ、互いに比較し、ようやく一九六三年に「服従の行動研究」という題名で『*Journal of Abnormal and Social Psychology*』への掲載にこぎ着けた。

　ミルグラムは、約二〇通りもの少しずつ違った形式で実験を行った。たとえば、ある場合には、生徒役に自分は心臓が悪いと言わせ、またある場合には実験を大学のキャンパスから一ブロックのところにある壊れそうな事務所で行った。ときどきは、女性が電気ショックを与える役になったこともある。しかし、いろいろ変えても、結果は同じだった。半数以上の被験者が最大電圧のショックまで与えたのである。

　また別の形式では、生徒役を「教師役」の被験者と同じ部屋に置いた。このときには、指示を順守する程度が明らかに低下した。特にそれが顕著だったのは、試験官が被験者に生徒役の手を電流が流れる金属板に押しつけるよう指示したときだったが、それでも三分の一が四五〇ボルトまで進んだ。被害者との物理的距離の近さは確かに重要な役割を果たすが、もっと重要な要因は試験官の存在だった。試験官が指示を電話で出すことにすると、指示に従う被験者は五人に一人に減った。

　論文を発表するとすぐに、ミルグラムの実験は世界中に知れ渡った。いくつもの新聞がこの話を取上げ、結果に独自の解釈を加えた。さかんに論じられたのは、人々が実際の生活でも、威嚇されて従った被験者と同じようにふるまうのかどうかという問題だった。これについては、現在でもまだ、コンセンサスは得られていない。ミルグラム自身は、自分の実験をいつも、第二次世界大戦でのナチスの残虐行為と関連づけて考えていた。大戦が終わって以来、世界は、ホロコーストを説明できる方法を探し求めていた。ミルグラムは、われわれに本質的に備わる「命令に従おうとする傾向」が一つの答になるかもしれないと確信をもった。

彼の論文の掲載とちょうど同じ時期に、哲学者のハンナ・アーレントが、エルサレムで行われたナチスの戦犯アドルフ・アイヒマンの裁判の傍聴記を発表した。彼女は、雑誌『ザ・ニューヨーカー』に連載した有名な記事のなかで、「悪の陳腐さ」という観念を披露した。アイヒマンは検察官がそう描こうとした残虐な怪物などではなく、ただ自分の職務を忠実に果たしただけの平凡で想像力の乏しい小役人であると、主張したのである。

この見方は、ミルグラム実験でわかったことと完全に一致した。彼の実験の参加者たちは、特に攻撃的なわけでもないし、生徒役に電気ショックを与えることに喜びを感じたわけでもない。それどころか実際はその正反対で、彼らの多くは不安になり、冷や汗をかき、試験官に異議を唱えた。しかし、実験を途中で打ち切るほど、断固として反対する人はごく少数だった。明らかに、彼らは不服従を非常に過激な行為とみなしていて、それよりは自分の基本的な道徳的信念を捨てるほうを選んだのである。ミルグラムは、「被験者の行動のカギは、抑圧された怒りでも攻撃性でもなく、権威に対する向き合い方のなかにある」という結論を得た。

一九六一年九月、衝撃的な実験結果が出始めた直後に、ミルグラムは資金を提供してくれた全米科学財団宛の手紙に、こう書いている。「私はかつては、悪質な政府が米国全体を探したとしても、ドイツにあったような国家的な死の収容所システムに必要な人材を十分確保できるほど、道徳観念の欠如した人間を多数見つけることができるか疑問に思っていました。しかし今では、ニューヘヴンでの募集だけでも十分に定員に達すると思い始めています。」

ミルグラムが自身の実験をホロコーストと結びつけたことで、彼は物議を醸す人物となってしまったが、さらにもっとダメージが大きかったのは、彼の実験は倫理に反しているという批判、特に被験者たちがどれほどのストレスに曝されたことかという問題だった。同僚たちのなかにも、彼はやりすぎだったと考える人がいた。ミルグラムは、そういった批判の的になることを予想はしていたものの、実験計画を立てるのにどれほど配慮したかを、全く認めてもらえなかったことにはがっかりした。

一時間の実験の最後には生徒役が隣室から連れてこられ、被験者は、彼が実は全く電気ショックを受けていなかったことを聞かされた。その後の追跡調査で、ミルグラムは実験の参加者全員に、実験に参加したことをどう感じているかと尋ねた。もう二度とかかわりたくないと答えた人は、二パーセントもいなかった。それでも、現在ではこの実験がもう一度繰返される可能性は全くない。ミルグラム実験をめぐって起こった大騒ぎの挙げ句に、あらゆる大学で、実験が許容されるかについて厳格な倫理指針が設けられることになった。

今では、ミルグラム実験の直接の関係者で、実験中に何が起こったのかを嫌がらずに説明する人も、きちんと説明できる人も、ほとんどいない。一〇〇〇人を超える被験者のうち、今も生きている人たちは、実験については語りたがらない。ミルグラムのデータは適切に匿名化されているが、今ではエール大学の図書館の分類ファイルに、そのまま残されている。ただし、実験にかかわった参加者たちの名前は、すべて変更されている（この本でも変えてある）。

数少ない証人の一人が、ミルグラムの研究助手で、現在はカリフォルニア大学の心理学教授をしているアラン・エルムスである。彼があの実験にかかわったということを知ると、未だに多くの人たちが、強い興味と強い嫌悪感の入り混じった複雑な反応を示すと、彼は語っている。

人間自体にまつわる不都合な真実を暴いてしまったことで、ミルグラムは高い代償を払う羽目になった。ハーバード大学で彼はその後助教になったが、長くとどまることはできなかった。一九六七年にははるかに格下のニューヨーク市立大学へと移り、そのまま一九八四年に心不全のため五一歳で亡くなった。死の直前、孫が生まれた。孫のセカンドネームはスタンレーだと語った彼の妻に、記者がなぜファーストネームにしなかったのかを尋ねると、彼女はこう答えた。「スタンレー・ミルグラムという名前は、人生を送るのに重荷になるだろうと思いますから。」

## 1962年 聖金曜日にハイな気分

一九六二年のイースター聖金曜日に行われた礼拝は、アンドーバー・ニュートン神学校の一〇人の学生たちにとっては、忘れられない経験となった。ハワード・サーマン牧師の説教はほとんど何も覚えていないが、華やかな色彩、天上からの声、自分がまわりの世界に溶けていくような感覚は、ありありと思い起こすことができる。そう、要するに、彼らはハイになっていたのだ。

一九六〇年代の初めごろ、一部の大胆な科学者の関心は、精神状態を変化させる物質の研究に向いていた。当時は、マジックマッシュルームを食べて対象の飾らない本質に迫ることが神秘主義に関する講義の要であり、博士論文で学生に薬物を摂取させ、その行動を観察することができる、そんな時代だった。そしてこれこそ、ウォルター・パンケがしたことだった。彼はハーバード大学の若き神学者であり、医師でもあったが、幻覚剤について、ぜひとも知りたいと考えていることがあった。幻覚剤は、たとえば宗教的な法悦状態などでなければふつうにはめったに経験できない、超常的感覚をひき起こせるのだろうか。LSDやサイロシビン、メスカリンの使用者は、そういう感覚が味わえると唱えていた。

ハーバード大学には、のちに一九六〇年代のカウンターカルチャーの中心人物となったティモシー・リアリーがいて、その少し前から薬物実験を始めていた。パンケはリアリーを頼り、次のような実験を提案した。実験の被験者を教会の礼拝に参加させるが、その半数には、前もって幻覚剤を投与しておく。後で、参加者全員にアンケートに答えてもらい、聞取り調査をする。超常的な感覚の記述と宗教的なものとを比較すれば、両者に質的な違いがあるかどうかを明らかにできる。

リアリーはカウンターカルチャーの中心人物になる前は，ハーバード大学で薬物実験を行っていた．

リアリーはこのアイディアに半分はあきれ、半分はワクワクした。のちに自伝に書いているが、「もしも彼が、二〇人の処女に催淫剤を投与して集団オーガズムをつくろうと提案したとしても、これほど不可能には聞こえなかっただろう。」彼はパンケに、薬物による幻覚体験はきわめて私的な体験であり、このような実験を考案する前に、自分自身で体験しておく必要があるだろうと説明した。しかしパンケは頑なに、自分は論文が受理されるまでは薬をやるわけにはいかないと言い張った。彼は誰かに、この実験は公平ではないと批判されるのが嫌だった。この実験は、彼自身がそれまで薬物に手を出したことがない場合にしか成功は望めないというのだった。

リアリーはパンケの強固な信念に動かされ、二人の神学生を自宅によんで小テストを行うことを認めた。自伝のなかでリアリーは、二人の被験者それぞれが「モーセやムハンマドのように劇的な光景を」体験し、まるで「旧約聖書のような強烈な代物」だったと書いている。一人は、自分は死んでしまうのではないかと恐れ、もう一人はトリップの間「カーペットと性交して」過ごした。リアリーはどちらにも動じなかった。「道徳心とアイデンティティーの危機ではあったが、健康的で、元気にあふれていた。」

パンケとリアリーはきっちりと手順を組立ててから、本番の実験を行った。聖金曜日の朝、二〇人の学生は礼拝の二時間前にボストン大学のマーシュ・チャペルの地下室に集まった。そして「異常な体験や恐ろしい体験になったとしても、薬物の効果に逆らおうとはしないように」と言い渡された。

学生たちは四人ずつのグループに分けられ、サイロシビンを含むカプセルを受取るまで、別々の部屋で待つようにと言われた。サイロシビンは粉末にしたマジックマッシュルームで、一部の先住民族では、神聖な儀式の際にこの薬が使われている。各グループには二人の世話役がついた。前日の夜に、実験には参加しない人間が、カプセルに薬（二つにはサイロシビン、二つには偽薬）を詰めた。パンケは、実験を最も厳格な臨床試験の基準に沿って、すなわち二重盲検法で行おうと考えた。つまり、実験で得られたデータを完全に公平に評価できるように、誰が実際にマジックマッシュルームを摂取したのか、評価を行う人も被験者も全くわからないようにしたのである。彼はさらに、もう一つ偽装工作を施した。偽薬のカプセルには、通常使われる薬効のない粉末ではなく、二〇〇ミリグラムのナイアシンが入れられた。ナイアシンはビタミンの一種で、一過性の火照りをひき起こすので、サイロシビンを摂取した効果かと被験者に思わせる。しかしすぐに、幻覚剤の実験を二重盲検法で行おうとするなど、いかに無意味かが明らかになった。ナイアシンの作用で最初のうちは少しあいまいにはなったものの、各人がどちらを飲んだのかはすぐにはっきりした。つまり、評価者に渡された、誰が偽薬を飲み、誰が本物の薬を飲んだかを書いたリストは、全くの無駄になった。

それから五つのグループは、礼拝に出席するため、小さな地下チャペルに連れて行かれた。一つ上の階にある大チャペルでは、サーマン牧師の聖金曜日の説教がいつもどおり行われていて、地下チャペルには、スピーカーから牧師の声が流れていた。二〇人のうち一〇人の被験者は、信者席に座って耳を傾けた。残る一〇人のうち、数人はぼそぼそとつぶやきながらチャペル内を歩き回り、一人は床に寝そべり、別の一人は信者席で横になり、また一人はオルガンの前に座って不協和音を弾いていた。一〇人の世話役のうち五人も、やはり変な行動をとり始めていた。リアリーが、パンケの心配には耳を貸さず、世話役にも薬物を投与すべきだと主張したのだった。彼はこう主張して、自身の決定を正当化した。「全員参加だ。無知も、希望も、リスクも分かち合おう。」

礼拝は二時間半続いた。礼拝が終わったところで、学生たちに最初の聞取りが行われた。リアリーは五時に全員を招いて食事をともにしようとしたが、「トリップした学生たちはまだハイな状態でほとんど何もできず、『わぉ！』と言いながら頭を振るだけだった。」

実験の後数日間、また六カ月後にも、被験者たちに、何を体験したかを質問した。パンケはアンケートを利用して、彼らがどのくらい強烈な超常体験をしたかを知ろうとした。アンケートには、体験の異なった九つの面（自身と調和しているという感覚、時間や空間を超越しているという気持ちなど）に関した質問と、彼らの気分、ものごとは言葉では言い表せないという感覚、無常感に関する質問が用意された。結果は一目瞭然だった。マジックマッシュルームを食べた一〇人の学生のうち八人が、一般に超常体験に関連するとされる感覚、気持ちのうち少なくとも七つを体験した。これに対して、対照群の学生は誰も、このような得点には達しなかった。体験のどの面で見ても、対照群の学生と実験対象になった学生とでは大きな差が出た。

この差は、聞取り調査にもはっきりと現れた。サイロシビンを摂取した学生は、トリップには毎日の生活に好ましい影響があったと主張した。意識が高まり、人生への姿勢を深く反省するきっかけとなり、社会的な関心も高まったというのである。パンケは、このような前向きの効果があったのは、教会の礼拝がなじみ深い枠組みとなって、参加者が薬物体験を受入れられたためではないかと考えた。

つまり、三〇ミリグラムの白い粉末を摂取することによって、キリスト教徒、仏教徒、ヒンズー教徒が、自己批判、隠遁生活、長年の瞑想ののちにようやく体験できるのと同じ意識状態に到達できるらしい。これは、実に大胆な主張だった。「薬の力を借りれば、暇な土曜の午後に超常的意識〔アドヴァイタ・ヒンズー教におけるサマディ(三昧)、禅宗における悟り、キリスト教における至福直観〕を体験できる可能性があると認めるのは、一部の神学者にとっては初め、皮肉あるいは冒瀆とさえ感じられた」とパンケは指摘した。しかし彼にとっては、この可能性は「超常体験を得るためにそれまで人間が下手な方法を使ってきた」ことを単に示しているだけだった。

幻覚剤は教会では非常に微妙な問題であることは、パンケもよくわきまえていた。この実験によって生じたのは、超常体験の原因は単なる神経の作用なのかという疑問だけでなく、神からの神聖な啓示が実は脳の物質的な化学反応にすぎないのかという疑問でもあった。さらに、超常体験は修行や苦行を通して得るしかないという原理にも疑いが生じた。だがそれでもパンケは、この新しい意識状態の研究には大いなる未来があると固く信じていた。彼は、心理学者、精神科医、神学者が実験を行って神秘の謎に迫る、そんな研究所を夢見ていた。しかし、事態は思ったとおりには進まなかった。パンケの博士論文は受理されたが、さらに実験を続ける資金はなかった。幻覚剤は、公衆衛生当局から危険とみなされて禁止された。リアリーは解雇され、パンケは一九七一年にダイビング中の事故で亡くなった。

実験から二五年後に、心理学者のリック・ドブリンがまだ存命の実験参加者を探そうと試みた。四年間に及ぶ調査の末、彼は首尾よく二〇人の学生のうち一九人を探し出した。そのうち一六人が聞取り調査に応じ、最初の実験のときと同じアンケートに回答した。その結果は、驚くほど一貫性があった。薬を飲んだグループも対照群も、二五年前に行われたアンケートとほとんど答は同じだった。薬を飲んだ被験者たちは、一九六二年の聖金曜日の礼拝は、自分の精神生活上のクライマックスの一つだと述べ、全員が、実験は自分に好ましい影響を与えたと断言した。何人かは、その後社会性の高いものの見方をするようになったのはそのおかげだと考えていたし、死への恐怖を前向きに受け止められるようになるのに役立ったと考える者もいた。

ただ、参加者の多くは、実験には負の側面もあったことを思い出した。気が狂うのではないか、死ぬのではないかと感じる瞬間もあった。パンケは、論文ではこのことにはごく簡単に触れただけだった。特に、被験者の一人が手に負えない状態になり、解毒剤を注射せざるをえなくなった事実は伏せていた。この被験者は、キリストの言葉を世界に広めようというサーマン牧師の呼びかけを、すぐさま実行しようという熱烈な思いに突き動かされ、チャペルを飛び出して路上に出て、慌てて連れ戻されたのである。

このようなこともあったが、実験に対するドブリンの評価は、おおむね好意的だった。薬を飲んだグループの被験者たちは、薬物の完全な解禁は望まないとしながらも、適切な状況での薬物摂取は非常に豊かな体験になりえるという意見だった。

対照群のなかでは、実験が自分にとって大いにプラスになったと答えたのは、たった一人だけだった。教会の礼拝自体にそのような好ましい作用があったというわけではなく、実験の間に、次に機会があったら自分もぜひ幻覚剤を試してみようと決心できたからだ。

## 1963年 落とした手紙

近所を散歩していると、切手の貼られた手紙が投函されずに道に落ちていたとする。宛先には「ナチ党の支持者の皆さまへ」と書かれている。あなたはこれを投函するだろうか。宛先が「共産党支持者の皆さまへ」だったら、「医学研究協会」だったら、あるいは単に「ウォルター・カーナップ様」だったらどうだろう。

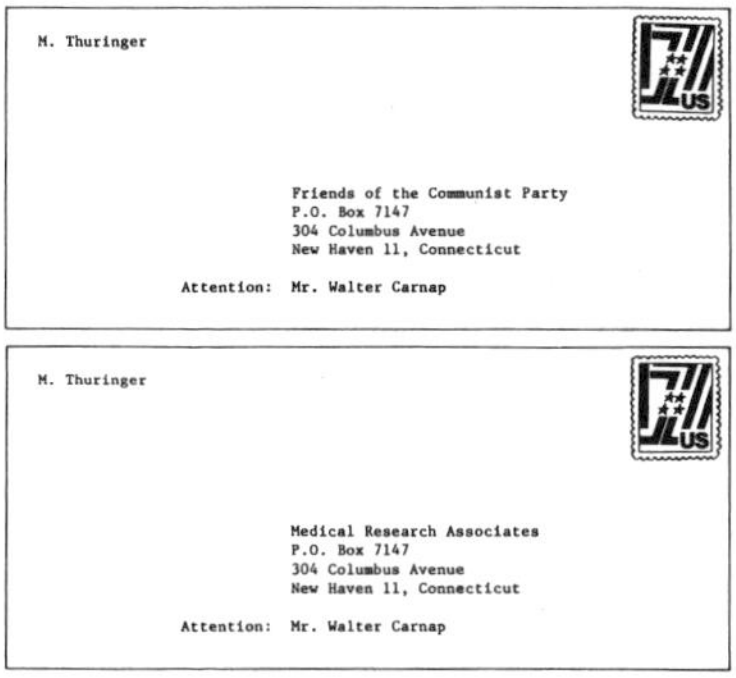

コネチカット州の小さな町ニューヘヴンの何人かの住民が一九六三年の春に遭遇したのは、まさにこのような状況だった。近所で、落ちている手紙を見つけたのである。だが、たまたま通りがかった彼らは知らなかったが、落ちているようにみえた手紙は、実は偶然に落ちたものではなかった。手紙は、エール大学の学生たちが、



ミルグラムがばらまいた“落とした手紙”の２例．彼は，さまざまなテーマに対する人々の見方をそっと調べる方法としてこれを利用した．

細心の注意を払って、わざと町のあちらこちらに置いたものだった。道、電話ボックス、店にも置かれたし、車のワイパーの下に挟まれたものもあった（車の近くで見つけましたという、鉛筆書きのメモがつけられていた）。学生たちは、一人の人間が手紙を二つ見つける確率が非常に小さくなるように、手紙を分散させて置いた。もしも誰かが二つ見つけたら、宛名は違っていても、宛先の住所がどれも同じ「コネチカット州ニューヘヴン一一、コロンバス通り三〇四、私書箱七一四七号」であることに気づいただろう。

私書箱七一四七号を借りたのは、心理学者のスタンレー・ミルグラム（一九六一年、一九六七年の実験参照）だった。封筒をばらまいてから二週間後には、四つの宛先へのそれぞれ一〇〇通ずつのうち、ナチ党宛は二五通が、共産党宛も同様に二五通が届き、医学研究協会へは七二通、ウォルター・カーナップへは七一通が配達された。

ミルグラムは、この結果に満足した。戻ってきた手紙の数の差から、この「落とした手紙」方式が特定の組織、ひいては特定のテーマに対する人々の評価の調査に利用できることがわかったのである。

それまでこの分野の研究では、人々に直接質問するか、アンケートに回答してもらうという方法をとるのがふつうだった。この方法の問題は、人々が真実を答えているかどうかを確かめられないことだった。特に、異論の多いテーマの場合には、調査結果に実態が正しく反映されることはめったになかった。しかし、ミルグラムの手紙方式は違った。人々は自分が実験に参加しているなどとは思いもしないため、自分の意見を隠そうとはしなかった。

最初この方法は、怠惰な社会心理学者向きのうまい手抜き策のように思えたと、ミルグラムは書いている。いくつかの手紙をその辺にばらまく程度で、後はそれが戻ってくるのを待つだけとすれば、である。だが実際は、何百通もの手紙をばらまくのは非常に大変な仕事だった。実験で信頼のおけるデータを確実に得るためには、どの手紙もすべて、手作業で一つ一つ適切な場所に置かなければならなかった。

ミルグラムは、この過程を簡素化しようと試みた。あるときは、夜中に車で走り回り、窓から手紙を投げてみたが、多くは裏返って宛先が下になってしまった。またあるときは、マサチューセッツ州ウースターで軽飛行機から手紙を撒いたが、ほとんど無駄になった。手紙の多くは、家の屋根や木の上、池に落ちてしまった。それどころか、軽飛行機の補助翼に挟まり、「実験結果がうまく出ないだけでなく、飛行機とパイロット、それに手紙を撒く人の安全まで脅かされる」羽目になった。

この「落とした手紙」方式は、それ以来、何百もの実験で使われている。ミルグラム自身、一九六四年の米国大統領選挙でこれを利用し、得票率こそかなり低めに予測したものの、リンドン・B・ジョンソンの勝利を見事に予測した。この方法は、激しい論争の的になっているテーマには特に適していて、最近では、天地創造説、性教育、同性愛の教員についての世論調査に使われている。

## 1964年 闘牛を遠隔操作

場所の選び方は申し分なかった。スペインの神経科学者が、動物の脳の働きをコントロールしてみせるとしたら、闘牛場以外にどこがあるだろうか。というわけで一九六三年のある春の夜、ホセ・M・R・ディルガードは、地主のラモン・サンチェスが所有する体重二五〇キログラムの闘牛ルセロと向かい合っていた。サンチェスが、コルドバのラアルマリラの地所にある小さな練習用闘牛場を、実験に使

神経学者のディルガードは，脳に埋込んでおいた電極をリモコンで作動させ，闘牛の突進を止めた．

わせてくれることになったのである。最初に、数人のベテラン闘牛士がルセロを奮い立たせ、その間ディルガードは少し離れて、木製の囲いの後ろで待った。やがて彼の番がきた。ムレタ（闘牛士が使う赤い布）を操った経験といえば、のちに彼自身が書いているように、若いころに村の折々の祭りで得た「かなり限られた」ものだったが、彼には、研究者は自分が選んだ実験手法に責任をもち、自身で闘牛と向き合う覚悟が必要だという確固たる信念があった。そこで、シャツとネクタイを身につけ、囲いの後ろから姿を現し、恐る恐るルセロに歩み寄って、右手に持った赤い布を振ってウシを挑発しながら、左手ではリモコンを握りしめていた。実験の数日前にディルガードは、無線で制御できる電極をルセロを始め数頭のウシの脳に埋め込んでいた。さて、ルセロが地響きを立てて近づいてきたところで、ディルガードは突然布を下に落とし、リモコンのボタンを押した。脳に埋込まれた電極がオンになり、ルセロの脳に一ミリアンペアの交流電流が流れ、それによって即座にルセロの攻撃性が消散した。ルセロは足を突っ張って止まり、のんびりした様子でトットットッと歩み去った。

その後、スペインの新聞が心配したのは、この実験が闘牛の終焉の前触れになるのではないかということだけだった。「遠隔操作で闘牛」とか、「闘牛士は消えるのか?」といった見出しで、新聞は実験についいては事実をそのままに淡々と報じている。たまたま二年後に、ディルガードの実験は『ニューヨーク・タイムズ』でも報じられた。ディルガードがニューヨークで講演を行い、聴衆のなかにニューヨーク・タイムズの記者がいたのである。この記事は、すぐに波紋を広げた。彼はのちに「それ以来毎年、自分の思考を私にコントロールされていると思い込んだ人たちからの手紙が送られてくるようになった」と語っている。

ディルガードは、まだ若手研究者だったころにスペインから米国に移り、例の実験を行ったときにはエール大学の教授だった。彼は、電気パルスによる脳の刺激を利用して、人と動物の行動をもっと明らかにしたいと考えた。これまで研究に使った動物の多くに対して行ってきたのと同じように、ウシの脳に電極を埋込んで、特定の行動様式をひき起こせるか試そうとした。たとえば彼は、ボタンを押すだけでサルにあくびをさせることにも、ネコに何かを襲わせることにも成功していた。また、てんかん患者の愛想、会話のなめらかさ、不安感などを変えられることにも気づいていた。

ディルガードは、脳の電気刺激が社会行動の生物学的基盤を解明するカギになると信じていただけではない。彼は、新しい「サイコ文明」社会、ほんの指一本動かすだけで、自分たちを「もっと幸せで、傷つけ合うことの少ないバランスのとれた人間」にしてくれる技術のある社会の到来を告げる予言者でもあった。

同僚たちはディルガードを、「マッド・サイエンティスト」とよんだり、あるいは「脳分野のトーマス・エジソン」とよんだりした。人間を完全にコントロールしてしまうことを恐れる批判者たちには、彼は古い格言を持ち出して反論した。「知識それ自体は悪くない、その使い方が悪いだけだ。」疑り深い人には、彼はこんな状況を考えてほしいと語った。「てんかん発作の始まりをコンピューターが感知して、フィードバックによって発作を避けることができたとしたら、それはアイデンティティーを脅かすことになるのだろうか。脳機能の異常のために患者が攻撃的な行動をとっているとしたら、触法精神障害者として病棟に閉じこめることが、彼らの個人の尊厳を守ることだろうか。」

ディルガードの夢見たサイコ文明社会は、未だに実現していないが、脳の電気刺激は、長く日の目を見なかったものの、今では確実に人間に対して使われている。たとえば、パーキンソン病などさまざまな神経疾患の患者の、症状をコントロールする助けとしてである。二〇〇七年の夏には、六年間昏睡状態だった男性が脳の電気刺激によって意識を取り戻すという事例もあった。

## 1966年 クラクションの心理学

学生のアラン・E・グロスとアンソニー・N・ドゥーブは、何を調べたいのか、実はそれほど考えていたわけではない。わかっていたのは、とにかく実験をしなければならないことだけだった。二人が通うスタンフォード大学の社会心理学部の必修科目だったからだ。あらかじめ決められていたのは、実験手法だけだった。

ある本がその少し前に、実験室での研究は真実とは違ってしまうと指摘した。被験者の行動は、観察されているとわかると変わってしまうというのだ。アンケート調査では被験者は、もしもアンケートの最初の問いに出会わなければ決してもたなかったはずの考えに行き着いてしまう。そこで、隠密実験、すなわち被験者たちに実験に参加しているとは気づかせない自然な状況での実験を行うという課題が、学生たちに与えられたのだった。

グロスとドゥーブは、どこなら自然な実験を最も行いやすいか、時間をかけて一生懸命考えたが、高価な設備が必要だったり、参加者のプライバシーを侵害したりするようなアイディアしか浮かばなかった。ある午後、不満と攻撃性について議論しているときに、二人は突然、こういった気持ちが一番生じやすい場所を思いついた。交通渋滞のなかである。

その日、二人はパロアルトの町を、ドゥーブの車（一七年もののプリムス）で走り回り、何回か、信号が青に変わっても止まったまま動かずにいてみた。後ろの車の運転者たちは即座に反応し、二人に、彼らの不満の程度を簡単に測れる基準を教えてくれた。すなわち、「クラクションを鳴らすまでにかかる時間」である。

しかし、これだけでは実験にはならなかった。要するに実験とはふつう、さまざまに条件を変えていくと、結果（すなわち実験により生じる効果）がどのように異なるかを確かめるために行うものである。グロスとドゥーブは、すでに効果（従属変数ともよばれる）は発見した。つまり、運転者がクラクションを鳴らすまでにかかる時間によって測定される不満感である。では、何を実験の独立変数にすべきだろうか。いいかえると、どのような条件を変化させて、結果として生じる不満感の変化を測定したらよいのだろうか。最初に思いついたのは、動かない車に妨害された後ろの車に乗っている人の数だったが、これをうまく変える方法はなかった。次に思いついたのは、妨害している車の運転者の性別だったが、彼らの仲間の女子学生で、リスクを冒して実験に加わってくれる人がいなかった。最後に思いついたのが、車の状態だった。前をふさぐ車が学生の安い車ではなく、高価な高級車だとしたら、後続車の運転者の行動は変わるだろうか。

だが、すぐに次の問題が生じた。どこで高級車を手に入れられるだろう。仲間の学生の一人が黒のキャデラックのフリートウッドの新車をもっていたが、彼には、実験の間ポンコツの一九四九年プリムスと取替えてくれる気などさらさらなかった。結局グロスとドゥーブは、真新しいクライスラーのクラウンインペリアルハードトップをレンタカーのエイビスから借りることにした。対する大衆車としては、古ぼけたフォードキャラバンと灰色のランブラーのセダンを使った。また二人とも車には詳しくなかったので、二人の高校生に手伝ってくれるよう頼み込み、自分たちの後ろに止まった車の車種、型を教えてもらった。

一九六六年二月二〇日までには、準備万端、整った。午前一〇時半から午後五時半まで、グロスとドゥーブは三台のうちの一台を交代で運転し、パロアルトとメンローパークの六箇所の交差点で交通妨害をした。その間に、運転していないほうが後部座席に寝ころんで、信号が青に変わってから最初のクラクションまでの時間、次に最初のクラクションから二度目のクラクションまでの時間を測定した。二度目のクラクションが鳴ったときにもまだ信号が青なら、車を発車させた。

実験の過程で二人は、隠密実験は危険を冒さずにはできないことを思い知った。妨害された運転者のうち二人は、わざわざクラクションを鳴らしたりせずに、いきなり実験車の後ろに車をぶつけてきたのである。さすがにこのときは、グロスとドゥーブもクラクションが鳴るまでそれ以上悠長に待ってはいられなかった。

さて、実験の結果は明快だった。ボロのフォードに道をふさがれた男性は、平均六・八秒でクラクションを鳴らしたが、クライスラーのクラウンインペリアルの場合は平均八・五秒かかった。女性の場合も行動パターンは同様だったが、全般に男性よりも我慢強かった。さらに分析すると、ボロのフォードは一八人から二回クラクションを鳴らされたが、クライスラーの新車に二回鳴らしたのは七人だけだったことがわかった。

いくつかの雑誌が、この実験の論文掲載を却下した。最終的には『*Journal of Social Psychology*』の編集長が、「独創性に富んだ研究だ」と掲載を認めた。やがて、この編集長の判断の正しさが証明されることとなった。グロスとドゥーブの研究は、のちに多くの教科書に取上げられ、クラクションを利用した研究をいやというほど生み出してきた。たとえば、女性のほうが男性よりもクラクションを鳴らされることが多いかどうか（米国では答はイエスだが、オーストラリアではノーだった）、あるいは自転車が車を妨害するとどうなるか、目障りな車が小型トラックで、ライフル銃が後部ウインドウからはっきり見えたらどうかなどが調べられた。さらに、道路脇に肌もあらわな女性が立っていると、最初にクラクションを鳴らすまでの時間が長くなることも判明した（一九七四年の実験参照）。

## 1966年 ヒッチハイクのヒントⅠ ―― 怪我をしよう！

ヒッチハイカーへの運転者の態度に関する初めての実験は、ノースウェスタン大学のジェームズ・H・ブライアンが「手助けとヒッチハイク」で説明した実験だと考えられている。「金髪を五分刈りにし、ヒゲをきれいに剃った、短パンに白のTシャツ、スニーカーの男子学生」（おそらく、ブライアン自身の描写だろう）が、夏の四日間、ロサンゼルスの四車線の高速道路脇に立って、ヒッチハイクを試みた。あるときは、膝に包帯を巻き、杖を持った。あるときは、包帯も巻かず、杖も持たなかった。

結果から、ヒッチハイカーへの初めてのちょっとした科学的アドバイスが得られた。原則として、包帯を巻き、杖を持つこと！　そうすることでブライアンは、車に乗せてもらえる確率を確実に、少なくとも二倍にすることができた。しかし、研究から生まれた次のヒッチハイカー向け情報は、残念ながら、少なくとも手術を受けない限り、誰にでも利用できるものではなかった（一九七一年の実験参照）。

## 1967年　六つのステップで誰もが知り合い

この問題は、長い間、数学者たちの共有する問題だった。世界のどこでも好きな場所二箇所から二人の人を任意に選び出したとする。この二人を結びつけるには、友達、友達の友達、友達の友達の友達をどれくらいたどればよいのだろうか。要するに、地球上の任意の二人は、どのくらい近い関係にあるのだろう。つまり、世界はどのくらい狭いのだろう。

この「スモール・ワールド問題」という名でも知られる問題の答は、一見、非常に簡単にみえる。もしも、一人の人間に知り合いが平均して何名いるかがわかれば、それから単純に推測がつく。たとえば、自分が一〇人の人を知っており、そのそれぞれに一〇人の知り合いがいるなら、二段階だけで自分はすでに一〇人の一〇倍、すなわち一〇〇人の人とつながっていることになる。三段階になれば一〇〇〇人、四段階なら一〇〇〇〇人、といった具合になる。

しかし、一九五〇年代にこのような計算をした二人の数学者、マサチューセッツ工科大学のイシエル・デ・ソラ・プールとＩＢＭのマンフレッド・コッヘンは、二つの根本的な問題に突き当たった。一つは解決可能な問題にみえた。すなわち、一人の人間が知っている人の平均人数についての統計データがないことだった。そこで、数人に頼んで一〇〇日間にわたって、接した人の記録をとってもらった。

すると、その期間内に各人が接した知り合いの数は、平均して五〇〇人であった。しかし、第二の問題は全く対処不可能のようにみえた。自分の知り合いのうち何人かは、その人たちどうしが直接の知り合いである可能性が非常に高い。このような共通の知人が存在するため、前述の例でいえば、一段階進むごとにつながりが一〇倍になることはなく、実際にはかなりそれより少なくなる。どの程度少なくなるかは、自分や知人、さらにはその知人がかかわっている集団がどの程度閉鎖的かによって左右され、またさらにこのような集団どうしの結びつきによっても左右される。知人の平均が五〇〇人となると、数段階進んだだけでこの問題はあまりに複雑になりすぎるので、デ・ソラ・プールとコッヘンは、一九五八年にこのテーマで書いた論文は発表しないことに決めた。のちに二人は書いている。「この問題を『何とか乗り越えた』と感じたことはなかった。」しかし暫定的なものとはいえ、彼らの発見は、人々が互いにわずか数段階の知り合い関係を介してつながっていることを示していた。

心理学者のスタンレー・ミルグラム（一九六一年、一九六三年の実験参照）は、この結果を聞いてこれを立証しようと考えた。ミルグラムの実験はのちに非常に有名になり、パーティーゲームにまで発展した。また、その実験結果にちなんだ名前の戯曲も登場した。

ミルグラムは、まず適切なゴールを選ぶことから始めた。ゴール、すなわち最終的な受取人に選ばれたのは、彼が当時勤めていたハーバード大学のある、マサチューセッツ州ケンブリッジに住む神学生の妻だった。次に彼は、出発点としてカンサス州ウィチタとネブラスカ州オマハの住人二四人を選んだ。彼らには、受取人となる女性の名前と簡単なプロフィールに加え、この実験の目的の説明が渡された。「もしも、受取人の女性を個人的に知らないときには、直接彼女に連絡しようとはしないでください。その代わりに、この書類入れを、目的の女性を知っている可能性があなたよりも高そうな、誰か個人的な知り合いに郵送してください。知り合いといっても、ファーストネームがわかる程度によく知っている人に限ります。」

最初の手紙は、四日後にゴールの女性に届いた。旅の出発地はカンサス州の農場主で、彼はこれを故郷の牧師に送った。この牧師が、これをケンブリッジの牧師仲間に送り、この牧師が例の神学生の妻を個人的に知っていた。つまりこの手紙は、わずか二人を介してゴールに到達したのである。これが、ミルグラムの実験で観察された最短の鎖の一つであった。おもしろいことに、彼はこの最初の実験からは、この例以外の結果は論文に載せていない。二度目の実験では、平均の仲介数は五・五人だった。

世界が実はこんなに小さいという見方は、いくつも目新しい形で大衆文化にも広がった。一九九〇年には、米国の作家ジョン・グエアが『六次の隔たり』という戯曲を発表した。これは間接的にミルグラムの実験を描いたもので、のちにウィル・スミスを主役として映画化された。一九九四年には、ペンシルベニア州のオルブライト・カレッジに通う三人の学生が、「ケヴィン・ベーコンとの六次の隔たり」というゲームを考え出した。このゲームは、誰でも好きな映画俳優とケヴィン・ベーコンとを、共演したできるだけ少数の映画を介して結びつけるというものである。たとえばウィル・スミスは、『ウェルカム・トゥ・ハリウッド（二〇〇〇年）』でローレンス・フィッシュバーンと共演しており、フィッシュバーンは『ミスティック・リバー（二〇〇三年）』でケヴィン・ベーコンと共演している。したがって、ウィル・スミスの「ベーコン指数」は二である。

中国でコメをつくっている農民が、マドンナとごく少数の仲介者を介してつながっているという事実は、多くの人々の心を捉えた。チェコ共和国には、「シックス・ディグリーズ・オブ・セパレーション」

という名のヘビメタバンドもある。しかし近年数学が大きな進歩を遂げ、あらゆる分野の人々（たとえばコンピューターネットワークの専門家や疫学者など）がこの「スモール・ワールド」の原理に関心をもつようになってはいるが、依然としてあの根本的問題は解決されていない。

そのため、ミルグラムの得た仲介数五・五という数字が正しいかどうかは、今でもはっきりしない。彼はこの実験結果を、ふつうの方法、つまり学術雑誌ではなくて、大衆科学雑誌『現代心理学（*Psychology Today*）』で発表した。この記事のデータは大ざっぱで、検証可能な確実なものとはいいがたい。たとえばミルグラムは、わずか二人を介してケンブリッジの女性まで手紙が到達したカンサスの農場主の成功例をあげているが、この実験のもっと詳しい情報は、未発表の保存資料の形でしか見当たらない。カンサスの参加者へと依頼した書類入れ六〇通のうち、ゴールへと届いたのはわずか三通だけで、しかもその例では平均して八人を介していたことが判明している。ミルグラム（一九八四年に亡くなった）はのちの実験で五・五という数字を出しているが、これらの実験では、社会的ネットワークを広くもつ参加者を意図的に選ぶことが多かった。

二〇〇三年にニューヨークのコロンビア大学の科学者たちが、手紙ではなく電子メールを利用して、この実験を再現した。最終的な受信者としては、一三か国の一八人が選ばれた。ミルグラムの場合と同様に、鎖が最後までつながる割合はごく低かった（二万四一六三通のうち三八四通）。スタートからゴールまでをつなぐ、仲介数の平均は四・〇五だった。だが、実際には鎖の多くは目的の相手にまではつながらなかったのだから、この数字にはごまかしがある。近似法を使えば、つながらなかった鎖を補うことも可能だが、それができるのは、どの段階でつながりが切れたかがわかる場合だけである。この研究で得られた最終的な数字は五と七の間で、ミルグラムの得た数字と驚くほど近いが、はっきりした確証とはとてもいえない。それに、よく考えるとこのコロンビア大学の実験の参加者は、世界の平均的な人々の実像からは遠くかけ離れている。インターネットにアクセスできない人たちは、そもそも最初から除外されているのだから。

## 1968年 ダニと人間

苦心惨憺した実験も、結局は大きく二つに分かれる。研究者に生涯にわたって人々からの称賛をもたらす実験と、そのせいでいつまでも奇人変人扱いされる羽目になる実験である。科学の真の英雄は、この後者の実験にこそ見つかる。たとえば、ニューヨーク州ウェストポートの獣医ロバート・A・ロペズである。

ロペズは、同じネコのミミダニの治療を二回したことがあった。そのときは同時に、ネコの飼い主とその娘も痒みを訴えていた。では、ミミダニ（ミミヒゼンダニ）は人にも感染する可能性があるのだろうか。この問題に触れた科学文献がなかったため、ロペズは自分自身で実験しようと決心した。そこでネコの耳からダニを取って、確かにミミダニであることを顕微鏡で確認し、これを耳垢一グラムに混ぜて自分の左耳に入れた。その効果が現れるのに、時間はかからなかった。報告によれば「すぐにダニが耳の中の探検を始め、まずカサカサいう音、ついで動き回る音が聞こえた。次にムズムズした感じがし始め、やがて午後四時ごろだったが、この三つの感覚が融合して、嫌な耳障りな音と痛みになり、どんどん強くなっていった。」

ロペズは、ミミダニの一生について深い洞察を得ることとなった。「耳の中の音は（片方の耳だけを選んだのは幸いだった）、ダニが鼓膜のほうへと奥深く入っていくにつれてますます大きくなった。私は無力感にとらわれた。ダニに取りつかれた動物も、こんなふうに感じるのだろうか。」さらに、ミミダニの餌探しの習慣が自分の睡眠パターンとは全く調和しないことに気づいて、ロペズはがっくりした。「午後一一時ごろに床につくと、ダニの活動が段々と活発になり、真夜中には噛んだり、引っ掻いたり、動き回ったりとダニは大忙し。午前一時には音が大きくなり、さらに一時間後には痒みが非常に強烈になった。その二時間後には、ダニのガサゴソも痒さも最高潮に達した。」このパターンが毎晩繰返され、「どれほど眠気が強くても、眠ることは全く不可能だった。」それでもロペズは、自分の信念を貫こうとした。

「三週目までに、外耳道はダニの残骸で埋まり、左耳は全く聞こえなくなった。四週間経ったころに、ダニの活動は七五パーセント減少し、私は夜にダニが顔の上を這って行くのを感じた。」耳が完全に残骸で詰まってしまったところで、彼は温水で残骸を洗い流した。二週間後（ダニはいなくなり）、彼の左耳はまた正常に聞こえるようになった。

しかし、もしもその場ですぐに実験を終わりにしていたら、ロペズは真の研究者とはいえなかっただろう。科学実験が再現できなければ、そこでの知見は証明されていないとみなすしかない。そこでロペズは、「最初の実験に不備があるか、誤解を招くものでないかどうかを調べるため、実験をもう一度行うことを決めた」とのちに回想している。彼は別のネコからダニを取り、再び左耳に入れた。初めのうち、ダニは最初の実験とほとんど同じ行動をとったが、二週間後には活動はみられなくなった。ここからいくつかの疑問が生じるとロペズは考えた。最初の実験後に、おそらく免疫ができたのではなかろうか。それとも、人の耳がそれほどミミヒゼンダニに適した生息環境ではないからだろうか。そのため、

「三回目の最終実験を行わなければならなくなった。」今回もまた、症状の程度が一層、低下した。おそらく、本当にダニに対する免疫反応が起こったのだろうとロペズは推論した。

実験終了後、ロペズはこのような症例が文献にあるのを見つけだした。ある女性が耳に入ったダニによる耳鳴りを訴えていたのである。ロペズは自分の実験報告の最終行に、こうコメントしている。「彼女がこの耳鳴りの経験を、私が楽しんだように楽しめたかどうかは疑問だ。」

一九九四年ロペズの研究は、「再現できない、あるいは再現すべきでない」科学実験として、イグノーベル賞（昆虫学）を受賞した。

## 1968年 カッコーの巣の上で八人が

この実験の準備は、いつも同じだった。スタンフォード大学心理学教授のデイビッド・ローゼンハンは、数日間歯磨きをやめ、顔も洗わず、ヒゲも剃らなかった。それから汚れた服に着替え、デイビッド・ルーリーという偽名で精神科の病院に電話で予約を取り、妻に病院の玄関まで車で送らせた。

受付で彼は、声が聞こえ、聞きとれる限りでは「空っぽ」「むなしい」「ドサッ」と言っていると訴え、入院させてほしいと頼んだ。これらが、ぴたりと当てはまる症例が科学文献に全くないという理由でローゼンハンが慎重に選んだ症状だとは、彼を診察した精神科医は知るはずもなかった。入院した途端に、ローゼンハンはこういった症状のふりをするのをやめた。すっかり正常なふるまいに戻り、患者や医療スタッフと話しながら、チャンスがくるのを待った。彼が知りたかったのは、精神的に健康だと認められて退院が許可されるまでに、どのくらい時間がかかるかであった。そして実際に彼が発見したことは、それまでの精神医学に重大な危機をひき起こすきっかけとなった。
一九六八年、ローゼンハンが四〇歳のときだった。彼は「正気と狂気」という状態があるのかどうか、そしてどうすればこの二つを区別できるのかという疑問の解決に取組み始めた。「このような疑問は、単なる気まぐれでも常軌を逸したものでもない」と、のちに彼は有名な論説「狂気の場所で正気でいること（On Being Sane in Public Places）」のなかで書いている。「正常と異常とを区別できると個人的に固く信じていたとしても、証拠には説得力はない。」

確かに、米国精神医学会の診断の手引きは、症状に従って患者をさまざまなカテゴリーに分類していた。このカテゴリーによって、臨床医たちは精神疾患をもつ人と正常な人とを区別できるはずだった。しかしローゼンハンは、精神疾患の問題は客観的な症状よりも観察者の主観的な認識にゆだねられている部分が多いと確信していた。そして、深刻な精神疾患の症状を全く経験したことのない正常な人が、精神病院で正常と見てもらえるかどうか、また正常に見えるとしたらそれはどうしてかを調べれば、この問題に決着がつくと考えた。

そこで、一九六八年から一九七二年にかけて、彼自身と彼のセミナーに定期的に参加していた参加者のうち七人が、偽名を使い、同じ偽の症状を訴えて、全部で一二の精神病院に入院した。偽患者は、心理学者三人と心理学の学生、小児科医、精神科医、芸術家、主婦がそれぞれ一人ずつであった。彼らに課せられた任務とは、外部からの助けなしに、自分たちが実は正常であることを入院した病院のスタッフに納得してもらって、退院にこぎ着けることだった。そこで彼らは、自分たちが協力的で病院の規則をよく守っているところを見せ、少なくとも見かけ上は、処方された薬をすべてきちんと飲んでいるふりをした。ローゼンハンはあらかじめ彼らに、錠剤を飲み込まずに舌の下に隠す方法を教えておいたのである。彼らに投与された薬は全部で二一〇〇錠にもなり、どれも同じ症状に対しての処方なのだが、なかには非常にさまざまな薬を混ぜた調合薬も含まれていた。

偽患者たちがどのような危険に曝されるのかがようやくローゼンハンにみえ始めたのは、実験が動き出してからだった。たとえば、なかにはレイプされたり殴られたりする恐れを感じた偽患者もいた。ローゼンハンは緊急の場合に偽患者たちを病院から助け出せる見込みがないことに気づき、それ以来、いつでも対応できるよう弁護士が手配された。また、実験についてほとんど誰も知らなかったので、彼は自分が死んだときにはどうすべきか、指示を残した。

もう一つ、偽患者全員が恐れたのは、自分たちの企みがすぐに露呈することだった。そのため、最初は研究日誌のことは秘密にしていて、巧妙な方法で毎日こっそり病室から持ち出していた。しかし、特別な警戒はいらないことがすぐにわかった。病院のスタッフたちは何の関心も示さなかったのである。

実際、偽患者の誰一人として正体はばれなかった。最後には全員退院になったが、それまでには平均三週間かかり、そのときでも、病気が治癒したとは言われず、ほとんどの場合「統合失調症の寛解」と診断された。ある偽患者の場合は、退院までに五二日間も待たされた。ローゼンハンは今でも「あれは本当に長い長い時間だった」と思い出す。「でも、決まり切った生活には慣れていたから。」

皮肉なことに、詐病を見抜いたのは他の患者たちだった。最初の三つの病院では、他の患者の三分の一が、偽患者たちに対して、本当は病気ではないだろうとの疑いを口にした。そして、数人はそのものずばりを言い当てた。「あなたは頭がおかしくはないよ。たぶんジャーナリストか大学の先生で（いつもメモを取っているのを指して）、病院の調査をしているんだろう。」

この実験によって、現代の精神医学に固定観念がいかに深く染みついているかが曝露された。偽患者が入院前の検査でいったん統合失調症に分類されると、それ以降に彼が何をしても、押された烙印は消えない。患者の病歴は、それとは意識せずに、必ず最初の診断を補強する方向に歪められていた。誰かを精神疾患であると分類することは、それ以降きわめて正常な行動を医療スタッフが見逃したり、誤って解釈したりすることをも意味するのだ。たとえば、研究日誌を詳しく書きとめる偽患者を見ての記述には、こう書かれている。「患者は記述行為に没頭している。」

ローゼンハンと仲間の偽患者たちは、医療スタッフに対して何回か小さな実験も試みた。彼らはときどき看護士や医師たちに外出を許可してほしいと頼み、何が起こるかを観察した。相手の反応で一番多かったのは、目をそらしながら何気なく答えるか、あるいは全く反応しないかのどちらかである。やりとりは、多くの場合全く同じような道筋をたどった。

偽患者「すみませんが、X先生、いつごろになったら私は外出許可をいただけるような状態になるでしょうか。」

医師「おはよう。今日は調子はどうですか。（医師はそのまま、答を待つことなく回診を続ける）」

ちょうど同じころ、精神科の病院で尊厳を奪われる患者というテーマに、全く違った方向からもアプローチがあった。一九六二年にヒッピーの作家ケン・キージーが小説『カッコーの巣の上で』を発表した。この小説はジャック・ニコルソンを主役に映画化され、一九七五年のヒット作となった。ニコルソンが演じたのは微罪で捕まったランドル・パトリック・マクマーフィーで、刑務所に送られるのを避けようと、自分から精神病院に入院したのだった。

この本の読者は、「この病院ではいったい誰が狂気なのだろう。入院患者か、それともスタッフか」という疑問をずっと突きつけられることになるので、この本が実験の着想のきっかけになった可能性は十分にある。ただし、ローゼンハン自身の説明によれば、彼は一九六八年に実験を始めたときには、『カッコーの巣の上で』の話は聞いたことがなかったという。

一九七三年に実験の結果が発表されると、抗議の嵐が巻き起こった。ローゼンハンと同じ心理学者の一部は、方法論的に不備と思われる点を批判したし、「統合失調症の寛解」とは「正気」をいいかえただけだという人もいた。

ローゼンハンの研究には批判が浴びせられはしたが、影響も大きかった。ローゼンハンは、ある種の行動が平均的基準から外れていることを決して否定したわけではないし、幻覚や不安、うつに悩む人の存在を否定したわけでもなかった。ただ彼は、こういった状態の定型的な分類診断は、ひいき目に見ても非常にあいまいであり、まかりまちがえばかえって害になると考えたのだった。彼の研究が発表された後も、精神疾患を診断する際に分類するのを誰一人としてやめはしなかったが、ある人の状態が特定の疾患区分に入ると診断するためにはどのような種類の行動が観察されなくてはならないかを、列挙したリストがつくられた。それでも、「統合失調症」とか「精神を病んでいる」といった診断の汚名は未だに消えていない。人々は、あらかじめ定められた疾患の分類に異様なまでに強く影響されるようで、ある人が「精神疾患」とみなされると、その人のあらゆる行動を、その流れに沿って解釈してしまう。

もう一つの非常に巧妙に考えられた実験で、ローゼンハンは、このような思い込みが逆の場合にも働くことを見事に示した。この「架空の偽患者」実験のきっかけは、彼の最初の実験について聞いたある病院のスタッフが、自分の病院ではそんな誤診はありえないと主張したことだった。ローゼンハンは、次のような試験を提案した。「これから三カ月の間に、そちらの病院に偽患者を送るので、これを機会に、専門知識で偽患者を見つけだせるか実験してほしい。」

それから三カ月間、問題の病院には一九三人の患者が入院し、精神科医一人ともう一人のスタッフによって、そのうち一九人に偽患者の可能性があることが判明した。ただ、一つ問題があった。ローゼンハンは、実はこの期間に、一人も偽患者を送り込まなかったのである。

## 1969年
## 誰のなかにも無法者が隠れている

車で通勤している心理学者のフィリップ・ジンバルドー（一九七一年の実験参照）は、ニューヨークでの破壊行為について研究する、十分すぎるほどの機会に恵まれていた。たとえば、ある一日、職場であるブロンクスのニューヨーク大学からブルックリンの自宅までの三〇キロメートルの道筋で数えると、破壊行為で大破した車は二一八台にも上った。

このような理不尽な破壊行為は、いったいどうして起こるのだろう。ジンバルドーは、それを知るために実験を考えた。同僚一人と一緒に、彼は十年物のオールズモビルを買い、大学のキャンパスの向かい側に駐車した。これまでの観察から、破壊が始まるには何らかの引き金が必要なことは知っていたので、彼は車のナンバープレートを外し、ボンネットを開けたままにしてから、観察場所に隠れた。二六時

ブロンクスにジンバルドーが置いた破壊行為と略奪の餌．実験に使われたこの車は，26時間後には，ほとんど何も残っていなかった．

間後には、次つぎに来る略奪者によって、バッテリー、ラジエーター、エアフィルター、アンテナ、ワイパー、右側のクロームトリム、ハブキャップ全部、ブースターケーブル、予備のガソリン缶、缶入りシリコンワックス、左側後ろのタイヤ（それ以外のタイヤは、あまりにすり減っていて、わざわざ盗むに値しなかった）が、持ち逃げされた。最初の泥棒は夫婦と八歳の男の子で、ジンバルドーが車を離れてからわずか一〇分後には仕事に取りかかった。母親が見張りをし、息子は父親に、バッテリーを外すのに必要な道具を次つぎ渡す係だった。取外しには七分しかかからなかった。

オールズモビルの破壊のパターンは、ジンバルドーがそれまでの研究ですでにおなじみになっていたとおりだった。最初に盗られるのはどれも、再利用できるものか売れるものだった。使えるものが何も残っていなくなると、車は子どもや若者の手に移り、ヘッドライトや窓が粉々に割られた。次にレンガやハンマーや鉄パイプで車体がたたき壊され、ついに車は誰が見てもゴミと化した。

こうして三日も経たずに、「二三回の破壊的接触」によってオールズモビルは何の役にも立たない金属廃棄物になった。しかも、通行人が立ち止まって破壊行為を見物することも多く、ジンバルドーの予想に反し、破壊行為は白昼堂々と行われた。

この実験と同時に、ジンバルドーはカリフォルニア州の大学町パロアルトの道路脇にも、ボンネットを開けたままのナンバープレートのない車を置いておいた。しかし、そこでは車に何も悪さはされなかった。雨が降り始めたときには、一人の通行人がボンネットを閉めさえした。ジンバルドーはもう一度、今度は車を大学のキャンパス内に停めておいたが、やはり何も起こらなかった。

しかしジンバルドーは、パロアルトの市民の心にも破壊衝動は潜んでいると確信していた。「明らかなのは、ニューヨークでは十分効果のあった解放因子が、ここパロアルトでは十分でなかったということとだ。」そこで、もう少し後押しをするため、ジンバルドーと二人の学生は、自らハンマーをふるってお手本を示した。すると確かに、それほど経たずに他の学生たちが仲間入りしてきて、車の屋根に飛び乗り、ドアを外し、窓をすべて割り、最後の仕上げに車を天地ひっくり返した。夜中には三人のティーンエージャーが現れて、鉄の棒で車をたたき壊した。

明らかにパロアルトでは、眠っていた破壊衝動を呼び覚ますのに、暗闇に乗じるか、集団に紛れるかする必要があった。ニューヨークのブロンクスでは、はるかにハードルは低かった。ジンバルドーは、大都会の匿名性と、車を停めた治安の悪い地域に漂う荒廃の気配が、人々に破壊的な行動をとらせやすくしたのだろうと考えた。

犯罪学者のジョージ・L・ケリングと政治学者のジェームズ・Q・ウィルソンはこの知見を基に、犯罪学史上、最も影響力の大きい理論の一つを考案した。米国の学術雑誌『*Atlantic Monthly*』の一九八二年三月号に掲載された論説で、彼らは犯罪と闘う新しい戦略を提案した。この「割れ窓理論」で彼らは、犯罪と闘う最良の方法は、犯罪の先駆けとなる秩序違反行動に着目することだと主張した。「修理されないままの割れた窓が一つあると、それは、誰も気にしていないからもっと窓を割ってもかまわないというシグナルになる。」

ケリングとウィルソンは、自分たち自身で行った実験や調査から、落書きや路上のゴミ、破壊行為といった軽微な反社会的行動に人々が悩まされていることを知った。こういった問題のせいで人々は、物事が手に負えなくなっていて、どんなことにも誰も責任をもってくれなくなっていると感じていた。この感覚が、重大な犯罪行為の温床になるのだった。つまり、市民や場合によっては警察までもが公共空間から遠ざかるため、そこが無法地帯になりやすくなる。また一方で、悪事をはたらく人がさらに重大な犯罪行為に手を染めるのを妨げる抑止力が、少しずつ失われていくのである。

このような治安の悪化過程を、表面に現れた兆候に対処することによって逆転できるという考えは、疑いの目で迎えられた。犯罪を効果的に減らすには、犯罪に根源から立ち向かうしかないと人々は考えており、犯罪の根っこは、社会の不公正あるいは社会的モラルの低下のどちらか（どちらとみるかは、政治的見解に応じて異なるが）にあるとされていた。

一九九〇年代にニューヨーク市警のビル・ブラットン本部長が、ビッグアップル（ニューヨーク市）で「割れ窓」戦略を実行に移した。スプレーで落書きされた地下鉄の電車はすぐに使用をやめて洗浄し、街頭から酔っぱらいと物乞いを排除し、ゴミを片づけた。一九九四年のブラットン本部長の着任以降、ニューヨークでは殺人がほぼ半減した。ただし、この成果が本当に彼のゼロ・トレランス（不寛容）方針のおかげなのかどうかは、当然なことながら、まだもっと議論すべき問題である。

## 1969年　鏡の中のサル

これは科学に突きつけられた最古の問題の一つである。「動物には、自己認識があるのだろうか。」長い間、誰もこの問題に答える方法を考え出せず、多くの研究者は、この問題はそもそも解決不能であると確信するようになった。一般常識からいえば、ただ単に、意識は研究するのに相応しい対象ではないということである。当時のある心理学者は、状況をこう評した。「残念なことに、進化の過程のどの時点で意識が出現したのかを知ろうにも、動物にインタビューする方法はないし、いつ『自己』が主観的世界の要素になったかを知る方法もない。」

自己認識の最も簡単な方法は鏡である。あのダーウィンも鏡を使った実験を行っており、「何年も前に動物園で、二頭の若いヒトニザルの前に鏡を置いた。このヒトニザルは、知る限りでは、それまで鏡を見たことはなかった」と、一八七二年の著書『人および動物の表情について』のなかで書いている。サルの反応は、非常に活発なものだった。鏡に映った自分にキスしようとし、顔をしかめ、鏡の後ろを覗いた。しばらく経った後は、鏡を見ようともしなくなった。

サルは、鏡に映った自分の像を別のサルだと思ったのだろうか、それとも自分自身だと認めたのだろうか。ダーウィンは、この疑問に答を出せなかった。確かに、彼はサルたちの行動を観察したが、そこから何らかの結論を引き出したとしても、それはすべて、彼の主観的解釈だけに基づいたものであり、科学的証明にはなりえなかった。

ダーウィン以降の研究者もすべて、この問題の解決には失敗したが、ついに一九六四年になってゴードン・G・ギャラップが、ヒゲを剃りながら、あっけにとられるほど簡単な名案を思いついた。当時彼は、ワシントン州立大学で博士号のための研究をしていた。だが、彼がニューオーリンズのチューレーン大学でこのアイディアを実行に移すまでには、さらに五年の月日を要した（その間に、彼は大学の教員になった）。

ダーウィンと同様に、彼のやり方も、サルに鏡に映った自分の像を見せるというものだった。四頭の若いチンパンジーをケージに入れて別々の部屋に置き、その前に大きな鏡を置いた。ギャラップは一〇日間、彼らの行動を座って観察した。チンパンジーたちは鏡が自分自身についての情報源だと悟るだろうか。最初の一日かそこらは、彼らは自分の鏡像に対し、見知らぬ別のサルに対するように反応した。すなわち、威嚇し、金切り声を上げ、逃げたり、攻撃したりを繰返した。これは予想どおりだった。要するに彼らは、それまで鏡に映ったサルを見たことがなかったのである。二歳までの人間の子どもの場合も、鏡に映った自分を自分とは認識しない。しかし三日目に、チンパンジーの行動は変化した。彼らは鏡の前に立ち、歯の間に挟まった餌の切れ端をきれいに取除いたり、鏡でなければ見えない場所の毛についたシラミをつまみ取ったりした。ギャラップは、サルが鏡に映った像を正しく読取れるようになったことを確信したが、それではダーウィンよりちっとも先には進んでいなかった。彼の確信は、単なる個人的意見にすぎなかった。チンパンジーに自己認識があると主張したければ、もっと動かぬ証拠をつかまなければならない。だが、巧みな方法のおかげで、ギャラップは厳密な証拠を手に入れたのだった。

彼は一〇日目にチンパンジーに鎮静剤を打ち、片方の眉毛の上に一つと逆側の耳にもう一つ、赤い色素で斑点を描いた。染料は匂いもなく、描いた感触もなかった。これは、ギャラップ自身が数日前に試してあった。

チンパンジーが麻酔から覚めた後、ギャラップは、最初は鏡を置かずに、次に鏡を置いて、彼らがどれくらいの頻度で斑点に触るかを数えた。結果ははっきりしていた。鏡の助けがあると、チンパンジーたちが斑点に触る回数は二五倍にも増えた。鏡がないときには、明らかに偶然触っただけだった。結果を確実なものにするために、ギャラップは、それまで鏡を見たことのないチンパンジーにも、同じように斑点を描いた。このチンパンジーたちは、全く何の反応も示さなかった。

つまり、一〇日間のどこかの時点で、チンパンジーが自身の鏡像のもつ意味を悟ったとしか考えられない。ギャラップがのちに言っているように、「進化は人間だけに自己認識を出現させたのではないかもしれない。」

これ以降、塗料で印をつけるギャラップのテストは、さまざまな種類の動物で可能な限り行われている。動物行動学者が自分の子どもで試してみる最初の科学実験は、これになることが多い（ほとんどの場合、おでこにポストイットをこっそり貼って実験する）。しかし、二歳以上の人間以外の生物でこのテストに合格したのは、チンパンジー、オランウータン、人間に囲まれて育った一頭のゴリラ、それに二〇〇五年のブロンクス動物園の「ハッピー」というゾウだけである。同じ囲いで飼われていたマキシンとパティーという二頭のゾウは、合格しなかった。また、イルカとカササギも鏡に映った自分を認識できると推測されているが、この結果には、異論も多い。イルカとカササギの場合には、斑点に触れる手がないため、ギャラップの方法があまり役に立たないのである。

ギャラップが、ヒゲ剃り中に顔についたシェービングフォームの白い斑点を鏡で見て名案を思いついたのは、単なる偶然だったのか、誰にも確かなことはいえないだろう。彼自身はこの状況が重大な役割を果たしたとは思っていないが、一方、こういったひらめきはなかなか意識的に得られるものではない。

実験は成功したが、実はこれが正確には何を調べているのかをいうのはむずかしい。動物が鏡で自身を認識する能力があるとして、それは何を意味するのだろう。そうしたとして、それはすぐに、確かに鏡像を自分自身と認めたことになるのだろうか。これは、動物に自己を他者として見る能力があることを意味するのだろうか。あるいは、他者の意図を認識できるのだろうか。あるいは嘘がつけるのだろうか。これらすべては、自己認識の本質とされる点である。

科学では、何が問題なのか厳密にわからないまま、興味深い解答だけが得られることがよくあるが、ギャラップの色素標識テストはそのよい例といえる。

## 1969年 太古の森で色彩テスト

エレノア・ロッシュが一九六九年夏にパプアニューギニアから国境を越えてイリアン・ジャヤ（現在の西パプア）に入ろうとしたとき、国境警備隊員は、彼女の荷物にトランプくらいの大きさの色見本カードが何百枚も入っているのを見つけたが、どう判断していいのかさっぱりわからず頭をひねった。ロッシュは、ある異論の多い言語学理論がまちがっていることをこのカードを使って証明しようと考えていたのだが、それを説明しようとはしなかった。そして、何度かあいまいな返事を繰返し、旅券用の公式書類を見せた後、彼女と当時夫であった人類学者のカール・ハイダーは、ようやく検問所の通過を許された。

当時ロッシュはハーバード大学で博士号を目指して研究中で、そこでハイダーに出会い、狩猟採集民族ダニ族の人々の風変わりな話を聞かされた。ハイダーはそれまでに数回ダニ族の野外調査に行ったことがあり、ダニ族には色を表す言葉が二つしかないことを発見していた。暗い色は「ミリ」、明るい色は「モラ」である。ロッシュはすぐに、言語研究の長年の疑問、すなわち言語は思考にどのように影響するのだろうという問題を解くカギがここから得られるかもしれないと悟った。

一九三〇年代に言語学者のエドワード・サピアは、言語が思考を決定すると考えるようになった。言語が現実に適合するのではなく、実際には、われわれが自分の母語というレンズを通してしか現実を認識できないのだと考えたのである。いいかえれば、言語ごとに具象化する世界の姿が違ってくるというのだった。これはつまり、現実とは物理的世界に存在する何か客観的なものではなく、個々人の頭の中にあって、それぞれの母語に応じた枠に規定されるという意味である。

アインシュタインの相対性理論に倣って、サピアの弟子のベンジャミン・リー・ウォーフはこの原理を「言語相対性」とよんだ。のちにこの理論は「サピア・ウォーフの仮説」という名で知られるようになった。この見方に素直に従うと、異なる言語を話す二人の人間が互いを本当にわかり合えることは決してないという結論にたどり着くことになる。

ウォーフは、ネイティブ・アメリカンの言語のなかで、彼の仮説の証明と思うものにたまたま出会ったのだった。たとえばホピ族は、鳥以外の飛ぶことのできるものすべてを、たった一個の言葉で表す。一方、エスキモーは雪を表す言葉を七種類ももっている。またウォーフは、彼の説は文法によっても裏付けられたと考えた。ホピ族の言語には動詞の時制変化がないため、彼らは自分たちとは違った時間の概念をもつとウォーフは推測した。だが、彼のあげた例は堂々めぐりに陥る傾向があった。つまり、ウォーフは言語の特殊な特徴から異なった世界観を推測したわけだが、これは全く逆にとらえて、すなわちネイティブ・アメリカンの世界が異なったものであるからこそ、言語で異なった話し方をするということもできたのである。

パプアニューギニアで顔の表情の認識について実験を行っている心理学者のロッシュ．この実験は，色についての実験と同時に行われた．

最初このジレンマは、思考と認識を何とかして言語と無関係に観察し、客観的な基準に照らして分類することができなければ、解決不能だと思われた。だが、言語と切り離して世界観を客観的に調べ、それを表現し、伝えるのは、どう考えても無理である。いいかえると、異なっていると思われるホピ族の時間の概念の基盤となる、確固たる明確な物理的基準などないのである。

この問題の解決策が、色だった。色は、主観的な認識とは全く無関係に、波長によって分類できる。そして、被験者がさまざまな色合いをどのように個々の色に区分するかを、言語とは無関係に明らかにできる。つまり母語に色を表す多数の異なった言葉をもつ人々を調べさえすれば、このような言語の違いが、世界をどのような色で見ているかの違いをも意味するかどうかを、十分検証できるというわけだ。

最初の実験は一九五〇年代に行われ、明確な結果は得られなかったが、一九六〇年代の終わりに、カリフォルニア大学バークレー校のブレント・ベルリンとポール・ケイが一〇〇以上の言語を比較して、さまざまに言語は異なっても、色を表す言葉はある決まったパターンに従っていることを発見した。ある言語に色を表す言葉が二語しかない場合には、それは必ず「黒」（暗い色すべて）と「白」（明るい色すべて）であり、三語の場合は「黒」と「白」と「赤」、四語の場合は「黒」、「白」、「赤」と、「黄」か「緑」のどちらかであった。このようにして、色のリストに一一個の基本色が一色ずつ加わっていったが、これは、色の認識がある普遍的法則に従っていることを示している。

また別のテストでも、同じ傾向を示す知見が得られた。ベルリンとケイは二〇の異なった言語を話す人々に、さまざまな色合いのカードをとりそろえて見せ、彼らの言語に存在するさまざまな名前の色に区分して境界を示してもらった。また、異なった名前の色それぞれについて、典型的な色合いを一つずつ選ばせた。

被験者が示した個々の色の境界は異なった位置になったものの、典型的な色合いは非常に似通ったものが選ばれた。つまり、言語や文化にかかわらず、いくつか共通して認識される重要な色があるらしいことがわかった。

しかし、これでも言語が認識を支配するという見方は、完全には消えなかった。被験者たちは移民であり、すでにしばらくの間英語の影響を受けてしまっていたからである。他の言語社会とほとんど接触したことのない被験者で行ったときにだけ、実験が本当に意味をもつのだ。

ダニ族は、まさにぴったりの人々だった。一九六九年の夏にロッシュは、ドイツの伝道者たちの拠点で四〇人の男性を対象に初めての実験を行った。重ねたカードの山から一枚を取って彼らに五秒間見せ、その後三〇秒間待ってから、明度と色調に従って並べた四〇枚のカードのなかから、先ほど見たカードを選んでもらった。ロッシュは、この作業を山にしたカードすべてについて繰返し、被験者がどのくらいの頻度でまちがい、正しいカードを選ぶ代わりに隣接するカードを指すかを数えた。彼女の論理は単純だった。もしもウォーフが正しくて言語が認識に影響するなら、ダニ族の人は、表す言葉が一個しかない複数の色を混同する確率が、表す言葉が複数ある言語を話す人よりも高くなるだろう。

しかし、同じテストを受けた米国の学生グループと比較しても、そういった違いはみられなかった。たとえばダニ族のほうが、緑と青の境界にある色の識別にアメリカ人より苦労するなどということはなかった。ダニ族にはこのような色を表す言葉は一語（モラ）だけしかないにもかかわらず、である。これは、サピア・ウォーフの仮説の誤りを示すようにみえた。

しかし、これは長年続く議論の出発点にすぎなかった。ある人間にとって世界が、たまたま別の言語を話しているからというだけで、別の見え方をするものかどうかという疑問の陰には、別の問題が隠れているからである。すなわち、人間の心はどの程度、環境によって形づくられるのだろうか。一見どうということもないこの色の実験は、遺伝的な影響と環境の影響とを区別するために利用できるのである。

氏か育ちか、すなわち生まれつきか、環境で変わるのかは厄介な問題であり、この議論は激しいものになりやすい。ジェンダー（社会的に決められた性別）が絡む領域では特にそうである。たとえば、多くの言語では特定の職業にジェンダー特有の名詞が使われるが、そのことが男子と女子の職業選択を最初から歪めているのだろうか。

この問題について、意見が一致することは決してないだろうということは、予測がついた。一九九九年に発表されたある研究結果は、ロッシュの知見を否定するものだった。ロンドン大学のデビ・ロバートソンがニューギニアの別の部族ベリモ族でロッシュの実験を繰返し、色を表す言葉が五つしかないことが、実際に彼らの色の認識に影響を及ぼしているという結論を得たのである。ロバートソンは、ロッシュの実験には、方法論的な欠陥があるとみている。ロッシュのほうは、ロバートソンの色カードの選び方が不適切だったと信じている。

それはともかく、エスキモーの雪を表す言葉は、すっかり都市伝説になってしまった。一九一一年に最初にこの話に言及した言語学者フランツ・ボアズは、エスキモーには雪を表す四つの異なった言葉があることがわかったとしている。ウォーフがこの数を七つに増やし、報道関係者たちがこれをさらに膨らませ、オハイオ州クリーブランドの天気予報では、雪を表す一〇〇種類の言葉と語るまでになった。現在では専門家は、より真実に近い数字として、一〇種類程度と考えている。

## 1970年 どれほど恥ずかしいか！

ハワード・ガーランドは、トイレの開いた窓に気づいたときに、自分の実験手法が成功したことを悟った。

ガーランドはニューヨークのコーネル大学の学生で、恥ずかしい状況の心理学について研究しており、そもそもどうして物事が恥ずかしいのかという疑問や、人々はどのようにして面目を保とうとするのかといった問題に取組んでいた。これらの疑問に答えるためには、実験室に被験者が恥ずかしいと思う状況をつくる必要があった。これよりも前、バート・R・ブラウン教授の実験では、学生たちに赤ちゃん用のおしゃぶりをしゃぶらせ、その感想を人前で言わせた。「このときには僕は感想を聞く側だったが、それでも、何もかも気恥ずかしく感じた。」おしゃぶりを使うこの方法は、一九六〇年代初めに考案され、性的なニュアンスが強く感じられた。この方法は非常に効果的だったが、ガーランドは、被験者に恥ずかしいと感じさせるもう少し穏やかな方法はないだろうかと考え、人前で歌を歌わせるというアイディアを思いついた。

このやり方がいかに効果的かをガーランドが痛感したのは、実験の参加者の一人が自分の歌う順番の前に、彼にトイレの場所を訊いてきたときだった。彼はトイレの場所を教えて待ったが、その学生はそのまま戻ってこなかった。見に行くと、一階にあるトイレは空っぽで、窓が開いていた。逃げた学生は、実験の決まりでは無理矢理歌う必要はなく参加は取りやめられるとされているのに、気づくゆとりさえなかったのだ。

実験の真の目的を隠すためにガーランドは、このテストは歌声を評価する新しいコンピュータープログラムのためのテストだと、被験者たちに偽りの説明をした。それによれば、この実験では歌は二回歌い、一回はコンピューターに、もう一回は聴衆に生で聴かせて判定を受けることになっていた。この二つの点数を比較すれば、コンピューターによる評価と生身の人間による評価がどの程度一致するか、明らかにできるというのだった。

最初の説明の後、参加者たちは『慕情』という一九五〇年代の古臭いバラードのテープを聴かされた。ガーランドは、その「恥ずかしさ度」の高さでこの曲を選んだ。この曲は音域がきわめて広く、歌詞が何とも陳腐なのである。しばらく練習する時間を与えられた後、被験者たちがコンピューターとされる装置の前で歌うと、この装置が「上手」または「下手」と判定を下した。

次にガーランドは被験者たちをマジックミラーのある小部屋に連れて行き、このミラーの後ろには聴衆が座っていると説明した（実際は、そこにいるのはストップウォッチを持ったガーランド一人だけだった）。彼は前もって被験者たちに、歌った時間五秒間につき一セント払うと話してあった。つまり、どの時点で歌うのをやめるかが、彼らがどの程度、この状況に恥ずかしさを感じているかの明確な指標になるしくみだった。

最初の結果は予想どおりだった。コンピューターに「下手」と判定された被験者の場合、歌った時間の平均は八二秒だったが、「上手」な声の持ち主は一三二秒は持ちこたえた（実際はコンピューターの判定は全くのランダムだった。というより、そもそもコンピューターなどなかったのである）。また、マジックミラーの後ろに知り合いが座っていると思った場合には、見知らぬ人しかいないと思った場合よりも、明らかに歌う時間は短くなった。男性と女性を分けて調べてみると、驚くような結果が得られた。女性は、女性が聴いている前では平均して一六秒しか歌わなかったが、男性が聴いている前では四倍も長く歌った。その理由は、女性は一般に「男性は歌が下手で、他人が歌って音が外れていても気がつかない」と思っているからだと、ガーランドは信じている。

## 1970年 悪しきサマリア人

心理学者のジョン・M・ダーレイとC・ダニエル・バトソンは、聖書（ルカによる福音書）からこの実験の着想を得た。

「ある人がエルサレムからエリコに向かう道中で、強盗に襲われた。強盗は彼の着物をはぎ取り、殴りつけて半殺しにし、逃げてしまった。一人の祭司がこの道を歩いてきて、倒れている男を見たが、そのまま道の反対側を通り過ぎて行った。次にレビ人（聖書に書かれた部族の一つで、神殿にかかわる仕事をしていた）が通りかかり、男を見たが、やはり反対側を通り過ぎた。しかしサマリア人（ユダヤ人から嫌悪、迫害されていた）は男のそばに行き、傷口に油と葡萄酒を注いで清め、包帯を巻いた。そして男をロバに乗せてエリコの宿屋まで運び、介抱した。」

入口にうずくまった“被害者”．直前に“善きサマリア人のたとえ”についてのスピーチを考えていた神学生たちは，彼を助けただろうか．

バトソンはこの「善きサマリア人のたとえ」を詳しく読み、人が同じ人間を進んで助けようとするかどうかについて、三つの予測を立てた。

一つ目――急いでいる人は、助ける確率が低い。祭司やレビ人は宗教的な仕事をしていて、「黒い手帳は会合や約束で埋まり、日時計をちらちら見ながら、急いでいた」とバトソンは考えた。一方、サマリア人は予定に追われていないので、助けるゆとりがあったのだろう。

　二つ目――助けを求められているときでも、倫理的、宗教的問題で頭がいっぱいな人は、何か他のことを考えている人ほど助ける確率が高くない。祭司やレビ人は、宗教的問題をあれこれ考え、しょっちゅう悩まなくてはならないので、強盗の被害にあった男に出会ったときもおそらくそうだったのであろう。これに対してサマリア人は、おそらくもっと世俗的なことを考えていたのだろう。

　三つ目――自分に個人的な利益がもたらされることを期待して熱心に信心している人は、宗教とは日々の生活に意味を求めることだととらえ、全く下心のない人に比べ、助けの手を差し伸べる確率が低い。祭司やレビ人は前者であり、サマリア人は後者だったのだろう。

　バトソンは、この三つの仮説を検証してみたいと考えたが、それには信仰心の厚い被験者が必要だった。「つまり、被験者としてふつう使われる大学二年生は、非常に適切とはいえないということだ」と彼は皮肉なコメントをしている。彼の頭には、別の被験者群が浮かんでいた。プリンストン大学の神学校の学生たちである。

　またバトソンはすでに、彼の「エルサレムからエリコへの道」の目星もつけていた。プリンストン大学のキャンパスにある、心理学科の建物と隣の建物の通用口に挟まれた舗装された通路である。この狭い通路は、たびたび強盗が現れるわけではなかったが、暗くて薄汚く、人がよく通る道からは離れていた。この通路をいつも使っている数人の人たちには、実験期間中は別のルートを使ってくれるよう頼んでおいた。

　一二月一四日の午前一〇時に、バトソンは最初の神学生をこの道に送り込んだ。学生は、自分が「エルサレムからエリコへの道」をたどっているとは夢にも思わなかった。バトソンが実験のことを隠していたためで、被験者たちは、宗教教育と彼らの使命についての調査に参加するためと信じて心理学科を訪ねたのだった。そしてそこで、三から五分程度のスピーチを準備するよう頼まれ、それをテープに録音することになった。ただし心理学科は人で混雑しているから、例の通路を通って社会学科へ行けば、そこで助手がテープレコーダーを用意して待っていると言われた。

この道で、彼らは「被害者」に出会ったのだった。くしゃくしゃの髪の毛をした男性で、アノラックのポケットに手を深く突っ込み、隣接の建物の入口に、肩をすぼめ、目を閉じたまま座り込んでいた。被害者を演じた男性は与えられた指示に文字どおり従って、被験者が近づくたびに、咳を二回して、うめいた。大丈夫かと訊ねられたときには、彼はこう返事した。「ありがとう＜咳＞……いえ、大丈夫です。＜間＞この間から、息が苦しくて＜咳＞……医者からこの薬をもらっていて、一粒飲んだところで……。座ってしばらく休んだら、大丈夫になるでしょう……気にかけてくださってありがとう。＜弱々しく微笑む＞」被験者が建物の中に連れて入ろうとする場合には、彼はそれに従った。

問題は、どのような条件のときに被験者たちが被害者役を助けるかだった。一部の被験者たちは、心理学科にいる間に急ぐよう促されていた。「あら、遅れてますね。もう少し前にみえると聞いていました。さっさと行ったほうがいいですね。助手があなたを待っているはずですから急いでください。ほんの一分ほどしかかかりませんから。」その他の人たちは、早く来ているので、隣のビルまで行くのに時間はたっぷりあると言われていた。またバトソンは、被験者たちがすることになっている話のテーマも変えてみた。すなわち被験者の半分には、三分間のスピーチで神学校の卒業生に好まれる職業について話すようにと頼み、残る半分には善きサマリア人のたとえについて話すようにと頼んだ。また被験者の行動に影響する可能性のある三つ目の要因、すなわち被験者に共通する宗教的信念については、アンケートを利用して調べた。

三日間の実験で彼は四七人の学生を隣の建物に送ったが、何も問題なく、とはいかなかった。被験者の一つのタイプとして「助けようとしすぎる人」がいて、被害者がコーヒーを飲みながらイエスの愛についての話に耳を傾けるまで、助けの手を引っ込めようとしなかったのである。このタイプが、実験の計画をすっかり混乱させた。計画では、三〇分ごとに新しい被験者を通路に送る必要があったからである。

さて結果は驚くべきものだった。ある人が進んで人を助けるかどうかに影響する唯一の要因は、どれほど急いでいるかだったのである。ゆっくり時間がある被験者が助けの手をさし伸べる確率は、急いでいる被験者に比べ、六倍にもなった。人々の個人的な信条はそれほどはっきり結果に影響しなかったが、「助けようとしすぎる人」には独断的な神学生が目立って多いのは確かだった。しかし、最も驚くべき結果はもう一つの問題についてだった。人々が他者を助けるかどうかは、そのときに彼らがあの善きサマリア人のたとえについて考えていたか（それともいなかったか）には、全く何の関係もなかったのである。実際に被験者の何人かは、被害者のそばを平然と通り過ぎて行った先で、祭司とレビ人の非人間的なふるまいについて話をしたのだった。

実験の本当の事情を知らされた後、学生の多くは自分の行動を恥ずかしく思い、その後は説教のなかでその経験を教訓として語った。

バトソンは同じ場所でもっと多数の被験者を使って実験をしたいと思っていたが、ちょうど彼が新しい実験の準備をしている間に、水たまりがあってゴミ箱が置かれたあの舗装通路は、プリンストン大学のキャンパス美化活動の犠牲になってしまった。そのため、今ではそこには、木陰があってベンチが置かれた心地よい静かな通路ができ、隣の建物へと続いている。「はるかにきれいになったと誰もが言うし、もちろんそのとおりではあるが、あの見事に薄暗い通路がなくなってしまったことを残念に思わずにはいられない」と、のちにバトソンは書いている。

## 1970年 1ドル・オークション

一九七〇年、アラン・I・テガーがペンシルベニア大学で学生たちに国際関係の心理学を教えているころには、わかりやすい題材には事欠かなかった。当時の米国はベトナム戦争中で、新聞には毎日、テガーの講義で取上げたくなるような意志決定、報復、集団力学といったテーマに関する記事が山ほど載っていた。

政府が繰返し持ち出す論拠の一つが、テガーには特に印象的だった。彼は、それこそが、紛争の激化の陰にある大きな原因の一つだと信じていたからである。戦争のコストは決して戦争の利益を上回ることはないのに、それでも米国は「これまでの死者を無駄死ににするわけにはいかない」からと言って戦い続けようとしていた。いいかえれば、米国は戦争にあまりにも巨額の費用をつぎ込んでしまっているので、今さら諦めることはできなかったのだ。

テガーは、この論理の働きを学生たちに本当に理解させるにはどうすればよいかと考えた。紛争をシミュレーションした数理ゲームは、囚人のジレンマ（一九五〇年の実験参照）を始めいろいろあったが、ゲームではプレーヤーたちは大体は冷静で、逆上したりイライラしたりすることはなかった。テガーはもう少し現実的なものはないかと考え、特有なルールのあるオークションというアイディアに行き着いた。その直後に、彼は経済学者のマーティン・シュビックがすでに同じようなゲームを考案しているのを読んで、その「一ドル紙幣」という売り出し単位をシュビックから拝借することにした。

ふつうのオークションと同じく、一ドル札は最高値をつけた人に売られることになる。ただテガーのオークションには、恐ろしい追加ルールが一つあった。その意味合いを多くの参加者が悟ったときには、もう手遅れだった。「二番目の高値をつけた人も、その値を払わなければならないが、何も受取れない」というものだった。それよりも低い値段をつけた人は皆、何も払わないでよかった。

テガーは、講義のなかで初めて一ドル札をオークションにかけた。最初は全員が入札に参加した。一ドルを一ドル以下で手に入れるチャンスを逃したいと思う人間はいなかった。しかし、入札額が七〇セント近くにまで上がったころに、大半の学生は例の追加ルールがどれほど危険かに気づき始め、競争から脱落した。残ったのは最も高値をつけている二人の学生だけで、この二人はすでに抜き差しならない状況に追い込まれていた。一人目の入札者が八〇セントをつけると二人目は九〇セントをつけた。ここで一人目がやめれば、彼はその結果、何も貰わずに八〇セント払わなければならない。これを防ぐには、一ドルの値をつけるしかない。これでは、とどのつまり一ドル札を一ドルで買うことになり、何も得るところはないのだが、少なくとも損はしない。すると、今度は二人目がジレンマに陥る。もしもここでやめれば、彼は九〇セント失うことになる。この状況では、一ドル一〇セントに値をつり上げたほうがましである。この入札額が告げられたときに、教室にはざわめきが走った。どうして、誰かが一ドル札を一ドル一〇セントで買おうなどということが起こるのだろう。彼は一〇セント損するではないか。しかし入札をやめれば、彼の損失額は九〇セントになってしまうのである。こうして状況はエスカレートし、二人は互いに相手よりも高値をつけざるをえなくなっていった。

テガーはこの実験を四〇回ほど繰返したが、一ドル以上の値がつかなかったことはただの一度もなく、ときには二〇ドルの高値になることもあった。もちろん彼は、一度も実際にお金を受取りはしなかった。ただ、この実験に唯一必要なことは、オークションの際に参加者が、本当にお金を払わなければならないと信じることだった。

オークションの後で被験者たちの考え方について詳しい議論を行うと、彼らの多くは、自分たちの非合理的な行動について何とか弁明しようとした。経営学専攻の学生は、特に、お金を失ったことを恥ずかしがった。自分の行動は、酔っぱらっていたからだと言い訳する学生もいる始末だった。

しかし、彼らの行動は完全に正常だったのである。彼らを否応なく破産にまで追い込んだのは、ゲームのルールだった。同じ原理が、ベトナム戦争でも働いたのだった。「人々を死なせることにしようと言ったのは、一握りの馬鹿者たちだけではない。何とかひどい状態を脱したいと考えるふつうの人たちだったのだ。」しかし、泥沼から逃れたいと試みるうちに、さらに深みにはまることしかできなくなったのだ。

参加者たちにいろいろ話を聞いて、テガーは彼らの動機に決定的な変化が起こったことも突きとめた。最初、彼らは単に手っ取り早く儲けられるいう期待につられたが、入札額が一ドルに近づくにつれ、皆、同じジレンマに直面した。入札をやめて損をするか、それとも入札し続けるか。しかし多くの場合、入札し続けた動機は、もはやお金とは関係なくなっていた。それよりも、何が何でも勝ちたいという気持ち、相手に痛い目をみせたいという気持ちがあったのだ。ほとんどの入札者は、自分がこの絶望的な状況に追い込まれたのは、相手の責任だと信じ込んでいた。入札相手の動機は何だったのだろうと聞かれたときに、あいつは頭がおかしいんだと答える人も何人かいた。ゲームは完全に対称的であり、入札相手も全く同じことを思っていたはずだとは、参加者たちは考えもしなかったのである。

この一ドル・オークションは、紛争の激化のたとえである。テガーがこの研究について書いた本は、企業紛争の解決や、さらには北アイルランドの紛争解決を目指す勉強会、会合に取入れられた。さてテガー自身は、これまでにあまりにも多くをつぎ込んできたから今さらやめられないのではないかという問題に直面したときに、断固として「いや、やめられる」と答を出した。一九八一年に、彼は学者の道を断念して、写真家になったのである。

## 1970年
## ドクター・フォックスがペラペラとでたらめを語る

マイロン・L・フォックスが専門家たちを前に行った講演の題名は、十分に印象的だった。「医師教育に応用できる数理ゲーム理論」カリフォルニア大学医学系大学院の継続教育プログラムの運営責任者たちは、年次会議のために、北カリフォルニアのタホ湖を訪れていた。そこでは、フォックス（彼は、数学を人の行動に応用する専門家と紹介されていた）が最初の論文を発表していた。彼の洗練されたふるまいは非常に印象的で、聴衆は誰一人として、演台に立っているのがアルバート・アインシュタイン医科大学のマイロン・L・フォックスではないことに気づかなかった。というより、彼は『バットマン』に出てくるゴッサムシティ・ラジオの局長のレオ・ゴアでもあったし、『ファルコンクレスト』の弁護士エイモス・フェダーでもあったし、『刑事コロンボ』ではコロンボの飼い犬を診察する獣医ベンソン先生でもあった。マイロン・L・フォックスの本名はマイケル・フォックスで、俳優だった（ただし、『バック・トゥー・ザ・フューチャー』で有名なマイケル・J・フォックスとは無関係である）。そして、ゲーム理論についてはイロハのイも知らなかった。

フォックスがしてきたことといえば、ゲーム理論に関する学術論文を一つ選び、それをもとにあいまいな表現や適当につくった用語、矛盾した主張をわざとちりばめた講演を練習することだけだった。彼の講演はユーモアに富んだ語り口で、しかも絶えず他のさまざまなそれらしい研究を引き合いに出した。この企みの陰にいたのは、ジョン・E・ウェアとドナルド・H・ナフチュリン、フランク・A・ドネリーで、この実験を、継続教育プログラムの内容に関する活発な議論のきっかけにしたいと考えていた。すばらしい話術と発表のテクニックを使えば、専門家たちを完璧にだまし、内容がでたらめだという事実に気づかせないことができるかどうか。実験は、それを確かめられるように計画された。ウェアはマイケル・フォックスとの練習に何時間も費やして、話に内容が全くなくなるところまでもっていった。ウェアの言葉によれば、「むずかしかったのは、彼（マイケル・フォックス）に筋の通った話をさせないようにすることだった。」

フォックスは、すぐにばれると思っていた。しかし、聴衆は彼の言葉一つ一つにしっかり耳を傾け、一時間に及ぶ講演が終わったときには、彼に多くの質問を浴びせた。彼は見事な名人芸を見せ、何も答えなかったのに、誰にもそれを気づかせなかった。アンケート用紙が回され、講演を聴いた一〇人全員が、非常に示唆に富んだ考えさせられ

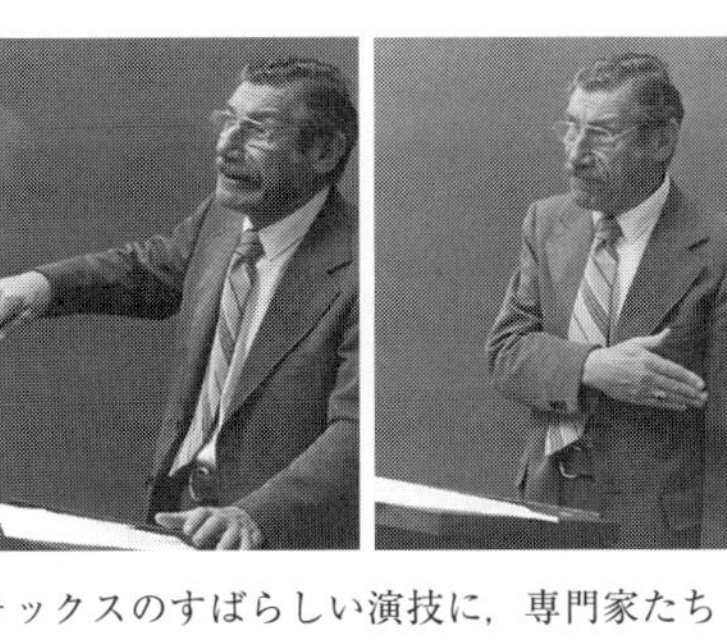
俳優のマイケル・フォックスのすばらしい演技に，専門家たちもすっかりだまされた.

る講演だったと書き、九人は、フォックスはテーマを明快に示し、おもしろく伝え、わかりやすい例を話のなかに豊富に取入れていたと述べた。

ウェアたちは、他の二つのグループにも講演のビデオを見せたが、結果はほとんど同じだった。ある人などは、これまでにマイロン・L・フォックスが書いた論文をいくつか読んだことを覚えているとまで思った。これらの実験でも聴衆は学生ではなくて経験豊富な教育者だったが、フォックスの巧みなプレゼンテーションに、すっかり圧倒されてしまったのである。

実験は、もっと大勢の聴衆の前でも行われた。講演の技術、演出に目がくらんで、聴いていても内容のなさに気づかなくなってしまう現象は、すぐに「ドクター・フォックス効果」として知られるようになった。

これらの結果を見たウェアの心には、授業評価は役に立つのだろうかという疑問が浮かんだ。学生に授業評価のアンケートを記入させたとしても、実際にはこれは、その授業がどの程度気に入り、「自分は多くを学んだという幻想」をもったかを示すにすぎないのかもしれない。この実験に関するウェアたちの論文に書かれているように、「教えるとは、単に学生たちを楽しませることだけではない、はるかに幅広いものなのだ。」

それにもかかわらず、この結論を揺るがす意外な発見が一つあった。フォックスの正体が明かされた後で、聴衆の一部が、講演のテーマについてもっと知るには何を読めばいいかを質問した。いいかえると、講演の内容はでたらめとでっち上げだったとわかったのに、話し方が立派だと、明らかにそのテーマについての関心が刺激されたのである。ここから、ウェアは学生たちの学習意欲を高める革新的方法を思いついた。教授が自分で講義をする代わりに、俳優を訓練して、自分に代わって講義をさせればよい。

あるジャーナリストが、のちに『ロサンゼルス・タイムズ』にこう書いた。「この研究には、これを行った研究者たちですら気づいていない隠れた意味がある。もしも俳優のほうがよい教師になれるなら、よい議員、よい大統領にだってなれるだろう。」ウェアのでっち上げ実験の一〇年後、ロナルド・レーガンが大統領に選ばれた。

## 1971年 教授の監獄

二〇〇四年四月二八日の夜、フィリップ・ジンバルドーはホテルの部屋でテレビのスイッチを入れた。当時彼は全米心理学会の会長で、会議のためにワシントンに滞在していた。チャンネルをいろいろ変えていた彼は、突然、裸の捕虜がピラミッドのように折り重なった映像を目にして、恐怖で体がすくむ思いがした。捕虜たちの後ろには男女二人の米兵が笑いながら立っていた。次の画面では、別の女性兵士が、床にうずくまる捕虜をイヌのように紐でつないでいた。次は、のちに虐待の象徴になった写真で、捕虜は頭に袋をかぶせられ、手には電線がいくつもつけられ、小さな木箱の上に立たされていた。兵士たちは彼に、木箱から落ちたら電気ショックが加えられ、死ぬことになると脅していた。

これらの写真はバグダッドにあるアブグレイブ刑務所からの写真で、米軍は二〇〇三年のイラク侵攻以降、この刑務所を捕虜の収容と拷問に使っていた。どうして、このようなことが起こってしまったのだろうか。ワシントンの政府はただちに、虐待を行ったのは「樽の中のわずかな腐ったリンゴ」であり、通常の米軍の部隊では絶対にこのような違法行為はありえないと断言した。だがフィリップ・ジン

規則に則って白いスモックを着用した囚人の一人．被験者たちには，ランダムに囚人役か看守役が割り当てられた．

バルドーは、この釈明が真実ではないことを疑う余地もなく知っていた。そう、彼は誰よりも身にしみて知っていなくてはならなかった。三〇年前に、彼が責任者としてつくった刑務所で拷問が起こったのである。

一九七一年の春に、当時三八歳だったジンバルドーは『パロアルト・タイムズ』にこんな広告を出した。「刑務所での生活の心理学研究を行うため、男子大学生を募集。期間は八月一四日から一、二週間で、日当は一五ドル。詳細の問合わせと申込みは、スタンフォード大学ジョーダンホールの二四八号室まで。」

実験の着想は、ジンバルドーが大学で教えていた講座から得たものだった。数人の学生が「拘禁の心理学」をテーマに選び、とある週末をずっと刑務所で過ごした。この短い経験が学生たちに強烈な印象を与えたことにジンバルドーは驚き、この問題をもっと深く調べようと決心した。

二四八号室へは七〇人を超える申込みがあり、そのなかからジンバルドーは、何回か性格検査を行って、特に誠実で信頼のおける精神的に安定した学生を選び出した。そして、コインを投げて彼らを看守役と囚人役の二つのグループに分けた。一一人の学生には電話で囚人役を演じることになったことを伝え、八月一五日（日曜日）には家にいるように指示した。看守役になった残りの一〇人は、実験開始の前日に「刑務所の所長」フィリップ・G・ジンバルドーとその代理人デヴィッド・ジャフェ（研究助手）のところに呼ばれた。彼らは心理学科の建物の地下室につくった刑務所を見せられた。三つの狭い実験室は扉を鉄格子に替えてあり、監房に使われることになっていた。また看守のための監視室と長さ九メートルの長い廊下があって、廊下はビデオカメラで撮影され、査察を行える場所となっていた。監房にはインターホンがあり、それを通じて看守は命令を出したり、囚人の話を盗聴することができた。

看守たちは軍の放出物資を売る店に全員で出かけ、制服（カーキ色のシャツとズボン）を選び、それぞれ笛と反射型のサングラス、ゴム製の警棒を用意した。彼らは八時間交代制で勤務し、「刑務所の効率よい運営のため、必要と考えられる程度に刑務所内の秩序を保つように」という大ざっぱな命令を与えられた。

翌日スタンフォード大学の構内警察が、囚人役の一一人の学生を押込み強盗の疑いで拘束した。パトカーがけたたましくサイレンを鳴らしながら彼らの家の前に止まり、近所の人たちが何ごとが起こったのかと窓からじっと見つめるなかで、彼らは手錠をかけられた。そして目隠しをして刑務所へと連行され、服を脱ぐよう言われた。それから写真を撮られ、シラミ駆除剤を振りかけられ、囚人服を支給された。囚人服は頭からかぶる白いスモックで、胸と背中に番号が貼られ、下着の着用は許されなかった。また、プラスチックのサンダルを履かされ、ナイロンストッキングを帽子としてかぶらされ、一方の足首には南京錠のついた鎖がはめられた。

この模擬的な収監作業の短い間に、ジンバルドーは囚人役たちに、獄中に長年拘束されていた本物の囚人が経験するのと同じような感情、すなわち無力感、依存、絶望を植えつけようとしたのである。服装は、囚人たちに屈辱感を与え個性を奪うようにデザインされていた。足首に巻かれた鎖は、寝ているときでさえ、彼らに自分がどこにいるかを絶えず思い出させる役割をした。

初日には、看守たちが作成した（デヴィッド・ジャフェが手助けした）一六の規則が読み上げられた。「第一条、囚人は、休息時間、消灯後、食事時間、および屋外に出たときには会話をしてはならない。第二条、囚人は、食事時間以外には食べてはならない。……第七条、囚人は互いを識別番号で呼ばなくてはならない。……第一六条、以上の規則に従わなかったときには罰が与えられる。」看守たちには、各交代勤務ごとに数回（深夜でも）、囚人を点呼のために招集する権限があり、囚人たちは識別番号を唱え、一六の規則を暗唱させられた。最初はこのような点呼には一〇分しかかからなかったが、後には一時間も続くようになった。

実験のごく最初から，看守たちは点呼を囚人をいたぶる機会として利用した．

興味深いことに、実はジンバルドーは、このような状況で何が起こるかについて何の仮説ももっていなかった。実験の目的はいささかあいまいで、囚人であること、看守であることの心理学的効果はどのようなものかを調べることだった。ジンバルドーは、囚人の生活をコントロールすることによって看守たちが力を増していく一方で、囚人がいかに自由、独立心、プライバシーを失うかを詳しく解明したいと思っていた。それまでに彼の行った実験により、ごくふつうの人々が集団のなかに置かれて個人として認識されなくなったり、他者を敵あるいは物体とみなすような状況に置かれたりした場合に、どれほど簡単に非人道的なふるまいをするようになるかは明らかになっていた。こういったいくつかの異なる要因を組合わせたのが、現在では「スタンフォード監獄実験」という名で知られているこのときの実験だった。この実験はあまりにも有名になったため、ロサンゼルスのあるロックグループはこれにちなんで名前をつけたほどである。

二日目、深夜二時三〇分の点呼の後、囚人たちが反旗を翻した。帽子を取り、囚人服の番号をはぎ取り、監房に立てこもった。看守たちは消火器を使って彼らをバリケードの外へ追い出し、罰を与えた。首謀者たちは廊下の突き当たりにある暗い「懲罰房」に閉じこめられた。暴動に全くかかわらなかった囚人には、特別な監房とよい食事という特権的待遇が与えられた。しかし、その後すぐに看守たちは、何の前触れも説明もなしにこの両グループから数人を選び、一緒に同じ監房に入れた。そのため囚人たちは混乱に陥り、互いに不信感を抱き始めた。そして囚人たちは、二度と集団として反乱を起こすことはなかった。

看守たちはさらに、不条理な規則を制定し、囚人たちを独断的に罰し、無意味な作業をさせるようになった。たとえば、ある部屋から隣の部屋へと木箱を運ばせ、またもとに戻させるとか、トイレを素手で掃除させるとか、何時間も続けて毛布からイバラのとげを取除かせる（その前に、看守が毛布を引きずってイバラのなかを歩いておく）などである。また、仲間の囚人をあざ笑うよう命じたり、仲間どうしで性行為の真似をさせたりもした。

三六時間も経たないうちに、ジンバルドーは番号八六一二の囚人を解放しなくてはならなくなった。彼は極度のうつ状態に陥り、抑えきれずに発作的にすすり泣いたり、激怒したりするようになっていた。ジンバルドーは最初は、この学生が我慢の限界に達したふりをしているだけではないかと考え、解放するのをためらった。模擬刑務所でこれほど短時間過ごしただけで参加者がこのような極端な反応を示すはずはないと思い、とても信じることができなかったのである。しかしその後三日間に、同じことがさらに三人の被験者に起こったのだった。そして誤解のために被験者たちは、自分たちには自由意志で実験を離脱するという選択肢はないと信じるようになった。

しだいに、囚人にとっても看守にとっても、実験と現実の境目が不鮮明になり始めていた。実験が続くにつれ、物理的な暴力は許されていないことを看守たちに改めて思い出させなくてはならない場面が増えていった。実験によって与えられた権力が、平和を好んでいた学生たちを残忍な看守へと変貌させていった。そしてジンバルドー自身までが、異常なふるまいを見せるようになった。ある日、看守の一人が囚人たちの集団脱走計画を小耳に挟んだと思い込んだ。「この噂に対してわれわれがどう反応したかわかるだろうか」とジンバルドーはのちに書いている。「噂がどのように伝わったかを記録し、まもなく起こるであろう脱走を観察する準備をしたと思うかもしれない。もちろん、われわれが実験社会心理学者らしくふるまっていたなら当然そうすべきだったが、そうする代わりに、刑務所の安全を心配して行動をとったのである。」実際にジンバルドーがしたのは、パロアルト警察に行って、囚人たちを市の古い刑務所へ移送するよう頼むことだった。警察が要請を断ると、彼は自制心を失い、刑務所どうしの協力体制がなっていないと怒って叫び出した。彼自身がすっかり刑務所所長になりきってしまったのである。とにかく、計画されていた脱走は実際には起こらなかった。

ジンバルドーが次に恐れたのは学生の両親たちの訪問日で、その後に彼らが息子を家に連れ帰ると言い出すことだった。そこで彼は刑務所をきちんと万全な状態に整えるよう命令を出し、囚人たちにはよい食事が与えられ、洗面とヒゲ剃りが許可された。訪問者たちにはきれいな若い女性が応対した。まず受付で来訪を告げなければならず、三〇分間待たされてから一〇分間の面会が許された。なかには囚人たちのやつれた状態にショックを受けた親たちもいたが、それでも模擬刑務所を額面通りに受けとったようで、責任者に自分たちの息子の状況をもう少し改善してほしいと個別に頼むだけで終わった。

それからまもなくジンバルドーは、以前に刑務所で教誨師を務めた経験のあるカトリックの神父を招いた。囚人の半数が、整列して神父に自分の番号を告げるよう指示された。この神父もまた、命じられてもいないのに、本物の教誨師の役割にすばやくなりきってしまった。この囚人たちは何の罪も犯していないし、ジンバルドーには彼らに対する法的権限は全くないのにもかかわらず、教誨師は彼らに、釈放が実現するよう弁護士の助けを求めることを勧めた。

四日目にジンバルドーは、心理学科の秘書と博士課程の大学院生をメンバーとする仮釈放委員会をつくり、囚人たちが早期釈放を訴えられるようにした。囚人のほぼ全員が、釈放されるならその代わりにもらえるはずの一五ドルの日当を放棄する気になっていた。しかし、この「仮釈放委員会」は、嘆願を慎重に検討することにして、それまで囚人たちを監房へと戻した。驚いたことに、囚人たちは全員これに従った。囚人たちは、とにかく報酬の受取りを拒否さえすれば、それ以上何の面倒なこともなく実験への参加を途中で切り上げることができたのに、である。しかし、彼らにはもう、そんな気力も残っていなかった。「彼らの現実感はおかしくなり、自分たちが投獄されているのを実験だとは思わなくなっていた。われわれがつくり上げた心理学的な刑務所のなかで、刑務所スタッフだけが仮釈放を許可する権限をもつことになってしまったのである。」

そうこうするうちに弁護士が一人現れた。親が、息子たちを釈放させるために連絡をとったのである。彼は囚人たちと話をして、どうやって保釈金を支払うつもりかを確認し、週明けにもう一度来ると約束した。彼にしても、これは単なる実験であり、保釈金の問題など全く馬鹿げていることは知っていたのにである。この時点で、実験にかかわった誰もが、自分の役割がどこで終わり、本当の自分に戻る

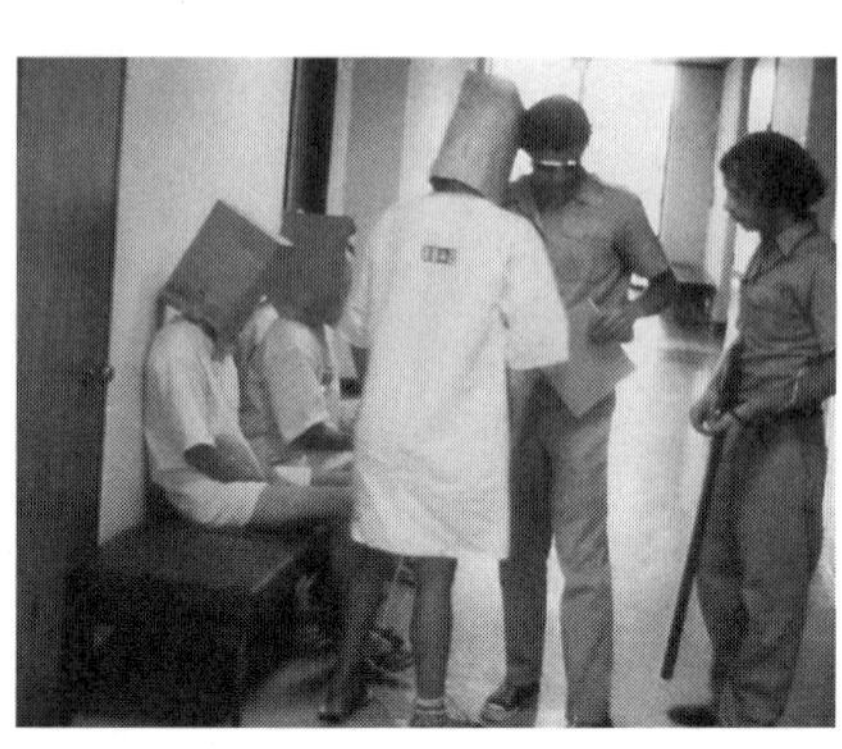
囚人たちは毎晩決まった時刻に，頭に紙袋をかぶってトイレに行かされた．

べきかを完全に見失っていた。
　実験が始まってから五日目、木曜日の夜に、ジンバルドーのガールフレンドでのちに妻になったクリスティーナ・マスラークが刑務所を訪れた。彼女も心理学者で、その翌日に囚人たちにインタビューをすることになっていた。そのときは、たいしたことは行われていなかったので、マスラークは監督室に座って論文を読んでいた。午後一一時ごろ、ジンバルドーが彼女の肩を叩いてテレビの画面を指し、「ほら、ほら、今何が起こっているか、見てごらん」と叫んだ。マスラークは目を上げ、画面を見た途端に気分が悪くなった。足首を鎖でつながれて一列に並び、頭に紙袋をかぶせられて顔の見えない囚人たちに向かって、看守たちが怒鳴り散らしていた。消灯前の、夜のトイレ行きだった。囚人が夜中に突然トイレに行きたくなったときには監房に置かれたバケツで用を足さなければならず、しかも看守たちは、ときによってはその中身を捨てさせなかった。「見えるかい。こっちへ来て、ごらんよ。すごい光景だよ」ジンバルドーは続けた。だがマスラークはもう見ていられなかった。ジンバルドーが刑務所から出て行こうとする彼女にこの実験についてどう思うかを訊ねると、彼女はこう答えた。「あなた、あの子たちに、何てひどいことをしているの！」それから激しい口論になった。口論するうちにジンバルドーは、実験にかかわった人すべてが刑務所生活の破壊的側面に取込まれてしまったことに、ようやく気づいたのだった。口論が終わるころには、彼は翌朝には実験を中止すると決心していた。

ジンバルドーは、刑務所の内部を一日中ずっとビデオカメラで撮影していたので、この研究は、今ではおなじみのリアリティーTVの先駆けともみなせる。ただ大きな違いは、高視聴率をねらって行われたのではなかったことである。だが、それにも時間はかからなかった。二〇〇二年にはBBC放送が、スタンフォード実験を何百万人もの視聴者の前で再現する目的で、「実験」というタイトルのリアリティー番組を始めた。二人の心理学者が参加したこの実験番組の結果には大いに疑問があると、ジンバルドーは考えていた。参加者が、ずっと録画されていることを知っていたからである。

ジンバルドーの実験から一年後に行われた追跡調査で、被験者の誰にも、有害な影響は長く残っていないことが明らかになった。最初に離脱した番号八六一二の囚人は、のちにサンフランシスコ郡刑務所所属の心理学者になった。

実験の間，心理学者のジンバルドーは“刑務所所長”の役を演じた．

スタンフォード実験の最も重要な結果とは、環境のもつ影響力がどれほど強いものになるかが理解されたことである。ミルグラム実験の場合と同様に（一九六一年の実験参照）、完全に正常な人々が、不慣れな状況に置かれると、全く思いもよらなかった行動をとった。ある人がある状況に置かれ、そこでの基本原則を全く知らない場合には、その人間の性格から行動を予測することはできないことがはっきりした。ジンバルドーが実験後に書いたように、「誰か人間がこれまでにしたことのある行動はすべて、それがどのようにおぞましいことであっても、良かれ悪しかれ環境からの圧力のもとに置かれれば、人間なら誰でもしてしまう可能性があるのだ。この事実を知ることは、悪を正当化することではない。むしろ、一人を悪者にするのではなく、悪の責めをふつうの人々の間で共有し、分かち合うことなのである。」

人間の本性に関するこの不快な事実を受入れるのは、なかなかむずかしい。自分自身のなかにも拷問をするような残虐性が潜んでいると信じたがる人がいるだろうか。アブグレイブ刑務所で何が起こったかを少しでも明らかにしようと、被告の一人、三七歳の兵士チップ・フレデリックの裁判に、フィリップ・ジンバルドーは専門家証人として出廷した。しかし、彼の証言は判決にはほとんど何も影響しなかった。フレデリックは禁固八年の判決を受けた。ジンバルドーはこうコメントした。「世界とイラクの人々に、『犯罪は厳しく取締まり』、悪事をはたらいたこの数人の兵士たち、すなわち彼らを除く善良な米軍の樽の中に紛れ込んだ『腐ったリンゴ』は速やかに罰する、というところを見せる必要があったからだ。」ジンバルドーは、フレデリックの行動を正当化するつもりはなかったが、それでも判決は厳しすぎると思った。軍の上層部の過失、すなわち兵士たちが強いストレスに曝されている状況のなかで、役割についての何の訓練もなく、具体的な命令も与えずに、彼らを不用意に刑務所の看守にした事実が、考慮されなかったからである。そうはいっても、ジンバルドーの有名な実験はアブグレイブの件に全く何の影響も与えなかったわけではなかった。二〇〇四年五月にハワイからバグダッドへ飛ぶ間、ラリー・ジェームズ大佐は、スタンフォード実験に関するドキュメンタリー映画『Quiet Rage』を何度も繰返し見た。軍の心理学者のジェームズは、アブグレイブに秩序と規律を取り戻す任務を課せられていた。彼はジンバルドーにバグダッドへ一緒に行ってくれるよう頼んだが、彼は、のちに自分でも認めているように、「心配しすぎ」だった。結局ジェームズは、一連の規則をつくり、アブグレイブ刑務所で実施し、それ以降そこでは虐待事件は起こらなかった。

このスタンフォード実験の驚くべき物語を映画会社が題材として利用したのが、実験から約三〇年も経ってからだったのは意外だった。『ｅｓ』という題名のドイツの長編映画が上映されたのは、二〇〇一年三月だった。映画では、一人の心理学者が二〇人の学生を、一〇人は囚人役、残りの一〇人は看守役として模擬刑務所に収容するが、三日後には事態が制御できなくなる。看守たちは囚人を縛って殴り始め、やがてレイプや殺人にまで発展する。映画のオープニングクレジットには、この作品がスタンフォード監獄実験に基づいて制作されたことが書かれていた。そのため、ジンバルドーはドイツから何百通もの電子メールを受取ることになった。「一体全体どうしてこんなことができたのか」という詰問のメールだった。最後にはジンバルドーは弁護士を頼み、実験への言及を削除させることには成功したが、映画の米国での配給をやめさせることはできなかった。現在は、ジンバルドー自身の著書『ルシファー・エフェクト』に基づいて、アカデミー賞受賞経験のあるクリストファー・マッカリーを監督として、新たな映画化計画が進んでいる。

## 1971年
## ヒッチハイクのヒントⅡ――女性になろう！

彼らの研究成果は、「一般的な予想から大きく外れたものではない」と、マーガレット・Ｍ・クリフォードとポール・クリアリーは、「ヒッチハイクの確率」と題した原稿に書いている。数人の男性と女性が、さまざまな服装で数時間ずつ道路脇に立ってみて、重要なことが二つ判明した。みすぼらしい服装をしているほうが乗せてもらうのがむずかしいことと、男性よりも女性のほうが乗せてもらえる確率が高いことである。クリフォードとクリアリーは、グループの人数と構成が運転者の行動にどう影響するかも調べた。男性二人が最悪の組合わせで、一人なら男女どちらも、男女のカップルと同じくらいの確率で乗せると言ってもらえた。だが、二人の女性が一緒に立っているとチャンスは最大になった。クリフォードとクリアリーは、「女性が一人」という実験条件についてはあえてコメントはしていない。「スポーツウェアを着た女性二人のヒッチハイクは、あまりにも多くの車を引きつけたようで、州警察が二人に『交通妨害だ』と警告した。」次のヒッチハイカーの手引きは、一九七四年の実験。

## 1971年 原子時計、空の旅

「あれは本当に重かった」と、ジョゼフ・ハーフェレは鮮明に思い出す。「何とか苦労して機内に運び込んだが、二人の間の席に置くと斜めになって、重さの大部分は僕にかかってきた。」

米海軍天文台のリチャード・キーティングとワシントン大学のジョゼフ・ハーフェレが一九七一年一〇月四日の夜七時三〇分発のボーイング747に乗せてシートベルトで固定した二個の原子時計は、合わせると重さが六〇キログラムもあった。大きさは整理ダンスほどもあったので時計のために座席二つが必要になり、時計用の航空券は「ミスター・クロック」という名前で発券された。

「時計の航空券は僕たちのよりは二〇〇ドル安かった。ただし、搭乗中に食事は食べなかったよ」とハーフェレは話す。旅行の間、彼は「原子時計」という名前を使うのは諦めることにした。「イスタンブールで途中降機したときに、報道陣から、この実験は原子爆弾にどう関係するのか、ひっきりなしに訊かれたからね。」それに、二人の科学者が、隣の座席に鎮座した箱は原子時計だと何の悪気もなく説明したときに、乗り合わせた乗客たちが恐ろしさに後ずさりしたからである。「それ以降は必ず、セシウム時計と言うことにしたよ。」

別の乗客はセシウム時計の針をちらっと眺め、次に自分の腕時計を眺めて「あなた方の時計は少し進んでいますね」と言った。彼は、今目の前にしているのが世界でも最も正確な時計の一つだとは思いもしなかっただろう。一九〇五年にベルン特許庁の三級技術専門職が発表した奇妙な予測を検証するには、このような精度の時計を使うしか方法はなかったのである。

当時二六歳のアルベルト・アインシュタインが、二頁の論文を発表して物理学の世界をひっくり返したのは、一九〇五年のことだった。アインシュタインが、この「運動している物体の電気力学について(Über die Elektrodynamik bewegter Körper)」という目立たない題名の論文で初めて打ち出したのが、のちに特殊相対性理論という有名な名をつけられ、この世界についてのわれわれの見方を完全に変えることになった理論である。この論文の過激な主張のなかでもとりわけ急進的なのは、アインシュタインが、絶対時間という概念を完全に放棄したことである。時間はあらゆる場所で同じように進むのではなく、速さに応じて決まると彼は主張した。速い速度で動く人にとっては、時間はゆっくり進む。この主張では、アインシュタインは個人の感じる時間を考えていたのではなく、物理的次元における時間を考えていた。誰であっても速い速度で動いているほど、時計はゆっくり時を刻み、水は沸騰するのに時間がかかり、チェスのゲームは長い

物理学者のハーフェレ(左)とキーティングと，彼らとともに世界を2周した原子時計.

時間続く。しかし、その人自身はそれには全く気づかない。なぜなら、彼が感じる時間もゆっくりになるからで、いいかえると、彼はゆっくり年をとることになる。双子の兄がロケットで宇宙を飛行し、地球に戻って双子の弟に再会したときには、この効果に気づくだろう。同じ日に生まれた双子なのに、突然、弟のほうが年寄りになっているのである。

このような予測は、素人にとっても専門家にとっても、笑止千万と感じられた。日常生活での経験には、アインシュタインの理論の裏付けになるようなものはまるでなかった。といっても、驚くには当たらない。この効果を測るには、光速に近い速さ、つまり秒速三〇万キロメートルという途方もない速さで動くか、信じられないほど正確な時計を使うかの、どちらかしかないのだから。

一〇年後に、アインシュタインは一般相対性理論を提出した。そこで特に述べられているのは、時計の動きはその速度だけで決まるのではなく、重力によっても決まるということだった。谷底より山の頂上のほうが、時計は速く動く。ただしこの場合も、地球上では違いがあまりにも小さいため、気づくことはない。

一九七〇年代初めに米国の航空会社が世界一周路線を開設した後、ジョゼフ・ハーフェレは、時計を飛行機に乗せてアインシュタインの予測した効果を測定するのは、どうしても不可能なことなのかどうか、知りたいと考えた。実はすべては非常に初歩的なことだった。飛行の前にしなくてはいけないことといえば、空を飛ぶ時計と地上に残す時計とを同期させることだけで、後は世界一周飛行すればよい。もしもアインシュタインが正しければ、一周し終わったときには、速く動いてきた時計のほうが進みが遅く、時間が違うのが明らかになるだろう。

ハーフェレは、この時間のずれは一〇億分の一秒（ナノ秒）単位で測る程度で、数ナノ秒になるはずだと計算した。彼が物理学者の集まる会合でこのアイディアを発表したときに、聴衆のなかにワシントンにある米海軍天文台の時刻管轄部門で働くリチャード・キーティングがいた。当時、米軍のこの部門が、「自由主義世界」の正確な時刻を維持する役割を担っていた。正確な時刻を知ることは特に電波航法にはきわめて重要であり、キーティングは、世界各地の米国施設の原子時計を同期させるために外国へ飛ぶときには、持ち運びできる原子時計を持って行くことが多かった。

そのためキーティングは、こういった時計を使えばハーフェレの計算した時間のずれの測定は可能だとすぐに気づき、二人で協力して世界を回る実験旅行の計画を練った。ただしキーティング自身は、何らかのずれが検出されるかどうかは疑っていた。「黒板に何かを書きちらしては何でもわかっていると主張する学者先生のことは信じていません。これまで、計測してみると予測どおりにならない例を、あまりにも数多く経験してきましたから。」

ハーフェレとキーティングは、まず西から東へと世界を一周し、四日後には逆方向にもう一度世界一周を繰返した。最初の旅では全行程六五時間かけて、ワシントンからロンドンへ行き、そこからフランクフルト、イスタンブール、ベイルート、テヘラン、デリー、バンコク、香港、東京、ホノルル、ロサンゼルス、ダラスを経て、再びワシントンへと戻った。

この空の旅は、なかなかつらい旅だった。重い時計を何度も持ち運ばなくてはならなかった（実は、測定をなるべく正確に行うため、二個の時計を組合わせて使った）ためだけではない。壊れやすい精密機械は絶えず見守っている必要があり、彼らはほとんど寝ることができなかった。それだけでも十分大変だが、さらにそのうえ、装置の不完全な配線のためにアース線を外さなくてはならず、つまりは、時計の枠に電流が流れることになって、彼らは何度も繰返し電気ショックを受ける羽目になった。

旅の最後に、ハーフェレは集めたデータをアインシュタインの方程式に入れ、速度と重力の影響を考慮したうえで、飛行機に乗せた時計は一七～六三ナノ秒ゆっくり進むはずだと計算した。そして実際に、飛行機の時計の進みは五九ナノ秒遅かった。ワシントンに残してきた時計は地球と一緒に回っているので、西向きの旅では逆の結果が出た。今度は、ワシントンの時間のほうが、飛行機の上よりもゆっくり進み、二七三ナノ秒も遅れた。最初は、これは奇妙に感じられた。何しろこの場合にも、飛行機に乗せた時計のほうが、地上に止まっている時計よりも速く動いていたのだから。しかし、これを地球の外から眺めたときには話は違ってくる。実は地上の時計は、地球とともに自転しているため速い速度で動いており、地球の自転に逆らう方向に飛んでいる飛行機の中の時計のほうが、その分だけ遅く動いていることになる。

このような実験は不要だと考えていた一部の物理学者たちにとっては腹立たしいことだったが、この原子時計の空の旅はマスコミに大きく取上げられた。確かに、特殊相対性理論は、一九三八年に行われた実験を手始めに、それまでに数回は実験によって証明されていた。しかしこういった初期の実験は、加速されて高速になった素粒子が崩壊するまでの時間のずれを測定するもので、素人にとってはそれほどわかりやすくはなかった。キーティングとハーフェレが機内に手荷物として持ち込んだ時計は、はるかに現実的でわかりやすかった。ハーフェレが言うように、「あるところまできた時点で、この実験は専門家のためではなく、ごくふつうの人のために行おうと心を決めた」からである。

著名な物理学者スティーヴン・ホーキングは、「もしも少しでも長生きしたいと思うなら、地球の自転の速度に飛行機の速度が加わるように、東へずっと飛び続ければいい」と書いている。だが同時に、人々が期待を膨らませないよう警告もしている。「ただし、それでほんの何千分の一秒、何万分の一秒寿命が延びたとしても、機内食なんか食べ続けていれば、帳消しどころではすまないだろう。」

## 1972年 交差点から急いで逃走

見つめられると人がどうなるかを研究するには、あなたならまずどうするだろう。スタンフォード大学の研究者たちは、ある簡単な方法を編み出した。パロアルトのいくつかの交差点に立ち、信号待ちをしている車の運転者を見つめたのである。そして、信号が青に変わると、車がどのくらいすぐに走り去るかを測定した。見つめられた運転者は早く逃げたがり、交差点を平均五・五秒で通過したが、それ以外の運転者の場合は六・七秒かかった。動物とまるで同じように人間も、見つめられると危険の兆候と感じ、飛んで逃げる原因となる。この実験の場合には、「飛ぶ」といっても、交差点の向こう側へと動くだけだったが。

## 1973年 膝の震えが心を惑わせる

心理学者のドナルド・G・ダットンは、日本人研究者が訪れると、必ずカピラノ吊り橋へと案内させられた。この吊り橋はバンクーバーの近くにある観光スポットで、ロープとがたがたする板でできた幅一・五メートル、長さ一五〇メートルの橋の下は、深さ七〇メートルの渓谷である。しかし日本からの心理学者たちが橋を見たがるのはそのためではなく、ここでダットンとその同僚のアーサー・P・アロンが、「恋のややこしい生まれ方」を調べる有名な実験を行ったからなのである。

バンクーバー近郊のカピラノ吊り橋では，恋の勘違いについての有名な実験が行われた.

実験はこんなふうに行われた。一九七三年の夏、吊り橋を訪れた人に、きれいな女子学生が頼み事をした。この女子学生は、橋を渡り終わってまだ膝が震えている男性全員に話しかけるよう、ダットンとアロンに雇われた学生だった。彼女は男性たちに、心理学の宿題で風景の魅力の効果について調べているので、いくつかの質問に答えていただけませんかと頼んだ。男性たちには知らされていなかったが、この実験の重要なポイントは、その次に起こったことにあった。女子学生が、アンケート用紙の一部を切り取り、自分の名前（グロリア）と電話番号を書いて男性に渡し、もしも調査についてもっと詳しく知りたいなら電話をくださいと言ったのである。

それからしばらく後に、吊り橋近くの小さな公園をぶらつく、この同じ女子学生の姿が見かけられた。この公園では、少し前に吊り橋を渡った別の男性たちが一息ついていた。彼女はそのなかの何人かに近づき、前と同じ話をして、電話番号を渡した。ただし一つだけ違いがあり、今回はグロリアでなく、ドナという名前でだった。

その後数日間に、橋を渡り終わったところで声をかけた男性二五人のうち、一三人からグロリアに電話があった。一方、公園の男性二三人のなかでドナと話したがったのは七人だった。これは、まさにダットンとアロンの予想どおりだった。この吊り橋は、長い間心理学の議論の的になってきたある仮説を補強する証拠となった。「ある刺激によって肉体的興奮が生じたときに、人々が、それを別の刺激による興奮であると誤って受取ることがあるだろうか。」心理学者は、これを「誤帰属」とよぶ。

橋から降りたばかりの男性は、自分の膝が震える原因はグロリアだと誤解した。実際は、それは吊り橋を渡ったことによる興奮だったのだが、潜在意識で、あの女子学生が自分の肉体的興奮の原因だと思い込んだ。彼らの多くが後でグロリアに連絡をとりたくなったのも無理はなかった。公園の男性たちの場合は、橋を渡ったことによる興奮はすでに収まっていたため、これはドナのせいかもしれないと思い違いするような肉体的シグナルを感じなかったのである。

この実験以来、さまざまな場面で誤帰属が働くことが明らかにされてきた。なかには、この現象を基礎として、こんな仮説を組立てる研究者もいる。すなわち、若いカップルが会うことを両親が禁じると、さらに性的興奮を生じさせてしまい、そうするとカップルはそれを恋の感覚と誤解して、さらに二人の絆が強まってしまうだけだというのである。つまり、こういった心理学者たちからみれば、『ロミオとジュリエット』は誤帰属の古典的実例というわけだ。

## 1973年
## トイレでの侵略

デニス・ミドルミストがこの実験のアイディアを思いついたのは、トイレで座っていたときで、彼が実験を行う場所として選んだのも、まさにその場所、すなわちトイレだった。そのときミドルミストは環境心理学セミナーに参加していて、そこで出された課題について、いろいろ考えをめぐらせていた。特に彼を引きつけたのは、パーソナル・スペース（私有空間）というテーマだった。個人は自分のまわりにどのくらいの空間を必要とするのだろう。どうしてそれが必要なのだろう。もしも、誰かがそこに侵入したら何が起こるのだろう。

毎日起こるありふれた出来事が、これらの疑問に対して最初の答を与えてくれた。「ある日トイレで、同級生が使っている小便器の隣の便器に向かって立ったときに、僕はその影響にすぐに気づいたよ。」ミドルミストが気づいたのは、尿が出るのに時間が長くかかることだった。彼はセミナーで、この観察結果に基づいてパーソナル・スペースについての実験をしようと提案したのだが、同級生たちに一笑に付されてしまった。だが教授は、とにかくやってみなさいと彼の背中を押してくれた。

パーソナル・スペースという現象を調べるには、一つ大きな問題があった。確かに、いくつもの実験から明らかになっているように、人々は自分のまわりにある目に見えない境界を侵害されると、何らかの反応をする。たとえば、後ずさりして間隔を保とうとしたり、それ以外にもさまざまな方法で、近づきすぎを帳消しにしようとする。しかし、誰にもわからないのはその理由だった。これぞ、ミドルミストのトイレ実験の出番である。

人間の括約筋がどのくらいすばやく弛緩するかには、恐れや不安の感覚が影響することが昔から知られていた。基本的に、不安を抱えたり気が動転したりしていると、誰でも尿が出るのに時間がかかる。つまり、何も知らない被験者の尿の出方が別の人がいることによって遅くなったとしたら、パーソナル・スペースの侵害が不安や心配といった感情をひき起こすという見方を裏付ける、巧みな証明になるだろう。

ミドルミストと仲間の学生エリック・ノールズは、この仮説を検証するための実験を考え、一九七三年の年末にかけてウィスコンシン大学グリーンベイ校のキャンパスで、大講堂近くの小便器が三つある紳士用トイレでこれを実行に移した。

彼らは偽の「故障中」札を使って、トイレを利用しようとする男性向けに次のような三つの場面をつくり出した。

一、被験者が使っている小便器のすぐ隣の小便器の前に実験者が立つことになる状況

二、被験者と実験者の間に、一つ空いている小便器がある状況

三、被験者一人だけしかトイレにいない状況

三つ目の状況では、少なくとも彼は自分が一人きりだと思っていたのだが、実際にはミドルミストが、小便器と反対側にある二つの個室の一方に二個のストップウォッチを持って隠れていたのだった。そして、うず高く積まれた本の後ろに隠した潜望鏡を使えば、個室のドアの下から外を見て、被験者の尿がほとばしるのを観察できるようになっていた。彼は、被験者が小便器に近づいたときに二個のストップウォッチをスタートさせ、尿が出始めたときに一個目を、尿が出終わったときに二個目をストップさせた。

六〇人の男性がトイレに入り、出て行った時点で、疑問は解決した。実験者が隣の小便器にいるときには、被験者の括約筋が緩むのに平均八・四秒、すなわち被験者が一人でいる場合のほぼ二倍の時間がかかった。そして予想どおり、ストレスのかかった被験者はリラックスした被験者よりも早く排尿し終わった。尿が出始めるのを待っている時間が長くなり、その間にそれだけ圧力が高まるからである。

これらの発見を発表したミドルミストは、倫理に反する行為だと批判される羽目になった。ハーバード大学医学系大学院のジェラルド・P・クーヒャーは、この実験を見ると「人間の尊厳が心理学研究者によって決められてしまう現状に大いに疑問が浮かぶ」と述べ、「情緒不安定な人が、排尿している様

子を観察されていることに偶然気づいたとしたら…」と懸念を示した。ミドルミストは、これは少し言われすぎだと思った。パーソナル・スペースの侵害はどっちみちトイレで毎日のように起こっているのだし、相手に害を残すような経験ではないというのが、彼の言い分である。それどころか彼は、この予備実験の被験者にされていたことに気づいた人たちは、この話を、友達をおもしろがらせる話のネタに喜んで使うのではないかとさえ思っていた。

この小便器の実験は、ミドルミストにその後もずっとついてまわった。その結果、彼はつまらない政治的な騒動の火種になったことすらあった。彼がオクラホマ州立大学に職を得た後で、州知事の耳に、地元の支持者の一部が彼の実験に憤慨しているという噂が入った。知事が学長に苦情を言い、学長は、オクラホマ州立大ではこのような実験は行わなかったことをミドルミストに再確認しなくてはならなかった。

しかし、もしも実験が行われていたとしても、知事は喜んでいいはずだった。ミドルミストの実験は、最小限の手間で行われた費用対効果の高い、納得のいく決定的な実験だったのだから。これ以上のことを望むなんて、政治家に言われたくはない！

## 1974年
## 信号でイライラ

車の運転者は、信号が青に変わったのに自分の前の車が何の理由もなく動かないように見えると、頭に血が上ってカッカする。これは、単によく知られた事実というだけでなく、一九六六年以降は「科学的な事実」に昇格した（一九六六年の実験参照）。心理学者のロバート・A・バロンは、信号での怒りはどうすれば静まるだろうかと考えた。実験室でのさまざまな研究の過程で、被験者を刺激して他の感情（たとえば同情、楽しさ、性的興奮など）をひき起こすと、攻撃性が低下することが明らかになっていた。そこでバロンは、そろそろこの仮説を路上テストするときだと判断した。

一九七四年の夏、インディアナ州ウェストラファイエットで車を運転していた一二〇人が、バロンの短い心理劇のおもてなしを受けた。いくつかの信号機のところでバロンの協力者が後続車を妨害し、そこにミニスカートにぴっちりしたトップスを着た胸の大きな女子学生が登場し、二台の車の間を横切ったのである。彼女は「性的興奮」という実験条件を整えるための配役で、それほど運のよくない運転者は、次のような四種類の実験条件に遭遇した。つまり女子学生が全く通らない（対照群）か、ふつうの服装の女子学生（単に注意がそれる）、松葉杖をついた女子学生（同情）、ピエロのお面をつけた女子学生（楽しみ）のいずれかが横切るのであった。

“性的興奮”という実験条件の場面．豊かな胸の学生がぴっちりしたトップスにミニスカートをはき，道を横断している．

バロンの協力者の車は、毎回、一五秒間道をふさいだ。問題は、さまざまな条件の違いが後続車の運転者の反応を変化させるかどうかだった。結果はほぼ予想どおりだったといってよい。松葉杖、ピエロのお面、ミニスカートを目にしたときには、ふつうの服装をした学生が歩いたときより、運転者がクラクションを鳴らすまでの時間は長くなった。しかし何といっても、ミニスカートの場合に、松葉杖やピエロのお面よりはるかに効果が大きかったのである。

## 1974年 ヒッチハイクのヒントⅢ――目を見よう！

ヒッチハイクのための基本的な法則が二つ、科学によって実験で証明されたが（「怪我をしよう！（一九六六年の実験参照）」、「女性になろう！（一九七一年の実験参照）」）、その後一九七四年に、車の運転者にアピールする画期的方法が、さらにもう一つ発見された。カリフォルニア州パロアルトでの実験で、ヒッチハイカーが運転者を見つめたときには六〇〇台の車のうち四〇台が止まってくれたが、目を合わせようとしないと一八台だけしか止まらなかった。

## 1975年 ヒッチハイクのヒントⅣ――胸を大きく見せよう！

さて、手軽で科学的に証明されたヒッチハイクのためのヒントをもう一つ紹介しよう（ただし、男性には悪いが、これは女性のヒッチハイカーにしか通用しない）。胸を大きく見せるようにしよう。シアトルでの実験では、パッド付きのブラジャー（バストサイズが五センチメートル以上大きくなるもの）を着けた女性は、着けない女性に比べ、乗せてもらえる確率が二倍になった。

ただし、この実験に参加したキャロル・ファーレンブルッフはのちにインタビューに答えて、肌も露わな女性たちが道路脇に大勢立って手を挙げているという夢物語を、さっさと打消した。「残念な事実で話を台無しにしたくはないし、おそらく読者はがっかりするでしょうが、この実験が行われたのはシアトルの秋と冬の寒くて雨の多いときだったので、『ヒッチハイカー』は全員、ずっとレインコートやスキージャケットを着ていました。」研究の公式報告は、こんな悪天候でなければもっと成功率は高かったかもしれないとさえ、推測している。「雨がしょっちゅう降ったり、厚手の服を着る必要があったりしたため、おそらくシグナルは（この場合バストサイズなので）見えにくかっただろう。」

## 1975年 待合室にフェロモン

バーミンガム大学の歯科クリニックの待合室には、どこといって特別なところはなかった。受付のデスクが一つ、雑誌が散らばった低いテーブルが一つに、椅子が一二個置かれていた。椅子に座っている患者たちは、自分がどれか一つ適当に選んだ椅子に腰掛けたと思っていたが、実はそうではなかったのである。

その朝早くマイケル・カーク・スミスは、片手にスプレー、片手にストップウォッチを持って、まだ誰もいない時間に待合室に入った。そして、受付デスクのすぐ向かいの椅子のところに行き、座面にスプレーを向け、正確に五秒間吹きつけた。一六マイクログラムのアンドロステノンを含んだ細かい霧が、座面を覆った。彼はそれから数週間にわたって、毎日同じことを繰返した。ただし、ときどきは噴霧時間を一秒間にしたり、一〇秒間にしたりした。また、吹きつける前に座面を洗剤で拭いたり、椅子を別の椅子と取替えたりもたびたび行った。アンドロステノンは男性の脇の下から分泌される物質で、カーク・スミスはこれが女性を引きつけると信じていた。

生物学では、多くの動物の交尾がフェロモンとよばれる揮発性物質によって調節されていることが以前から知られていた。人間の汗からも同じような物質が見つかっていたが、心理学者たちは、人間のパートナー選びにもこのような物質が影響するなどと考えるのは、はっきりいって馬鹿げていると思っていた。「人間はあまりにも進歩しているので、そんな原始的な作用には左右されないと彼らは言っていた」とカーク・スミスは振り返る。彼は、このような物質も一つの要因になると確信し、博士号取得のためにフェロモンの研究を始めた。

研究の過程で、彼は精神科医のトム・クラークに出会った。クラークはすでに、アンドロステノンを使って独自の嗅覚テストを何回か行っていた。「彼は、パーティーのときにアンドロステノンを座席にスプレーしておいたら、『その席には、ホモセクシュアルの男性しか座らなかった』と僕に話してくれた。どうして、ホモセクシュアルだとわかったのかを訊くと、彼はこんなふうに答えた。『僕は精神科医だからね、そういうことはわかるよ。』」クラークは劇場の観客席でも、プログラムと一部の座席にアンドロステノンをスプレーして、実験を行った。しかし、彼の実験は、本当の科学的方法ではなかった。これに対してカーク・スミスの実験は、綿密に計画して実行された。

まず最初の数日間、彼はアンドロステノンはスプレーせずに、観察だけを行った。実験の目的を聞かされていないクリニックの助手が一人、どの座席に男性が座り、どの座席を女性が選んだかを、終日詳しく記録した。受付の向かい側にある三つの椅子は、明らかに女性には不人気だった。たとえば、この期間にクリニックを訪れた女性患者六七人の誰一人として、三つの真ん中の椅子には腰掛けなかった。そこでカーク・スミスは、この椅子を使って、フェロモンの威力を実証しようと考えた。

それから五週間、彼はこの椅子にアンドロステノンを吹きつけ、助手がつけておいてくれた記録を分析した。以前は女性患者が避けていたこの椅子は突然人気が上昇し、二一人が座っていた。これに対し、男性はアンドロステノンを避けたくなるようだった。カーク・スミスの推測は正しいことが証明された。

現在では、確かに人間のパートナー選びにもフェロモンが役割を果たしていることが知られている。これがわかってから、創意あふれる企業家たちによって、フェロモンを含むさまざまな高価でうさんくさいコロンがつくり出されてきた。家具メーカーも、古めかしい三点セットのソファーを女性たちに強引に売りつけようと、これを利用したと噂されている。ただ、この効果はごく弱いので、おそらくほかのいくつかの要素も組合わせたのだろう。

その後BBCが、人々がパートナーをどのように選ぶかのドキュメンタリー番組のために、カーク・スミスの実験を再現して隠しカメラで撮影した。それ以前はともかく、そのときから、彼の実験はこの種の実験の代表格とみなされるようになった。

## 1976年 教育の助けになるカミソリ

講義をする姿があまり様にならない教授は、あごひげを生やしているなら、望みを託せるものが一つある。そう、フリードリヒ・アレクサンダー大学ニュルンベルク＝エアランゲンのユルゲン・クラップロットによれば、電気カミソリがそれである。彼は、論文「ひげが教師をつくる――大学教授のあごひげが学生に及ぼす効果の研究」を書くために、二学期間はひげなしで、次に一学期間はひげを生やして、さらに最後の一学期間はまたひげをきれいに剃ってから講義をした。

クラップロット教授は実験室での研究から、こう推測していた。「ある人に付随する一定の視覚刺激（すなわち、この場合にはあごひげ）」は、その人をどんな人と感じるかという日常的な判断に影響する。したがって、ある人の顔の外見にほんの小さな変化が起こっても、観察者のもつ印象は変化するだ

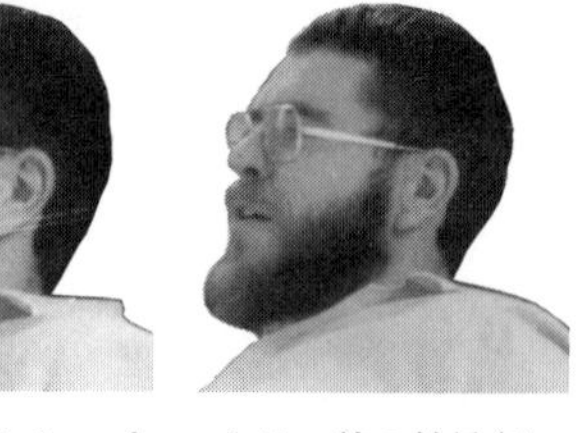

心理学者のクラップロットは，彼の外見(ひげの有無)が，学生たちに及ぼす効果について調査した．

ろう。だが、これを実際に立証できるだろうか。

ひげを変えるたびにクラップロット教授は、学期が始まって学生たちが初めて彼の顔を目にしてから一〇分後に、彼の人間性についてのアンケートに答えてもらった。

結果は、立派なひげの大学講師には非常に不利なものだった。ひげがある場合のほうが、学生はクラップロットのことを「決断力、緻密さ、集中力、親しみやすさ、粘り強さがどれも低め」だと感じ、「能力、頭の回転、合理性、知性の点でも低め」だと判断した。プラス面としては、ほとんど特筆すべきものはなかったものの、ひげがあるほうがクラップロットは、気どらず、おおらかで、しかも急進的とみられた。ただし、これらの性質が教授にとってプラスといえるなら、ではあるが。

## 1976年 億万長者が自分のクローンをつくる?

一九七三年九月、モンタナ州西部フラットヘッド湖畔にある山荘にいた米国の科学ジャーナリストに、謎めいた電話がかかった。彼が受話器を取上げると、電話の向こうの男は名前を明かさず、ただ、自分は六七歳の富豪で、結婚していないが跡継ぎがほしいと言った。そして、直接会ってくれれば、そのときにはもっと詳しい話をしたいと言うのだった。

デービッド・ロービック著『複製人間の誕生（In his Image）』は、こんなシーンで始まっている。これは、この科学ジャーナリストが紹介した研究者たちに、自分のクローン人間をつくらせた老富豪の奇想天外な物語である。しかし、このせいぜい二流でしかないSF小説には、大きな問題点が一つあった。ロービックは、この物語は一言一句真実であり、出てくる科学ジャーナリストは彼自身だと言い張ったのである。

この本については、出版の一九七八年三月三一日よりも前に、マスコミが噂を聞きつけていた。タブロイド紙『ニューヨーク・ポスト』は、三月三日に「母親をもたずに生まれた赤ちゃん——初めてのクローン人間」という全段抜きの大見出しで、人間の生殖に新たな時代の幕が開くと報じた。その日の夜までには、クローン作製をめぐるロービックのこの本は、ニューヨークからロサンゼルスまで、全米のテレビのニュース速報に登場した。

科学者たちは、ロービックのクローン作製の物語は全くの嘘っぱちだと思った。たとえば、マウスの遺伝学、発生学の第一人者で、本のなかで研究が引用されているベアトリス・ミンツは、ロービックを「ペテン師」とよんだ。実際、この謎の電話をかけてきた「マックス」という偽名でよばれる実業家の物語は、到底信じがたいものだった。

この本によればマックスは、自分の複製人間をつくるためなら、「一〇〇万ドルでも、いや、それ以上でも喜んで出そう」と言ったのだった。複製人間、それは彼自身と遺伝的に全く同一な子供、いうなれば、七〇年経って生まれた双子の弟、すなわちクローンである。ロービックは以前は『タイム』の科学担当記者で、生殖医療について数冊の著書があり、この実験に取組むだけの条件の整った科学界の誰かにマックスをつなぐ役回りだった。

技術的観点からいうと、人間のクローン作製には、非常にやりにくいステップがいくつもある。まず第一に、女性から卵子を一個採取する必要がある。あるいは、出だしで失敗したときに備えて、できれば一度に数個の卵子を採取しておきたい。次にこの卵子から、この女性の遺伝物質を含んでいる細胞核を取除く。クローンをつくりたい人間からも、細胞を一個提供してもらわなければならない。原理的には、ごくわずかな例外を除いて、体のあらゆる細胞には個体の遺伝情報がそっくり全部含まれているので、どの部分の細胞でも利用できる。この遺伝情報は核に入っているので、これを細胞から取出して、核を取除いておいた卵子へと移し入れる。

こうしてつくった卵には、細胞提供者の遺伝物質がそっくり含まれることになる。この細胞を体外で液体培地を使って生きた状態に保ち、数回分裂したところで女性の子宮へと移植し、この女性が子供を産むことになる。

これらの過程全体が、むずかしい問題だらけである。しかし、ロービックが見つけだした医師（暗号名「ダーウィン」）は、これらの問題をわずか一八カ月で解決したというのである。この分野の世界的な研究者たちが、何十年研究しても解決できていなかったというのに。受精卵を確実に妊娠につながるよう移植する技術だけでも、公式に実現したのは一九七八年のことだった。しかも受精卵の移植は、最初の関門にすぎないのである。

最もむずかしいのは、完全な人間がもう一度発生できるようなやり方で、核を除いた未受精卵に体細胞の核をうまく融合させることだった。人間の体の各細胞がもつ遺伝情報には、個体をつくる詳細な設計図が書き込まれているが、細胞内の多くの遺伝子は、発生の過程で不活性化されている。そのため、たとえば肝細胞では、肝臓が役割を果たすのに必要な遺伝子だけが活性を保っているし、同じことが皮膚細胞にも脳細胞にも当てはまる。

問題は「働くのをやめた」不活性な遺伝子を、除核した卵子に移植し、その後で再び「働き始めさせる」ことである。つまり、「成熟した」核を何とかうまくだまして「若返った」と思わせて、完全な人間を発生させる手筈を整えさせなければならない。このころまでには科学者はカエルのクローン作製法を習得していたが、完全に発生を終えた体細胞を使ってではなく、まだ未熟で分化していない細胞、すなわちまだどの遺伝子も不活性化されていない細胞を利用していた。このような細胞は幹細胞とよばれる。

ところで、ロービックの物語の真実とは思えない点は、科学的な細部だけではなかった。物語の舞台も配役も、信憑性がなかった。ダーウィン医師が実験を行ったのは、ハワイの向こう、太平洋のどこかにある島で名前も明かされず、マックスが所有するゴム園や出資する水産工場があった。マックスの雇い人の一人で「派手な服や目立つことの好きな」ロベルトが、「工場や農園で」マックスのクローン人間を妊娠、出産するのに適した女性を探し始めた。マックスが出した条件は二つで、一つは処女であること、もう一つは美人であることだった。うんざりするほど探し回った挙げ句にようやく見つかったのが一七歳の少女（暗号名スパロー）で、彼女が一九七六年のクリスマスの二週間前に赤ちゃんを産んだ。マックスは、彼女に首ったけになった。

この話には明らかにうさんくさいところがあったのに、それは特ダネにならない理由にはならなかった。当時は、世論がしだいに科学に対して批判的になりつつあるときだった。アイラ・レヴィンが小説『ブラジルから来た少年』を発表してから、まだ間もなかった。この小説は、アドルフ・ヒトラーのクローンをつくろうとする年とったナチ党員のグループの話である。また科学者たちの間からさえ、新しく開発された技術を使って個々の遺伝子を別の生物の遺伝物質へと組入れるのは、しばらく禁止しようと求める声が出始めていた。ロービックの本は、科学にとっては最悪の宣伝になってしまった。ドイツのニュース雑誌『デア・シュピーゲル』は、「遺伝学――ヒトラーの一〇〇〇倍も恐ろしい」と題した特集記事を掲載した。何人かの科学者は、ロービックがさらに注目を浴びるのを恐れて、この本についてコメントするのを断ったが、国民的議論のきっかけにしたいと思う科学者もいた。ハーバード大学の生物学者ジョナサン・ベックウィズはこう述べた「いつか、われわれも目が覚めるだろう。まだ今回は起こっていないかもしれない。だが次には、あるいはその次には、つくるつもりもなかった怪物をつくり出してしまったことに、不意に気づかされることになるだろう。」

本の出版は米国議会上院でも批判にさらされ、クローン作製法の部分をめぐっては訴訟も起こされた。裁判では不正が認定され、本の発行人が一〇万ドルを払い『複製人間の誕生』に書かれた物語はフィクションであることを公式に認める声明を出すことで、示談が成立した。ロービックのほうは、本の内容は真実であるとの主張を曲げなかった。

なぜロービックがこのような詐欺的行為を行ったのか、その謎は未だに説明されていない。この本には隠れた政治的な意図があるに違いないとか、ロービックが単に一儲けを企んだだけだとか、憶測がささやかれたが、もう一つこんな説明もあるかもしれない。ロービックの元同僚によると、要するに「デービッドは知的で優れたライターだ。でも変人でもある。」

ロービックが一九九七年にオンライン雑誌『オムニ』に投稿した記事では、ごくわずかではあったが姿勢に変化がみられた。「私はあの本で描いた計画について、全面的に内情を知っていたわけではないし、それが成功したという証拠を見せられたことはない。ただ、状況証拠から、計画が成功したという結論に達した。七〇年代後半のあの時点でも信じていたし、今でも信じている。」今日ではロービックは、自分のことを、ほかの誰よりもはるかに早くクローン人間誕生の可能性を指摘した、荒野で叫ぶ預言者のようなものだったと考えている。

確かに、その後の見通しに関して、一部の科学者が的外れだったことは否定できない。たとえば、DNAの二重らせん構造の発見者でノーベル賞受賞者のジェームズ・ワトソンは、一九七八年に『ピープル』のインタビューで人間のクローンが初めて誕生するのはいつになると思うかと訊ねられて、こう答えている。「われわれが生きている間でないことは確かだ。息子のどちらか一人が科学者になりたいと言い出したら、クローン作製には手を出さないようにと話すつもりだ。クローンつくりには未来がないからね。」だが、一九九七年には、初めての哺乳類クローン、ヒツジのドリーの誕生が発表された。

二〇〇二年一二月二六日には、世界初のクローン人間の誕生というニュースが、再び駆けめぐった。今回も作製場所は明かされなかった。UFOのメッセージを伝える団体ラエリアン・ムーブメントが設立したクローン研究企業「クローンエイド」の報道発表によれば、生まれた赤ちゃん「イブ」は元気で、皮膚細胞を提供した三〇代女性の遺伝子構成をそのまま引き継いでいるという。

しかし、ラエリアンが実施するとした第三者専門家による遺伝子検査は、母親が子供を取上げられるのを恐れているという理由で、無期限延期されたままになっている。

## 1978年 今夜セックスしない？

タラハシーにあるフロリダ州立大学のキャンパスで、一六人もの女性が、いきなりなれなれしく声をかけられるという体験をした。若い男性が近づいてきて、ストレートにこう言ったのである。「キャンパスでよく見かけるけど、とても魅力的ですね。今夜、僕とセックスしませんか?」女性の反応は、「ご冗談でしょう!」か、「あんた、どっかおかしいんじゃない、あっち行ってよ」で、全員が拒絶した。ところが、女性から同じように誘われた男性は、一六人のうち一二人が誘いに応じた。彼らの反応は、「何も今夜まで待たないで、今すぐでも」とか「今夜は都合が悪いけど、明日なら大丈夫」だった。

この実験を行った心理学者のラッセル・クラークは、性的な誘いに対する反応が男女でどう違うかを知りたかったのである。結果は明白だった。だが、この結果が発表されるまでには一一年もかかった。

一九七〇年代は、社会が激変した時代だった。男性と女性には、体格だけでなく行動の面でも生まれつき違いがあるなどという考えは、女性に同等な権利を認めないためだけに存在するガチガチの性差別主義だとして非難されていた。つまり、男性と女性は生物学的理由に基づいて違ったやり方でパートナーを選ぶ(この事実は正しいと、クラークは確信していた)と主張しても、多くの社会心理学者から疑いの目で見られるだけだった。

この実験のアイディアは、クラークの社会心理学セミナーで生まれたものだった。セミナーでクラークは、少し前にジェームズ・W・ペネベイカーが発表した論文を取上げ、性的パートナー選びにおける男女差というテーマを思いついた。「女性は、美人でもそうでなくても、男性選びにタイミングを気にする必要はない。誰か男性に目星をつけ、『家に来ない?』とささやくだけで十分で、それで男性はすぐに落ちる。つまりほとんどの女性は、自分がどんなことをしたいときでも、男性を好きなように手に入れられる。しかし男性の場合にはそれはむずかしい。男性は、戦略、タイミングに悩み、『小細工』さえ考えなくてはならない。」セミナーに参加していた女性たちは、この見方に異議を唱えたが、クラークは、さらりと言った。「何も、口論したり、互いに腹を立てたりする必要はありません。これは実験で立証できる問題ですから。では、誰が正しいか調べる現場実験を考えましょう！」

数週間後、五人の女性と四人の男性が大学のキャンパスを歩き回り、異性に声をかけた。あからさまなセックスの誘いだけでなく、別に二つの誘い方も試してみた。「今夜、僕（私）とデートしませんか？」または「今夜、僕（私）のアパートに来ませんか？」デートの誘いに応じたのは、男女とも同数、すなわち誘われた人の半分だった。アパートへの誘いに応じたのは女性一六人のうち一人だけだったが、男性は一六人中一一人がアパートへ行く気になった。女性は全員がセックスの誘いをはねつけたが、男性は一二人が飛びついた。つまり、ふつうの誘いをした女性に会う気になった人の一・五倍である。

この違いの原因は男女が生物学的に非対称なことにあると、クラークは確信していた。「子供をつくるために、男性はほんの少量のエネルギーしか使わなくてよい。ことによると、一人の男性が父親となってつくれる子供の数は、ほぼ無限かもしれない。これに対して、女性が産み、育てられる子供の数は限られている。」

男性と女性とではセックスの代償の大きさが違い、クラークが実験で気づいた行動の違いの直接の原因になっている。女性はえり好みをするが、男性は基本的にどんな女性とでもセックスする気になれる。女性全員がセックスの誘いに対して激しい怒りを示したのとは対照的に、誘いを受入れなかった四人の男性は、「僕は結婚してるので」とか「今、付き合っている人がいるので」と、女性に気を遣って言い訳をした。

クラークはこの研究を発表しようとしたが、自分の発見が時代の空気に全く合わないことを痛感させられた。ある雑誌からは、こんな素気ない返事をもらった。「この論文は掲載できず、いかなる学術雑誌にも投稿は無理である。女性誌の『コスモポリタン』が掲載しなくても、ポルノ雑誌の『ペントハウス・フォーラム』なら載せるかもしれないが……」

のちに心理学者のエレイン・ハットフィールドがこの実験の話を耳にして、クラークの論文を微修正して再投稿した。今回は雑誌の編集者の反応は前よりも穏やかで、素気ない掲載不可ではなかった。「この論文は、どこかに掲載されるべきと考えます（おそらく必ずそうなるでしょう）。ただ、残念ですが本誌に掲載するとは言えません。」

このときには、「知見が古くなってしまっている」という新たな批判が加わった。男性と女性の違いは、一九七八年にはこのとおりだったのだろうが、その後しばらくの間にいろいろなことが変化した。そこでクラークは一九八二年にも実験を繰返したが、事実上、結果は同じだった。この研究はさらに何度も掲載を断られたが、とうとう一九八九年に『*Journal of Psychology & Human Sexuality*』で発表された。エイズに対する恐怖感によって性行動が変化したかもしれないという疑問が生じたため、クラークはもう一度、学生たちを現場に送り出した。結果は相変わらずだった。

現在では、「セックスの誘いを受入れるかにみられる性差」の研究は、さまざまなタイトルがついて、メディアに非常に規則正しく登場する（「男の愚かさを示す間接証拠」、「男＝うざいの確かな証拠」など）。ＢＢＣは、隠しカメラを使って、ドキュメンタリー番組用にこの実験をもう一度繰返した。その結果、英国人男性も同様に「うざい」ことが判明した。

## 1979年
## 自由な「意志の拒否」

一秒は長い時間である。ベンジャミン・リベットにとっては、長すぎる時間だった。リベットは米国の神経学研究者で、彼が学会でこの一秒について初めて耳にしたのは一九七七年五月、つまり測定されてから一二年後のことだった。自発的な手の動きの際に、脳が動こうと計画した最初の瞬間から実際の動きが実行されるまでに経過する時間は一秒だと、一九六五年にドイツの神経学者ハンス・コルンフーバーとリューダー・ディーケが論文を発表した。この二人はその際に、動作の直前に脳で電気的変化が生じるのを発見し、この現象を「準備電位」と名づけた。

どのような運動でも直前に準備電位が生じることがわかったが、別に驚くには当たらなかった。要するに、筋肉は脳から活動せよという指令を受けて初めて活動できるのである。だがそうはいっても、ある一つの点で、この結果は腑に落ちないものだった。

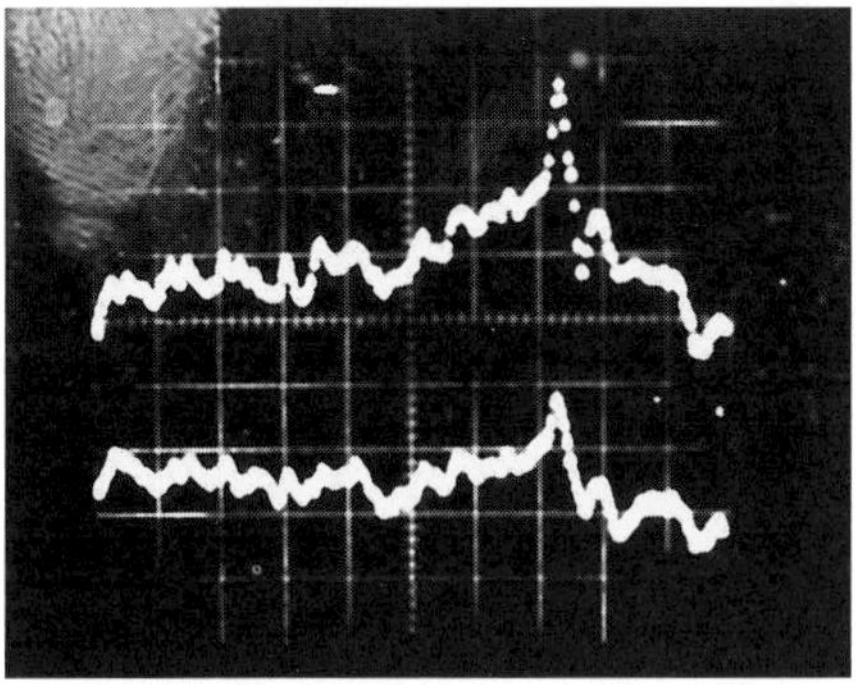

被験者はいつ手を動かすか、自分自身で決定することになっていた。つまり、この自発的な意志決定の瞬間と手が動いた瞬間との間に、少なくとも一秒の時間があったということになる。だが、これは人々が日々経験することとは矛盾していると、リベットは直感した。鉛筆を取ろうと決心してから実際に手に取るまでに一秒なんて、明らかに時間がかかりすぎだ。

このような推測のもとになっている根拠は、あまりにも自明のことと思えるため誰もわざわざ検証したりしなかったこと、すなわち、何らかの動作をするという意識的な決断が必ず先にあって、脳が動作のために活動し始

動作に先立って脳の電気インパルスが測定されたことから，科学者たちは，自由意志というものは存在しないのかもしれないと考えるようになった.

めるのはその後のはずだという認識である。原因と結果という単純な関係というわけだ。これを真剣に疑う人などいるだろうか。

リベットは、時間の経過を正確に測る方法がほしいと思った。「翌年は、一年間ずっと、いったいどうしたら意識的な決断の一瞬を測定できるか、自問自答した。」コルンフーバーとディーケは準備電位の瞬間と動作の瞬間を捉えただけで、意識的決断の瞬間を捉えたわけではない。決断にかかわっているのは、被験者その人自身だけだからである。決断の瞬間は客観的には測定できないし、脳の電気インパルスからも知ることはできないので、コルンフーバーとディーケは意識的決断の問題は敬遠したのだった。自由意志は科学的研究にはなじまないとみなされ、リベットによれば「皆、本心からそう思っていたのだと私は思う。」

さてリベットは、いつ手を動かそうと決断したかを被験者が彼に伝えられる、何かうまい方法はないものだろうかといろいろ考えた。しかし、言葉を発することも、しぐさで示すこともできなかった。こういった合図自体も同じように、意志的な動作につきものの意識されない遅れに影響されてしまうからである。

そのうちに、時計を使うというアイディアがひらめいた。被験者が、高速で動く時計を見て、動作をしようといつ決断したかを覚えておけば、後で実験者にそれを知らせることができる。リベットは最初、この思いつきを自分でも疑っていた。「測定は非常に正確でないといけないので、うまくいくとは思えなかったが、とにかくやるだけやってみようと決心した。」

神経科学の歴史のなかで、この実験ほど、議論を巻き起こし、多くの異なった解釈を生んだ研究はほかにない。この実験でリベットは、自由意志などというものは存在しない可能性があることを発見した。

一九七九年三月に五人の被験者の一人目として、心理学専攻の女子学生C・Mが、サンフランシスコのマウントザイオン病院にあるリベットの研究室を訪れ、座り心地のよい肘掛け椅子に腰を下ろした。頭と右の手首に電極がつけられた後で、彼女は、目の前一・八メートルほどのところにある小さなスクリーンを見るように言われた。スクリーン上では小さな緑の点が、円を描くように動いて、一周に二・五六秒かけてぐるぐる回っており、これが時計の役割をした。次にリベットはC・Mに、自分の好きなときに右の手首を曲げるよう頼んだ。彼女の手首につけた電極を通して電圧の変化を読取ることによって、動作が起こった瞬間が正確にわかり、彼女の頭につけた電極によって準備電位がわかる。また意識的決断を下した瞬間は、自由意志が働いたときに緑の点がどの位置にあったかをC・M自身が見ておき、各回の動作をした後でリベットに報告することによってわかる。

「被験者は何が行われているのか全くわからず、興味津々だった」とリベットは語る。とにかく、一回の実験に二五ドルの報酬だったので、彼らは喜んで好きな瞬間に手首を動かし続けた。「最初の実験の後、結果が非常におかしいことに気づいた。」現在八五歳になったリベットは、古い実験ノートを取出して、記憶をたどる。分厚い実験ノートにはあちらこちらに数字が乱雑に書き散らかされ、ところどころに「準備電位」を示すグラフの写真が挟まれている。

C・Mが、手を動かそうと決断した瞬間としてリベットに報告したのは、すべて、実際の動作のちょうど〇・二秒前の一瞬だった。これは日常生活での経験とよく一致する、理に適った結果である。だが、準備電位は動作の少なくとも〇・五五秒前には起こっていた（コルンフーバーとディーケの研究によれば、まるまる一秒前に起こる例さえあるという）。いいかえると、C・Mの脳が動作の準備を始めたのは、まだ何も知らないうちだということになる。何しろ、C・Mが動作の決断を下すのは、それから〇・三秒も経ってからなのである。他の被験者でも結果は全く同じだった。準備電位のほうが、いつも自由意志の働き始めよりもはるかに早かったのである。

一見すると、この実験から導かれる結論は一つだけのように思える。すなわち、自由意志とは幻想だということである。脳は意識という隠れ蓑を用意してわれわれを騙し、自分たちは自由に選択ができると信じ込ませているが、潜在意識の奥深くで、ものごとはすでに決められているのだ。つまりわれわれは、自分のしたいことをするのではなく、することになっていることをしたいと思うのだ。

しかしリベットは、この結論には不満だった。「これはつまり、われわれ人間は実は非常に洗練されたロボット以外の何者でもなくて、われわれの意識や意図は、何の原動力もない、付け足しのおまけのようなものということである。」その可能性を示したことで、この実験は法制度の根本の根本を揺るがした。実は避けることが不可能な、実行するしかなかった行為について、人を罰することができるだろうか。

そこで、リベットはすぐに新しい理論を導き出した。この実験によって、自由意志のふりをして潜在意識から筋書が生じるのに対してわれわれは何の力ももたないことは実証されたが、実はわれわれにはその筋書の実行を妨げる力はあるというのだ。彼はさらに実験を重ね、意識的決断と動作の間に〇・二秒の時間があれば、われわれは十分、拒否権を発動して全体の流れを中止することができることを証明した。たとえ、われわれに本当に自由意志はないとしても、少なくとも自由に「不同意」はできるわけだ。

これは、われわれに自制心の鍛錬を勧める宗教規範、倫理規範ともつじつまが合っている。モーセの十戒を始め、多くの規範の決まった形は「汝、〇〇するなかれ」である。リベットが冗談めかしてよく言ったように、彼の拒否権理論は「原罪の生理学的説明」にもなる。「もしも人が、たとえそれが何らかの動作に結びつかなかったとしても、邪悪な意図をもつだけで罪深いと考えるなら、この理論によれば、事実上すべての人間は罪人になる。」

しかしこの拒否権理論には、重大な弱点が一つある。もしも、意識的な決断に先立って脳の無意識の活動が起こるのだとすれば、リベットのいう意識的な拒否権にもこれが当てはまらないはずがない。

科学者のなかには、リベットは自分の実験から得られる論理的な結論にうろたえて、自由意志という概念を救おうと心をくだいたのだと信じる人もいる。たとえば哲学者のトーマス・W・クラークはこう書いている。「彼の理屈はこうだろう。『われわれに自由意志がないなどとは、とても考えられない（とにかくわれわれは、ロボットになどなりたくはない）ので、自由意志の存在の証拠探しに、無駄に時間を費やすわけにはいかない。』」だが、こんな理屈は科学的とはいえない。

このような議論は、非物質的な精神が存在するのか、それとも意識は脳内の単なる物理、化学反応の結果なのかという問題をはぐらかすことにもなる。二つ目の立場（決定論的な立場）をとるなら、リベットの実験はそれほど驚くほどのものではない。もしも精神が、脳内で起こる一連の物質的反応ででできているなら、自由意志も無意識の脳のインパルスから始まっていなくてはならない。そうでなくては、不可能である。あらゆる作用には原因があるのだ。

この点から考えると、リベットの発見は、要するにそれほど怖がるようなことではない。単に、われわれの個人的な経験と矛盾するだけのことである。人は、自分には自由意志があると思いたがり、そのとおり、自由意志はあると信じてもいる。神経科学者でさえ、どうしてもそう感じないではいられない。科学者の多くが、個人的な罪と償いという観念はすべて放棄したという一方で、科学的知識と自身の日常生活における感覚との矛盾を解決できないでいる。

だから、ドイツの神経科学者ウォルフ・シンガーは、自由意志を信じていないのだが、こう白状する。「夜、家に帰ると、子供に『なんて馬鹿なことをしたんだ』などと言って怒ってしまう。そんな馬鹿なことをしないこともできたはずだと、つい思ってしまうからだ。」

## 1984年 タッチでチップが増える

チップの習慣についての研究は、名声や栄誉という意味では、科学の他の分野とはとても張り合えないかもしれないが、得られた知見が実際に人々の日常生活に深く関係するという珍しい特質を備えている。チップの研究の人気が高いもう一つの理由は、簡単に、しかも低コストの割に効率よく、行動研究が行えるからである。何しろ、レストランはいくらでもあり、被験者の役割を果たすお客もいくらでもいるし、実験操作の効果を知りたければ、受取ったチップの金額を数えればいいだけだからである。

ミシシッピ大学の学生エイプリル・H・クルスコは、実はチップに科学的関心があったわけではなく、治療の場面において「触ること」がどれほど重要かを調べていた。しかし、その実地試験は非常にむずかしかったし、彼女はレストランのウェートレスのアルバイトをしていたので、仲間のウェートレスたちに代理セラピストの役割を頼もうというアイディアを思いついた。触れることに治療の一貫としての（たとえば他者の共感を呼び起こしたり、自分の力を確かめたりする方法としての）効果があるとすれば、レストランでも当然効果があり、チップの額に現れるはずである。

クルスコと、彼女が参加していた社会心理学講座のクリストファー・G・ヴェッツェル教授は、まず最初にウェートレスたちがお客にどのように触れればよいかを考え、実行しやすく、しかもごく自然にみえる触り方を二通り編み出した。一つは「ソフトタッチ」と名づけた触り方で、ウェートレスがお客に指で二回、一回につき〇・五秒ほど触るというものだった。クルスコは、この触り方にはプラスの効果があるだろうと期待した。二つ目の触り方は「肩タッチ」とよび、ウェートレスがお客の肩に手を一・五秒ほど載せるというものだった。この触り方は支配行動と解釈される可能性があるので、マイナスの効果があるだろうとクルスコは予測した。

ウェートレスたちはこの二つの触り方を、何の疑いも抱かれないよう、何気なく自然にできるようになるまで練習した。この実験を再現したければ誰にでもわかるよう、動作の正確な順序は論文に詳しく書かれている。「ウェートレスはお客に、横またはやや後方から近づき、親しみやすいがしっかりした口調で『〇〇円のお返しです』と言いながら、微笑まずにお客に触り、体を約一〇度傾けてお釣りを渡す。お客に触るときには目は見ない。」

ミシシッピ州オクスフォードの二軒のレストランを訪れた一一六人のお客に、このように触ることが確かに効果を及ぼした。手へのソフトタッチではチップの額は三七パーセント増え、肩タッチでも、予想に反してチップは一八パーセント増えた。

お客に触ることに嫌悪感をもっているウェートレス向けには、ほかにもいくつか、同じようにチップの額にプラスに作用する方策があることがそれ以降の実験でわかった。洗礼名で自己紹介する、注文をとるときにしゃがむ、伝票に手書きで「ありがとう」と書く、伝票にお日様やニコニコマークを描く、注文を繰返して確認する、伝票を渡しながらジョークを言う、などである。実験で使われたジョークは、こんなものだった。「エスキモーが映画館の前でガールフレンドを長い間待っているうちに、だんだんに冷え込んできました。寒くて震えながら、頭にきた彼はコートの中から温度計を取出し、大声で言いました。『彼女がマイナス一〇℃になっても現れなかったら、先に行っちまうぞ』」こんなつまらないジョークでも、お客は見返りに五〇パーセントも余分にチップを置いたのである。

## 1984年 効果的な口説き文句

心理学の教授マイケル・R・カニンガムが、異性どうしを引きつけあう魅力の問題を社会心理学セミナーで取上げたときに、学生たちから、どんな口説き文句が科学的観点から見て最も優れているかと質問が出た。カニンガムは大量の学術雑誌を片っ端から調べ、とうとう、一〇〇種類の口説き文句を人気順に並べ、大きく三つ（率直、無難、オシャレ・軽薄）に分類した論文を見つけだした。しかしこのランキング表は単なる記入式アンケート調査の結果であり、つまり、この一〇〇の口説き文句は本格的に使われたものではないことになる。カニンガムは、この点を何とかしようと決心した。

そこで二週間後にシカゴのバーで、この三つの分類から二つずつ六種類の口説き文句を使って、ごく平均的な魅力の男性が、連れのいない女性を引っかけようと試みた。率直なセリフは「ちょっと照れくさいのですが、デートしてもらえませんか」と「勇気を振り絞って声をかけました。せめて名前だけでも教えてくれませんか。」無難なセリフは「こんにちは」と「あのバンド、どう思います？」のどちらか。そして最後のオシャレ・軽薄に分類されるのは、「あなたを見ると、昔付き合っていた人を思い出します」か「どちらがたくさん飲めるか、賭けませんか」というセリフである。

カニンガムは少し離れたところに座って観察し、効果を記録した。目が合ったり、笑顔や好意的な返事ならば声かけは成功であり、目を背けたり、立ち去ったり、拒絶するような返事は失敗の印である。

成功率は率直な口説き文句の場合が最も高く、「ちょっと照れくさいのですが…」という熱意に対しては女性一一人のうち九人が、「勇気を振り絞って…」に対しては一〇人のうち五人が好意的な反応を示した。無難な声かけも同じようにうまくいった。対照的に、オシャレ・軽薄な口説き文句は、どうしても避けたい誘いのようで、八〇パーセントの女性が否定的な反応を示した。

その後の実験でカニンガムは、オシャレ・軽薄なセリフが女性にとっては、浅はかさや尊大さといった男性の望ましくない性格的特徴を示すものと受けとめられることを発見した。

同じ実験を逆転させて行ったときは、カニンガムには始める前から結果がどうなるかがはっきりわかっていた。男性は、女性からの口説き文句がどのタイプであっても同じように反応した。すなわち、八〇～一〇〇パーセントが好意的に反応したのである。

## 1984年 自由意志による胃潰瘍

バリー・マーシャルは、実験の許可をあえて求めようとはしなかった。許可は決して下りないとわかっていたのだ。妻にも何も話さないまま、彼は一九八四年七月一〇日火曜日の午前一一時、奇妙な混合物を飲みほした。西オーストラリアのフリマントル病院にある研究室でのことで、六六歳の男性の胃袋から取った約一〇億個の細菌を少量の水に溶かしてつくったばかりの混合物は「生肉に似て、少し嫌なにおいがした」とマーシャルは思い出す。このカクテルに含まれていたのはまだほとんど何も解明されていない細菌で、名前すらついていなかった。三三歳のマーシャルが期待したのは、この菌のせいで実際に体の具合が悪くなることだった。

その三年前、研修医だったマーシャルは研修プログラムの一つとして何か研究をしなくてはならず、そのためのテーマを探していて王立パース病院で病理学者のロビン・ウォーレンと出会った。ウォーレンは、胃炎患者の組織試料から未知の細菌を発見していた。マーシャルがさらに多くの試料を調べると、そのほとんどに菌が感染していた。彼は文献を調べ、実はこのような細菌に気づいたのはウォーレンが初めてではないことを知って驚いた。早くも一九世紀には、研究者たちがヒトや動物の胃からせん型の桿菌を発見していたのである。これらの細菌は胃炎に何かかかわっているのだろうか。

マーシャルが最初の患者に抗生物質を投与すると、この未知の細菌が除去でき、同時に胃炎も消失した。このテスト結果に、この細菌は胃炎だけでなく、十二指腸潰瘍や胃潰瘍もひき起こすだろうと、マーシャルは確信を深めた。

同僚たちは、この疑問は人には黙っていたほうがいいとアドバイスした。一つには、彼がまだ研修を終えていなかったからであり、もう一つは学位論文にできるような「証拠」がなかったからであり、さらには、彼の細菌仮説が従来の考え方に真っ向から対立するものだったからである。それまでは、胃の不調は心理的問題やストレスのせいだとされてきた。あらゆる病気のなかで、胃潰瘍ほど、不満や悩み、情緒不安定と強い関連があるとされる病気はほかにはなかった。

だがマーシャルの意気込みはあまりに強く、とても自分の着想を隠してはおけなかった。「失うものなんて何もない。僕は、二〇年もの研究歴を守らなくてはいけない高名な学者というわけではないから。」一九八三年九月に、彼は自分の発見をブリュッセルで開かれた第二回国際カンピロバクター感染ワークショップで発表した。傲慢と紙一重の宣教師的熱意と自信のせいで、マーシャルはすぐに有名になり、物議を醸した。聴衆の多くは、彼の発表には、あるべき謙虚さや抑制といったものが著しく欠けていると感じた。

細菌が胃炎の引き金になるという発想自体も大胆だったが、細菌が何カ月も、場合によっては何年も、胃の中で生きられるという主張は全く馬鹿げていた。人間が毎日つくる胃液は二リットルで、主成分は塩酸であり、爪をも溶かしてしまう。そのため、分厚い粘液層が存在して胃を自己消化から守っている。このような環境では細菌が生存するのは不可能だった。

専門家たちは、マーシャルが見つけた昔の研究は、雑菌汚染した器具を使ったために誤った結論に達したのだと考えていた。そして、たとえそういった細菌が本当に胃に存在したとしても、それが病気の原因だという証拠には全くならなかった。細菌は、胃に病変が自発的に生じた後で初めて、病変部に住み着いた可能性が高いと思われた。

証明のどのような要素がまだ足りないかは、マーシャルにもよくわかっていた。すなわち、ドイツの医師ロベルト・コッホが確立した、ある細菌がある病気の病原体であると特定するための四つの原則のうち、三番目と四番目の証明が必要であった。コッホの四原則とは、

一、その病気の全症例に、その細菌が見つからなければならない。

二、その微生物を体外で培養できなければならない。

三、この培養した細菌を実験動物に感染させて、この病気を起こせなくてはならない。

医師のマーシャルは，細菌が胃潰瘍の原因になることを証明しようと，自分自身でその菌に感染してみた．

四、この実験動物から再びこの細菌を分離して、培養できなくてはならない。

一番目の条件は、全く問題がなかった。ウォーレンとマーシャルは、患者の胃の内壁から、再三再四、この細菌を検出した。二番目の条件をみたすのは、いささかむずかしかった。マーシャルの同僚たちは、病院の研究室でこの細菌を培養しようと何カ月も努力したが、無駄だった。ふつう、細菌がシャーレで増殖するのには二日しかかからない。それ以上増殖させると、培地を覆い尽くしてしまう。しかしマーシャルの細菌の場合は、四八時間経っても、増殖する気配すらなかった。

無駄な努力を三〇回ほども繰返した後、一九八二年のイースターの時期に、病院の患者とスタッフに危険な感染症が発生し、これが思いがけない突破口になった。スタッフの数が足りなくなったため、その間マーシャルの研究は後回しにされ、培養中のシャーレはいつもの二日間が過ぎても、温めた培養器に入れっぱなしにされた。五日後に見ると、まるで手品のように細菌が増殖していたのだった。

しかし、本当の困難に見舞われたのは三番目の条件（健康な生物に病気を発症させる）になってからだった。マーシャルはこの菌を二匹のラットの胃に注射したが、何の症状も起きなかったし、二頭の仔ブタも「菌を撃退した。」

実験動物を使って感染が証明できない場合にマーシャルに残された唯一の方法は、ヒトでの疫学研究だけだった。これは、胃に問題のある患者をできるだけ数多く集め、そのデータの統計分析によって病気の原因を推論するというやり方だが、はっきりした結論が出るまでには、何年もかかる可能性があった。マーシャルは長く待ちたくはなかった。適切な実験動物さえ見つかれば、証明するのには数週間程度しかかからないのがわかっていたからである。できることは一つだけ、彼自身がモルモットの役割をするしかなかった。

細菌スープを飲んでから最初の数時間、彼は「お腹のぜん動が増えた（夜にはお腹が鳴るのが聞こえるほど）」のに気づいた。その後一週間は、何ごともなく過ぎた。八日目の朝、マーシャルは少量の粘液を吐いた。二週目に母親が彼の口臭に気づいた。また、頭痛がしてイライラするようになった。一〇日目に、同僚がマーシャルの食道から胃へと胃カメラを入れて、二種類の試料を採取した。マーシャルはその五週間前に、同じような胃カメラの検査を受けてあった。自分自身を実験台にする前に、自分の胃が完全に健康であることを確かめておくための検査だった。

今回の新しい試料は、染色したうえで顕微鏡で観察された。皮膚の表層の細胞が損傷を受けていて、白血球が粘液に集まっていた。マーシャルは胃炎を起こしていた。コッホの三番目の条件がみたされたのである。

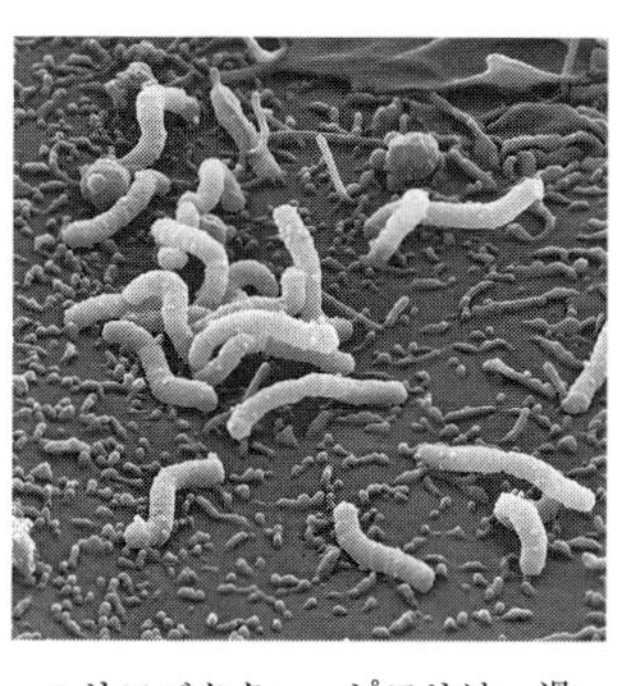

ヘリコバクター・ピロリは，過酷な胃の環境でも生存できる．

四番目の条件のため、マーシャルは二つ目の試料から細菌を単離して、培地で培養した。この菌は、彼が一〇日前に飲んだものと全く同じだった。これで、この細菌（のちにヘリコバクター・ピロリ、ピロリ菌とよばれるようになった）が胃炎の原因であることに、疑問の余地はなくなった。マーシャルは大喜びで「この胃炎から胃潰瘍が生じてくれれば、これから何年も論文の材料には事欠かないだろうと思った。」しかし、この実験について妻に話したところ、抗生物質をのむか、それとも家を出て一人で暮らすか、二つに一つの厳しい選択を迫られてしまった。マーシャルは抗生物質を選んだが、実際にはこれは不必要だった。感染は二週間後には自然に消失したからで、明らかに、彼の免疫系が侵入者に打ち勝ったのである。このことは、この細菌のまん延のしかたとも矛盾がない。現在では、世界の人口の約半数がピロリ菌に感染していると考えられているが、そのなかで胃炎や胃潰瘍になるのはごく一部だけなのである。

マーシャルの実験は、医学雑誌によってではなく、米国のタブロイド紙『ザ・スター』というふつうとは違った経路で、直接世間に知れることになった。ちょうど実験が無事に終了して間もないころ、マーシャルのところに、彼が以前に書いた論文についてインタビューしたいと記者から電話があった。マーシャルはとても口をつぐんでいられなかったために、「モルモット医者」として、ダイアナ妃や最新のセレブ流ダイエット法とともに紙面を飾ることになったのである。

しかし、胃潰瘍が感染症だというニュースが一般の医師たちにまで浸透するには、さらに一〇年の時間がかかった。製薬業界は、胃炎が抗生物質によって数週間で回復するというニュースを広めることには、ほとんど関心を示さなかった。製薬業界は、場合によっては何年間ものまなくてはならない制酸剤(胃薬)で非常に大きな利益を上げていたからである。一方マーシャルは胃炎についてはコッホの四原則を立証したが、胃潰瘍はまだだった。今では、公衆衛生機関は胃潰瘍は抗生物質で治療するよう推奨しているが、何人かの著名な専門家たちは、未だにマーシャルの説に異を唱えている。

マーシャルは二〇〇五年にノーベル医学生理学賞を受賞し、彼の実験を契機に、他の病気についても感染症ではないか見直そうという動きが起こった。現在では、統合失調症、心臓発作、リューマチ、糖尿病についても、細菌やウイルスが影響している可能性を疑ってさかんに研究が行われている。しかしこれまでのところ、このような疑いで正しいと証明されたものはほとんどない。

## 1986年 ベッドに寝て一年

怠け者にとっては理想的な仕事のように思える。一九八六年一月、この実験の参加者に選ばれた一一人の男性に課せられた任務は、ベッドに行って寝ることだった。ただし、丸一年間である。彼らは三七〇日間昼も夜もその状態で、起き上がることも座ることもせずに過ごした。彼らは寝たまま体を洗ってもらい、うつぶせで食べ、読み、テレビを見て、手紙を書いた。モスクワにある生物医学問題研究所のボリス・モルコフは、無重力状態での長期の旅行で人に何が起こるかを知りたいと考えていた。彼は医師であり、宇宙飛行士でもあった。

ベッドでの安静実験が始まったのは、一九六〇年代だった。宇宙飛行士の宇宙滞在時間が長くなり始め、やがて、無重力が人間の体にどのような影響を及ぼすかが問題となっていった。地上では体を長時間無重力状態に保つことは不可能なので（一九五一年の実験参照）、体への作用は模擬的に調べるしかなかった。そして最も簡単に無重力を模倣する方法は、ヘッドボード方向へ六度の角度で傾けたベッドに被験者を寝かせることだった。

このような姿勢は、体に対して無重力と同じような効果をもつ。つまり、心臓は重力に対抗する必要がなくなるため、鼓動がゆっくりに切り替わり、筋肉や骨格にはほとんど何の負荷もかからないので、ある程度分解され、体がほとんど働かないため酸素の必要量が減るので、赤血球数が減少する。最初のベッド安静実験は数日間だったが、後には数週間、時には二、三カ月も続けられるようになった。だがモスクワの実験での三七〇日間は、それまで行われたどの実験をもはるかに上回っていた。

何が一一人の男性に実験への参加を決めさせたのかは、わからない。モルコフが信じているように、科学に貢献したいという熱意だったのだろうか。あるいは当時ソ連がこういった業績に授与していた勲章だったのだろうか。それとも、参加者全員に約束されていた車が目当てだったのだろうか。モルコフによれば、「当時はソ連の時代で、車を手に入れるのは簡単ではなかった」という。とにかく、参加者たちは実験に非常に真剣に取組んだ。参加を途中でやめたのは、三カ月後に一人だけだった（彼はもう車をもっていた）。

実験の目的は、体の状態が悪化するのを防ぐ新しい方法を検証することだった。被験者たちは、横になったままウェイトトレーニングもしたし、ベッドの前方に垂直に設置したランニングマシンを使って散歩もした。一一人のうち五人は、ベッドで四カ月過ごした後になって初めて、こういった運動を許可された。これは、病気や宇宙船の停電などによって長期間トレーニングが中断されるという、不測の事態を想定したものだった。

四カ月後、八カ月後、実験の最後に、被験者たちはベッドに寝たまま回転負荷装置に入れられ、ふつうに地球上で経験する重力の八倍もの負荷をかけられた。これは、宇宙旅行の最後に、宇宙船が地球の大気圏に突入するときに経験するような加速に相当する。一年の実験が終わると、二カ月のリハビリ期間が設けられ、ベッド上の宇宙飛行士たちは、どうやって座るか、歩くか、もう一度学び直さなければならなかった。

体への負担以上に大きかったのが、心理的ストレスである。男性たちはグループに分けて三つの部屋に入れられ、そこでテレビを見たり、読書をしたりして過ごした。最初はその間に外国語を学ぶ予定だったが、二週間後には計画は諦めた。食事はきちんと運ばれたが、宇宙での食事に相応しく小型のアルミ缶に入れられ、食事が出ても彼らの気分は明るくならなかった。ただ、食事は少なくとも彼らに趣味を提供する役には立った。ベッドに拘束されたまま、彼らはアルミ缶で、船、看護婦にあげるメダルなどをつくり始めた。またモルコフへのプレゼントとして、ぴかぴかの鎧を着けた騎士をつくった。彼らは誕生日には互いにプレゼントを贈り、祝日にはパーティーを開いて祝った。もちろん、横になったままでいられる限りではあったが。

退屈と、ひっきりなしに行われる検診もストレスにつながった。五人部屋の住人たちは人間関係があまりに悪くなり、一人を部屋替えしなくてはならなかった。「さもないと、何か不幸な出来事が起こったかもしれない」とモルコフは振り返る。彼は、被験者たちとうまく付き合っていけない医療スタッフたちも、入れ替えた。「とにかく私にとって、なくてはならない唯一のものは、被験者たちだったのである。」

参加者の年齢は二七歳から四二歳で、そのうち数人は医師だった。ほとんどが妻子持ちで、妻や子供たちには週一回、日曜日にしか会えなかった。何人かの結婚生活は、このストレスに耐えられず、破綻した。そして参加者の一人は、この計画にかかわっていた研究者の一人と恋に落ちた。

## 1992年 MRI装置の中でコトにおよぶ

そこは、イダ・サベリスがこれまで性行為をした場所のなかで、最も変わった場所だった。一九九二年一〇月二四日、この四〇歳のオランダ人女性とパートナーのユプの二人が裸で横たわっていたのは、フローニンゲン大学病院のＭＲＩ（磁気共鳴画像診断）装置のベッドの上だった。放射線科の医師がベッドを滑らせて装置のトンネル（直径わずか五〇センチメートルの筒状の空間）内へ入れ、部屋を出て行った。制御室との間の窓は即席のカーテンで覆われ、その向こうには内科医のウィリブロルト・ウェイマール・スワルツとペク・ファン・アンデルが座り、画面に歴史的画像が映し出されるのを待っていた。装置は、二人を合わせた体重一五〇キログラムにセットしてあった。

早くも一五世紀末には、レオナルド・ダ・ヴィンチが性交中のカップルのスケッチを描いている。このスケッチは一部が断面図になっていて人体のなかが見え、ペニス、膣、子宮と、他にも内臓の構造が描かれている。ダ・ヴィンチは死体の解剖を見たことがあり、明らかにそれをもとにしてこのスケッチを描いている。しかし死体は性行為はしないので、彼は性交中の臓器に何が起こるのか、想像して描くしかなかった。

性行為を描こうとした次の真面目な試みは、一九三三年のものである。性の研究者ロバート・ラットウ・ディキンソンは、性的に興奮した女性に勃起したペニスくらいの大きさの試験管を挿入する実験によって、さまざまな知見を集めた。その後、アルフレッド・C・キンゼイ、ウィリアム・マスターズ、バージニア・ジョンソンが人工ペニスと膣鏡を使って実験を行った。しかし結局のところ、これらの実験で得られた知見からは、性行為の最中に人体内部が本当はどうなっているのかについて、多くはわからなかった。

一九九一年に内科医のペク・ファン・アンデルは、ハミングする歌手の喉頭蓋のＭＲＩ画像を見る機会に恵まれた。彼は画像を見てレオナルド・ダ・ヴィンチのスケッチを思い出し、同様にして性交中の画像が撮れないだろうかと考え始めた。そのためには、まずＭＲＩ装置を手に入れる必要があった。しかし複数の病院に話を持ちかけても、真面目に受取ってはもらえなかった。ただそのうちに、ＭＲＩ装置はずっと電源を切ることはなく、週末には利用されずに空いていることがわかった。そこで、知り合いの助けを借り、わざと病院の上層部を通さずに話を進め、ついに空いている装置を使えることになった。

被験者に求められる特殊な条件が三つあった。スリムで、柔軟性があり、閉所恐怖症でないことである。ファン・アンデルが思いついたのは友人のイダとユプで、彼らはこれらの条件をみたしているうえに、大道芸人だったので、実験のときのように「ストレスのかかるなかで演技する」ことには慣れていた。

ＭＲＩ装置のトンネルに入った後は、指示は制御室からインターホンで伝えられた。「勃起が、根元まで丸ごとよく見える。」スピーカーからの声はこう言い、さらに付け加えた。「静かに寝たまま、写真を撮る間、息を止めていてください。」

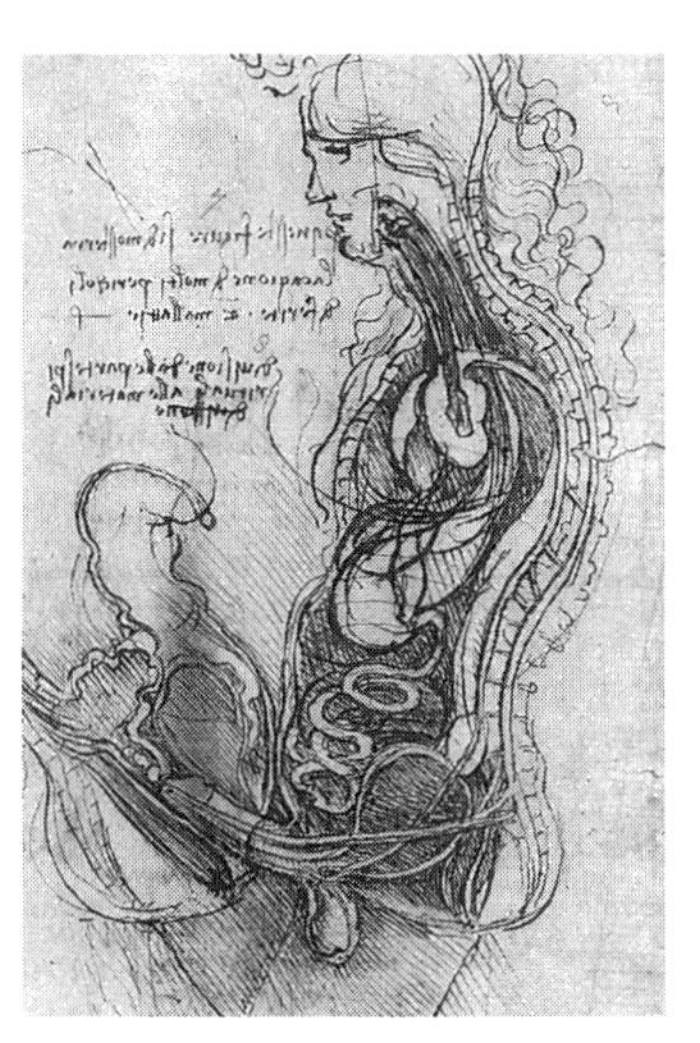

レオナルド・ダ・ヴィンチが描いた性交中の内臓のスケッチ(c.1493).

ＭＲＩでは人体の断面図が見られる。Ｘ線とは違って、この方法は体に負担はかからないが、一つだけ大きな欠点がある。検査している間、被験者は動いてはいけないが、この時間が長いのである。ユプとイダのときにはこの時間は五二秒間だったが、のちの実験では装置がよくなり、一二秒ですむようになった。

この実験を詳細に報告した論文は、三回にわたって掲載を断られた。医学誌の編集者の

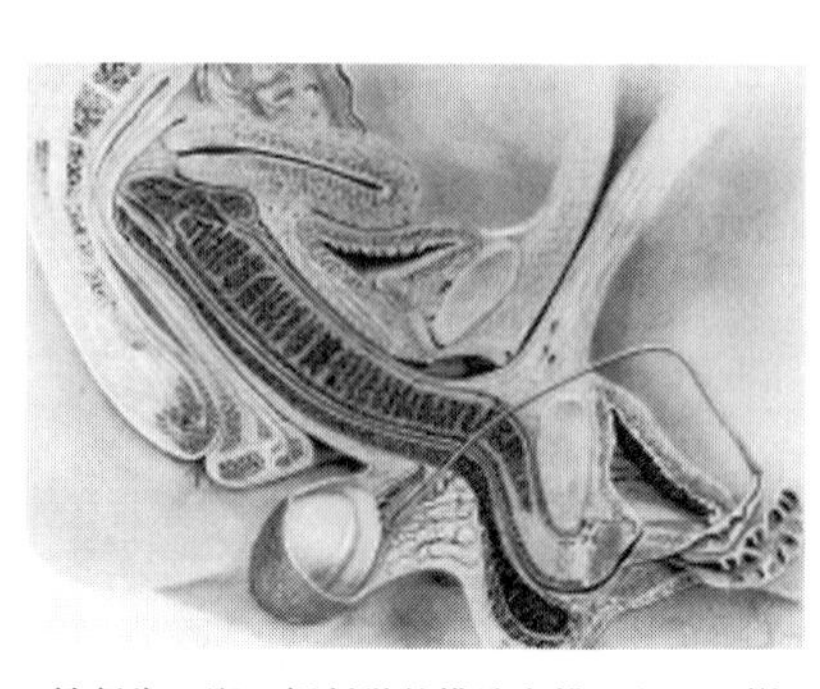

性行為の際の解剖学的構造を描いたこの縦断面図は，1933 年にディキンソンが発表した．

なかには、誰かが偽の話で悪ふざけしているのかどうか確信がもてないと感じた人もいた。一方、『英国医師会雑誌（*British Medical Journal*, 略称ＢＭＪ）』は、たった一組のカップルだけでは科学的な結論は出せないと、さらにデータを増やすよう求めた。

そこでファン・アンデルはさらに被験者を探した。地方テレビでの彼の呼びかけは話題をよび、激しい議論が巻き起こった。だが最終的に、八組のカップルと三人の女性が参加の名のりを上げた。

研究者とともにイダ・サベリスも実験の克明な記録をつけていて、これが、これから被験者たちが参加することになる努力のいるむずかしい作業によい印象をもたらした。「女性の骨盤の位置を見る予備的な画像を撮った後、最初の画像は仰向けに寝て撮影した。それから男性がトンネル内に入るよう言われ、向かい合って男性上位で性交を始めた。この画像を撮った後は（うまくいかなくても）、男性はトンネルを出るよう言われ、女性はクリトリスを手で刺激するよう指示された。彼女はオーガズムの前段階に達したところで研究者たちにインターホンで知らせ、そこで自己刺激をやめ、三枚目の画像が撮影された。撮影後に女性は再び刺激を再開してオーガズムを得た。オーガズムの二〇分後に、四枚目の画像が撮影された。」

このような条件下の五〇センチメートルのトンネルでは、大半のカップルは、実験で求められることをうまく果たすことはできなかった。「ＭＲＩ装置の中では女性よりも男性のほうが性行為に（勃起状態を維持するのに）苦労するとは、われわれは予測していなかった。」実際、ファン・アンデルも、一九九八年にオランダでまだバイアグラが市販されていなかったとしたら、自身の画像を撮影することは、どうしてもできなかっただろう。何回か実験が失敗した後で、男性のうち二人が、勃起力を高めるためにこの薬を服用した。一時間後には、万事うまくいった。

最終的に『英国医師会雑誌』の一九九九年クリスマス号に掲載された画像を見ると、陰茎根が陰茎の全長の三分の一を占め、予想に反して、正常位の場合にはブーメランのように曲がった形をしている。

この実験で、著者たちは「イグノーベル賞」を受賞し、専門家たちの間に熱い論争をひき起こした。ある医師などは、今後の実験にはポルノスターを使うしかないと提案した。「ポルノスターは、ありとあらゆる状況で性行為を完遂できるよう、特に訓練を積んでいるからだ。」別の医師は、このデータにどんな意味があるのかと疑問を述べた。狭いトンネルの中では、女性は足を十分に広げることができず、「本当の正常位」はとれなかったからである。

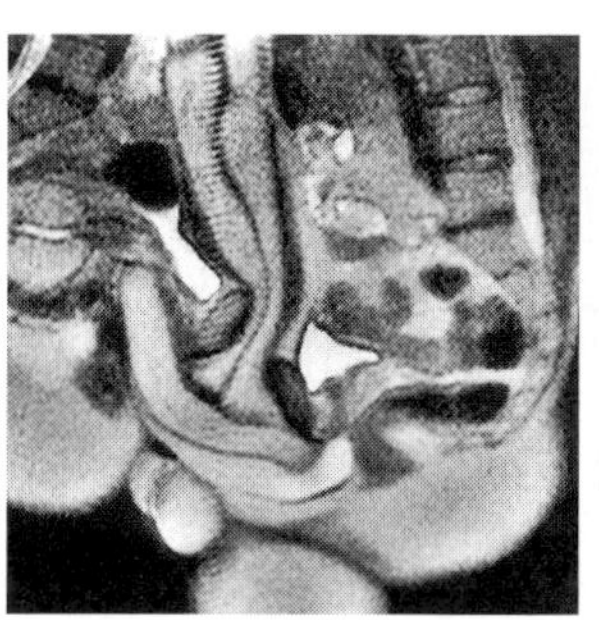

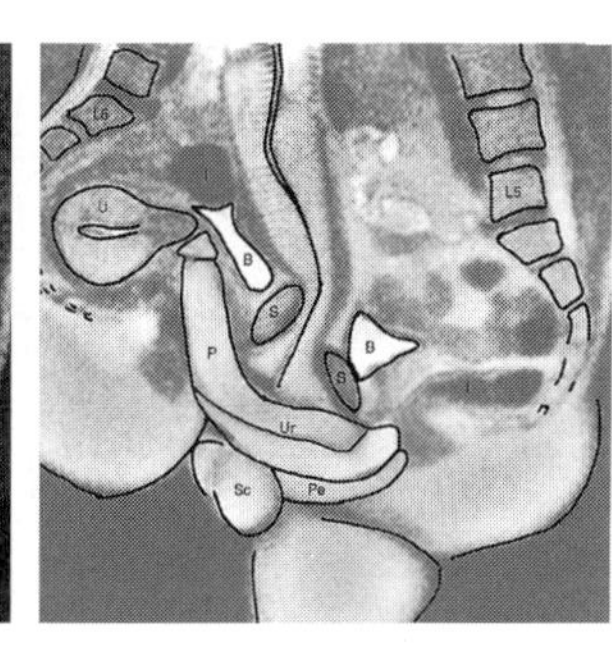


性行為を行っている人の解剖学的構造を示すMRI画像（縦断像）.
（P ＝ ペニス；Ur ＝ 尿道；U ＝ 子宮；S ＝ 恥骨結合；B ＝ 膀胱；
I ＝ 腸管下部；L5 ＝ 第５腰椎；Sc ＝ 陰嚢）

## 1997年

# 陰毛のそぞろ歩き

「性行為の間に起こる陰毛の移行頻度」という研究を行った法医学者のデヴィッド・L・エクスラインたちは、被験者が実験に参加した動機に読者が疑念を抱かないよう、非常に苦心して、論文にはこう明記した。「参加を決意させた動機は、ひとえに研究を前進させたいという利他的な熱意である。」

六組のカップル（アラバマ犯罪科学研究所の職員とそのパートナーたち）は、性行為後の毛のサンプル採取を一〇回行うよう依頼され、しかもその際には「標準的陰毛交換プロトコル」に厳密に従うようにと言われた。そのプロトコルでは、被験者はパートナーの腰の下に九〇センチメートル四方のペーパータオルを広げ、パートナーの陰毛を注意深く櫛でとかし、抜け毛があればすべてタオルに落として、このタオルと櫛を封筒に入れ、性行為の時間、体位、最後に入浴してからの時間、最後に性行為をもってからの期間を詳しく記したアンケートを同封することになっていた。

得られた一一〇個のサンプル（一組のカップルは、それぞれ五サンプルずつしか提供しなかった）を調べると、陰毛三四四本、体毛二〇本、頭髪七本、動物の毛一本が見つかった。パートナーの毛が少なくとも一本は見つかったのは一九個のサンプルで、すなわち移行頻度は一七・三パーセントだった。毛の移動は明らかに、男性から女性へ（一〇・九パーセント）より、女性から男性へのほうが多かった（一三・六パーセント）。毛が男性から女性へ、女性から男性へと同時に移る相互移行は、わずか一例だけだった。

この研究によれば、移行頻度はこのように低いため、性犯罪者を陰毛から割り出せる可能性は低いことになる。

## 1998年　エリコのスピーカー

米国の教育テレビ「ザ・ラーニング・チャンネル」が、聖書に出てくる古代の謎の真相に迫ろうと考えたときに、リストの最初にきたのがエリコのラッパであった。ヨシュア記には、七人の祭司が契約の箱の前でラッパを吹き鳴らし、城壁を崩壊させたことが書かれている。スイスのUFO研究家エーリッヒ・フォン・デニケンは祭司たちの肺活量に疑問を抱き、壁を崩壊させたのは、実はある種の高性能な音響ノイズ発生装置だったのではないかと考えた。

ザ・ラーニング・チャンネルのプロデューサーはこれに触発され、カリフォルニア州のワイル研究所に、所内に小さなレンガの壁をつくり、できるだけ大きなスピーカーを使って、音波でこの壁を攻撃してみるよう依頼した。

この作業は、ワイル研究所の特殊なスピーカーWAS3000にうってつけだった。何しろこのスピーカーは、ふつうの家庭用ハイファイスピーカーの一万倍もの大音量を出すことができる。六分間ノイズを出し続けると、実際に漆喰がぼろぼろになり、壁が崩れた。このショーのプロデューサーのジム・マッキランは、この結果は「決定的だ」と言い切った。ただし、彼はフォン・デニケンが正しいと言ったわけではない。単に、この実験で「実際に、音が破壊をひき起こすことがある」という常識が確かめられたという意味である。

マッキランは賢明にも、これ以上はあえて踏み込まなかった。なぜなら、以前から知られていたことだが、エリコも含めて、カナン人の街は要塞化されてはいなかったからである。つまり、七人の祭司や一万個のハイファイスピーカーで崩壊させたいような壁など、そもそも存在しなかったのである。

## 1999年 どういうわけか空腹

空腹感は、科学者にとって不可解なことだらけである。たとえば、ペンシルベニア州立大学のバーバラ・J・ロールズが行った実験を見てみよう。

ロールズは研究室で、三つのグループに分けた女性たちに、コース料理の一皿目として同じような料理を出した。一つ目のグループにはチキンと米と野菜のシチューを、二つ目のグループには全く同じ料理だが、ただ三五六グラムの水を加えてスープにしたものをである。水にはカロリーがないので、スープにしてもエネルギー量は全く変わらないのだが、スープのほうがはるかに満腹感があったようで、スープのグループは、メインディッシュを食べる量がしっかり四分の一も減ったのだった。

この結果は、スープのほうがボリュームがあるからということである程度説明できそうだったが、さらに不可解なのは、三つ目のグループの結果だった。三つ目のグループに出されたのはシチューとコップ一杯の水で、この水は二つ目のグループのスープに加えたのとぴったり同じ量だった。つまり、決められた全く同じ時間内（一二分間）に、この二つのグループは全く同じ量と種類の食物を摂取したのだが、スープを食べたほうが、その後の空腹感がはるかに少なかったのである。スープグループが食べたメインディッシュの量はやはり二五パーセントも少なかったのである。

全く同じ食材でできた同一カロリーのものであっても，料理の提供のされ方の違いが，食事をした人の満腹感に大きな違いを生む．

優れた食欲研究者の一人として世界的に知られているロールズでさえ、このような結果をどう説明したらいいか、困り果てた。彼女が思いついた最もうまい説明は、スープの見た目に満腹効果があるというものだった。スープのほうがシチューよりも、器にいっぱいになるからである。ロールズの実験によって、科学者が空腹感の調節について、いかに理解していないかが実証され、またスープが大食い競争の選手の敵であることもわかった。

## 2002年 ボール投げの数学

二〇〇二年一〇月のある日、ミシガン湖のほとりにあるホランドの街で、飼いイヌと奇妙な遊びをしている男性がいた。彼は湖岸に立ち、湖の中へと斜め方向にテニスボールを繰返し投げた。イヌはすぐにボールを追いかけ、男性はさらにそのイヌの後を追いかけた。イヌは少し湖岸を走ってから、水に飛び込んだ。その地点の砂に男性は急いでドライバーを差し、あらかじめ置いておいた巻尺の端をつかんでさらに延ばし、ボールを追って自分も湖に飛び込んだ。三時間以上かけて、この異様な光景が四〇回以上も繰返された。

男性はティム・ペニングスという名で、ミシガン州ホランドにあるホープカレッジの数学教授である。ドライバーと巻尺でのこの奇妙な作業は、彼の愛犬エルビスは計算ができるのかという疑問に答えるために考えられた。しかも彼が知りたかったのは、エルビスが単純な掛け算をできるかなどではなく、もっとはるかに複雑な数理問題を解けるかどうかだった。

ずばり要点をいうと、エルビスはまちがいなく計算ができる。実際、ペニングスはBBC放送のインタビューを受け、ハリウッドでのトークショーに招かれ、ベトナムの新聞にも引用され、世界中がこの事実の証人となった。

ペニングスが実験の着想を得たのは、二〇〇一年八月にエルビスを飼い始めてすぐだった。散歩のときに、彼はエルビスのためにテニスボールを湖に何度も投げ続け、エルビスはそれを律儀に拾ってきた。ペニングスは書いている。「エルビスが湖岸を走って、ボールに垂直な位置に達するよりも手前で水に飛び込むのを見ているうちに、エルビスのたどる経路は、私が微積分のクラスで最適化問題を学生たちに教えているときに描く経路そのものだという考えが、突然頭に浮かんだ。」実際の問題では、川の向こう岸で危難に遭っているジェーンを救い出すため、ターザンが岸に沿って走ってから川に飛び込み、泳いで渡らなければならないのだが、問題は、ジェーンのところにできるだけ早くたどり着くためには、いったいどの地点で水に飛び込むべきかである。

巻尺とドライバーを使って，エルビスの飼い主は，エルビスに複雑な数理問題を本能的に解く力があることを発見した．

ターザンと同様に、エルビスにはいくつかの選択肢がある。すぐに水に飛び込んで、まっすぐにボールに向かうこともできる。もちろん、これが最短ルートである。ただし最速ルートではない。エルビスは走るほど速くは泳げないからである。またエルビスは、ボールにちょうど正対する位置まで湖岸に沿って走ってから飛び込むこともできる。こうすれば、イヌかきを最小限にできるが、同時に全体としての移動距離は最長になる。最速のルートは、この間のどこかにある。つまり、最初に少し岸に沿って走り、次に斜めにボールに向かって泳ぐルートである。どこが泳ぎ始めるのに理想的な場所かは、泳ぐ速度と走る速度の関係によって決まる。

エルビスのためにテニスボールを水に投げながら、ペニングスは、本当にエルビスがこの最適化問題を正しく解いているのかを知りたいと考えた。そのため、彼はまずエルビスの陸上での速度と水中での速度を測定した。走る速度は秒速六・四メートル、泳ぐ速度は秒速〇・九一メートルだった。ここからペニングスは、エルビスがどこで走りから泳ぎへ切り換えるのが最適かを割り出した。すると何とも驚いたことに、エルビスはほぼ毎回、どんぴしゃりの場所を選んでいた。

エルビスは本当にこの複雑な数理問題を解けるのだろうか。ペニングス自身が誰よりも先に、この成績に対する過大な評価に待ったをかけた。「確かにエルビスは正しい選択をしたが、微積分を知りはしないことは、よく承知している。実際、単純な多項式を微分することさえ、彼にはむずかしい。」本当のところ、彼が最適な解答を見つけだせるのは、本能によることは明らかだ。

この問題に関する論文の最後にペニングスは、雪のない道から雪の吹きだまりへと飛び込まなければならない条件で、イヌを使って実験を繰返したいと述べている。また、同じ実験を六歳児、小学生、中高生を使ってしてみたいと述べている。ただし、「プライドを守るため、研究に教授たちを使うことはしないほうがよさそうだ。」

1974 Baron, R. A., 'The Reduction of Human Aggression: a Field Study of the Influence of Incompatible Reactions', *Journal of Applied Social Psychology* **6**, pp. 260–274 (1976).

1974 Snyder, M., et al., 'Staring and Compliance: A Field Experiment on Hitchhiking', *Journal of Applied Social Psychology* **4**, pp. 165–170 (1974).

1975 Morgan, C., et al., 'Hitchhiking: Social Signals at a Distance', *Bulletin of the Psychonomic Society* **5**, pp. 459–461 (1975).

1975 Kirk-Smith, M. D., and Booth, M. A., 'Effects of Androstenone on Choice of Location in Others' Presence', in "Olfaction and Taste Ⅶ" ed. by Starre, H. van der, pp. 397–400, IRL Press (1980).

1976 Klapprott, J., 'Barba facit magistrum-Eine Untersuchung über die Wirkung eines bärtigen Hochschullehrers', *Schweizerische Zeitschrift für Psychologie* **35**, pp. 16–27 (1976).

1976 Rorvik, David M., "In His Image: The Cloning of Man", J. B. Lippincott (1978).

1978 Clark Ⅲ, R. D., and Hatfield, E., 'Gender Differences in Receptivity to Sexual Offers', *Journal of Psychology & Human Sexuality* **2** (1), pp. 39–55 (1989).

1979 Libet, B., et al., 'Time of Conscious Intention to Act in Relation to Onset of Cerebral Activity (Readiness-Potential). The Unconscious Initiation of a Freely Voluntary Act', *Brain* **106** (Pt 3), pp. 623–642 (1983).

1984 Crusco, A. H., and Wetzel, C. G., 'The Midas Touch: The Effects of Interpersonal Touch on Restaurant Tipping', *Personality & Social Psychology Bulletin* **10** (4), pp. 512–517 (1984).

1984 Cunningham, M. R., 'Reactions to Heterosexual Opening Gambits: Female Selectivity and Male Responsiveness', *Personality and Social Psychology Bulletin* **15**, pp. 27–41 (1989).

1984 Marshall, B. J., et al., 'Attempt to Fulfil Koch's Postulates for Pyloric Campylobacter', *The Medical Journal of Australia* **142** (8), pp. 436–439 (1985).

1986 Grigorev, A. I., and Morukov, B. V., '370-Day Anti-Orthostatic Hypokinesia', *Kosmicheskaia Biologiia i Aviakosmicheskaia Meditsina* **23** (5), pp. 47–50 (1989).

1992 Schultz, W. W., et al., 'Magnetic Resonance Imaging of Male and Female Genitals During Coitus and Female Sexual Arousal', *British Medical Journal* **319**, pp. 1596–1600 (1999).

1997 Exline, D. L., et al., 'Frequency of Pubic Hair Transfer During Sexual Intercourse', *Journal of Forensic Sciences* **43** (3), pp. 505–508 (1998).

1998 Wyle Laboratories, 'Wyle Completes Unique Tests in Investigation of Biblical Mysteries for Television Program' (1998) 新聞発表.

1999 Rolls, B. J., et al., 'Water Incorporated into a Food but not Served with a Food Decreases Energy Intake in Lean Women', *American Journal of Clinical Nutrition* **70**, pp. 448–455 (1999).

2002 Pennings, T. J., 'Do Dogs Know Calculus?', *College Mathematics Journal* **34** (3), pp. 178–182 (2003).

1958 Harlow, H. F., 'The Nature of Love', *American Psychologist* **13**, pp. 573–685 (1958).
1959 Chase, A., "Harvard and the Unabomber. The education of an American terrorist", W. W. Norton (2003).
1959 Rokeach, M., "The Three Christs of Ypsilanti", Alfred A. Knopf (1964).
1961 Milgram, S., "Obedience to Authority. An Experimental View", Harper & Row (1974). Milgram, S., 'Behavioral Study of Obedience', *Journal of Abnormal and Social Psychology* **67** (4), pp. 371–378 (1963).
1962 Doblin, R., "Pahnke's 'Good Friday Experiment': A Long-Term Follow-Up and Methodological Critique", *The Journal of Transpersonal Psychology* **23** (1), pp. 1–28 (1991). Pahnke, W., and Richards, W., 'Implications of LSD and Experimental Mysticism', *Journal of Religion and Health* **5** (3), pp. 175–208 (1966).
1963 Milgram, S., et al., 'The Lost-Letter-Technique: A Tool of Social Research', *Public Opinion Quarterly* **29**, pp. 437–438 (1965).
1964 Osmundsen, J. A., 'Matador with a Radio Stops Wired Bull: Modified Behavior in Animals Subject of Brain Study', *The New York Times,* p. 1 (1965).
1966 Doob, A. N., and Gross, A. E., 'Status of Frustrator as an Inhibitor of Horn-Honking Responses', *Journal of Social Psychology* **76**, pp. 213–218 (1968).
1966 Bryan, J. H., "Helping and Hitchhiking" (1966) 未発表.
1967 Milgram, S., 'The Small World Problem', *Psychology Today* **1** (1), pp. 60–67 (1967).
1968 Lopez, R. A., 'Of Mites and Man', *Journal of the American Veterinary Medical Association* **203** (5), pp. 606–607 (1993).
1968 Rosenhan, D., 'On Being Sane in Insane Places', *Science* **179**, pp. 250–258 (1973).
1969 Zimbardo, P. G., 'The Human Choice: Individuation, Reason, and Order versus Deindividuation, Impulse, and Chaos', in "Nebraska Symposium on Motivation" ed. by Arnold, W. J., vol. 17, pp. 237–307, University of Nebraska Press (1969).
1969 Gallup, G., 'Chimpanzees: Self-Recognition', *Science* **167** (3914), pp. 86–87 (1970).
1969 Rosch Heider, E., 'Universals in Color Naming and Memory', *Journal of Experimental Psychology* **93** (1), pp. 10–20 (1972).
1970 Brown, B. R., and Garland, H., 'The Effects of Incompetency, Audience Acquaintanceship, and Anticipated Evaluative Feedback on Face-Saving Behavior', *Journal of Experimental Social Psychology* **7**, pp. 490–502 (1971).
1970 Darley, J. M., and Batson, C. D., 'From Jerusalem to Jericho: A Study of Situational and Dispositional Variables in Helping Behavior', *Journal of Personality and Social Psychology* **27**, pp. 100–108 (1973).
1970 Shubik, M., 'The Dollar Auction Game: A Paradox in Noncooperative Behavior and Escalation', *Journal of Conflict Resolution* **15**, pp. 109–111 (1971). Teger, A. I., "Too Much Invested to Quit", Pergamon Press (1980).
1970 Naftulin, D. H., et al., 'The Doctor Fox Lecture: a Paradigm of Educational Seduction', *Journal of Medical Education* **48** (7), pp. 630–635 (1973).
1971 Haney, C., et al., 'Interpersonal Dynamics in a Simulated Prison', *International Journal of Criminology & Penology* **1** (1), pp. 69–97 (1973). Zimbardo, P. G., "The Lucifer Effect", Random House (2007).
1971 Clifford, M. M., and Cleary, P., 'The Odds on Hitchhiking' (1971) 未発表.
1971 Hafele, J. C., and Keating, R. E., 'Around-the-World Atomic Clocks: Predicted Relativistic Time Gains', *Science* **177**, pp. 166–168 (1972). Hafele, J. C., and Keating, R. E. (1972), 'Around-the-World Atomic Clocks: Observed Relativistic Time Gains', *Science* **177**, pp. 168–170.
1972 Ellsworth, P. C., et al., 'The Stare as a Stimulus to Flight in Human Subjects: A Series of Field Experiments', *Journal of Personality and Social Psychology* **21**, pp. 302–311 (1972).
1973 Dutton, D. G., and Aron, A. P., 'Some Evidence for Heightened Sexual Attraction under Conditions of High Anxiety', *Journal of Personality and Social Psychology* **30**, pp. 510–517 (1974).
1973 Middlemist, R. D., et al., 'Personal Space Invasions in the Lavatory: Suggestive Evidence for Arousal', *Journal of Personality & Social Psychology* **33**, pp. 541–546 (1976).

*Vierteljahresschrift für gerichtliche Medizin und öffentliches Sanitätswesen* (1), pp. 44–50 (1902).

1899 Bier, A., 'Versuche über Cocainisirung des Rückenmarkes', *Deutsche Zeitschrift für Chirurgie* **51**, pp. 361–369 (1899).

1900 Small, W. S., 'Experimental study of the mental processes of the rat', *American Journal of Psychology* **12**, pp. 206–239 (1900–1901).

1901 Jaffa, S., 'Ein psychologisches Experiment im kriminalistischen Seminar der Universität Berlin', *Beiträge zur Psychologie der Aussage* (1), pp. 79–99 (1903).

1902 Pavlov, I. P., "Conditioned Reflexes: An Investigation of the Physiological Activity of the Cerebral Cortex", Oxford University Press (1927).

1904 Pfungst, O., "Der kluge Hans. Das Pferd des Herrn von Osten", Johann Ambrosius Barth (1907).

1907 MacDougall, D., 'Hypothesis Concerning Soul Substance Together with Experimental Evidence of The Existence of Such Substance', *American Medicine,* pp. 240–243 (April 1907).

1912 Carrel, A., 'On the Permanent Life of Tissue Outside the Organism', *The Journal of Experimental Medicine* **15**, pp. 516–528 (1912).

1914 Köhler, W., "Intelligenzprüfungen an Menschenaffen", Springer (1921).

1920 Watson, J. B., and Rayner, R., 'Conditioned Emotional Reactions', *Journal of Experimental Psychology* **3** (1), pp. 1–14 (1920).

1927 Kraus, J. H., '40,000 Germs in a Kiss', *Science and Invention* **15** (169), p. 14 (1927).

1928 Boas, E. P., and Goldschmidt, E. F., "The Heart Rate", C. C. Thomas (1932).

1928 Eigenberger, F., 'Some Clinical Observations on the Action of Mamba Venom', *Bulletin of the Antivenin Institute of America* **2** (2), pp. 45–46 (1928).

1928 Brukhonenko, S. S., and Tchetchuline, S., 'Expériences avec la tête isolée du chien', *Journal de physiologie et de pathologie générale* **27** (1), pp. 31–45, 64–79 (1929).

1930 Skinner, B. F., "The Behaviour of Organisms: An Experimental Analysis", Appleton-Century (1938).

1930 LaPiere, R. T., 'Attitudes vs. Actions', *Social Forces* **13**, pp. 230–237 (1934).

1931 Kellogg, W. N., and Kellogg, L. A., "The Ape and the Child", Hafner Publishing Company (1933).

1938 Kleitman, N., "Sleep and Wakefulness", pp. 175–182, University of Chicago Press (1963).

1945 Keys, A., et al., "The Biology of Human Starvation", University of Minnesota Press (1950).

1946 Schaefer, V. J., 'The Production of Ice Crystals in a Cloud of Supercooled Water Droplets', *Science* **104** (2707), pp. 457–459 (1946).

1948 Witt, P. N., "Die Wirkung von Substanzen auf den Netzbau der Spinne als biologischer Test", Springer (1956).

1949 Poundstone, W., "Prisoner's Dilemma", p. 102, Doubleday (1992).

1950 Flood, M. M., 'Some Experimental Games' (RM-789), RAND Corporation (1952), Poundstone, W., "Prisoner's Dilemma", p. 108, Doubleday (1992) に収録.

1951 Haber, F., and Haber, H., 'Possible Methods of Producing the Gravity-Free State for Medical Research', *Journal of Aviation Medicine* **21**, pp. 395–400 (1950).

1951 Bexton, W. H., et al., 'Effects of Decreased Variation in the Sensory Environment', *Canadian Journal of Psychology* **8**, pp. 70–76 (1954).

1952 Jacobi-Kleemann, M., 'Über die Lokomotion der Kreuzspinne *Aranea diadema* beim Netzbau', *Zeitschrift für vergleichende Physiologie* **34**, pp. 606–654 (1953).

1954 Demikhov, V. P., "Experimental Transplantation of Vital Organs", pp. 162–170, Consultants Bureau (1962).

1955 Rieder, H. P., 'Biologische Toxizitätsbestimmung pathologischer Körperflüssigkeiten', *Psychiatria et Neurologia* **134**, pp. 378–396 (1957).

1955 Regis, E., "The Biology of Doom: The History of America's Secret Germ Warfare Project", pp. 172–176, Holt (1999).

1957 Talese, G., 'Most Hidden Persuasion', *New York Times Magazine,* **12** January, p. 22 (1958).

# 出　　典


1600　Sanctorius, S., "De Statica Medicina" (1614). 英語版：Osborn, J., "Being the Aphorisms of Sanctorius" (1728).

1604　Galileo Galilei, "Discorsi e Dimostrazioni Matematiche Intorno a Due Nuove Scienze", appresso gli Elzevirii (1638). 英語版："Dialogues Concerning the Two New Sciences", Macmillan (1914).

1620　Van Helmont, J. B., "Ortus medicinae", Elzevir (1648). 英語版："A Source Book in Chemistry, 1400–1900", McGraw-Hill (1952) に収録.

1729　de Mairan, J. J. D., 'Observation Botanique', *Histoire de l'Académie Royale des Sciences,* p. 35 (1729).

1758　Symmer, R., 'New Experiments and Observations Concerning Electricity', *Philosophical Transactions of the Royal Society* **51**, p. 340 (1759).

1772　Sigaud de la Fond, J. A., "Précis historique et expérimental des phénomènes électriques: depuis l'origine de cette découverte jusqu'à ce jour", p. 231, Rue et Hôtel Serpente (1785).

1774　Blagden, C., 'Experiments and Observations in a Heated Room', *Philosophical Transactions of the Royal Society* **65**, pp. 111–123, 484–495 (1775).

1802　Ffirth, S., "On Malignant Fever: With Attempt to Prove its Non-Contagious Nature, from Reason, Observation, and Experiment", B. Graves (1804).

1825　Beaumont, W., "Experiments and Observations on the Gastric Juice and the Physiology of Digestion", F. P. Allen (1833).

1837　Darwin, C., "The Formation of Vegetable Mould, through the Action of Worms", p. 12, John Murray (1881).

1845　Buijs (Buys) Ballot, C., 'Akustische Versuche auf der Niederländischen Eisenbahn, nebst gelegentlichen Bemerkungen zur Theorie des Hrn. Prof. Doppler', *Poggendorff's Annalen der Physik und Chemie* **66**, pp. 321–351 (1845).

1852　Duchenne de Boulogne, G. B. A., "Méchanisme de la physionomie humaine", Jules Renouard (1862). 英語版："The Mechanism of Human Facial Expression", Cambridge University Press (1990).

1883　Ringelmann, M., 'Recherches sur les moteurs animés: travails de l'homme'. *Annales de l'Institut National Agronomique* **2** (12), pp. 2–39 (1913). Ingham, A. G., et al., 'The Ringelmann Effect: Studies of Group Size and Group Performance', *Journal of Experimental Social Psychology* **10**, pp. 371–384 (1974).

1885　Laborde, J. B. V., 'L'exitabilité cérébrale après décapitation (1). Nouvelles recherches sur deux suppliciés: Gagny et Heurtevent', *Revue scientifique* 2e semestre, pp. 673–677 (1885).

1889　Brown-Séquard, C., 'Des effets produits chez l'homme par des injections sous-cutanées d'un liquide retiré des testicules frais de cobaye et de chien', *Comptes Rendus de la Société de Biologie* **41**, pp. 415–422 (1889).

1894　de Manacéïne, M., 'Quelques observations expérimentales sur l'influence de l'insomnie absolue', *Archives Italiennes de Biologie* **21**, pp. 322–325 (1894).

1894　Marey, E.-J., 'Mécanique animale: Des mouvements que certains animaux exécutent pour retomber sur leurs pieds lorsqu'ils sont précipités d'un lieu élevé', *La Nature,* pp. 369–370 (1894).

1895　Patrick, G., and Gilbert, J., 'On the Effects of Loss of Sleep', *The Psychological Review* **3** (5), pp. 469–483 (1896).

1896　Stratton, G. M., 'Vision without Inversion of the Retinal Image', *Psychological Review* **4**, pp. 341–360, 463–481 (1897).

1899　Niezabitowski, E. R. v., 'Experimentelle Beiträge zur Lehre von der Leichenfauna',

p. 154, 155 Stills from the film 'Obedience', 1965 by Stanley Milgram and distributed by Penn State Media Sales. Alexandra Milgram より許可を得て転載.

p. 162 Getty Images/Hulton Archive.

p. 167 *Psychology Today* **3** (June 1969) による.

p. 170 Delgado, J. M. R., "Physical control of the mind: toward a psychocivilized society", Harper & Row, New York (1969) による.

p. 187 P. G. Zimbardo Inc. より許可を得て転載.

p. 195 Karl Heider より許可を得て転載.

p. 201 J. M. Darley and C. D. Batson より許可を得て転載.

p. 209 John Ware より許可を得て転載.

p. 212, 214, 218, 219 P. G. Zimbardo Inc. より許可を得て転載.

p. 223 Photo by picture alliance/アフロ.

p. 228 Dan Heller, Vancouver, Canada.

p. 233 Baron, R. A., 'The reduction of human aggression: a field study of the influence of incompatible reactions', *Journal of Applied Social Psychology* **6**, pp. 260–274 (1976) による.

p. 238 Jürgen Klapprott より許可を得て転載.

p. 247 Ben Libet より許可を得て転載.

p. 257 Barry Marshall より許可を得て転載.

p. 259 Bildagentur Focus/SPL, Hamburg.

p. 265 Leonardo da Vinci, Longitudinal section of a man and woman during coitus, c.1492.

p. 266 Dickinson, R. L., "Human Sex Anatomy", 2nd Ed, Williams & Wilkins, Baltimore (1949, 1st Ed 1933) による.

p. 267 Prof. W. W. Schultz/British Medical Journal.

p. 270 Barbara Rolls より許可を得て転載.

p. 272 Tim Pennings より許可を得て転載.

# 掲載図出典

p. 1　Blocker History of Medicine Collections, Moody Medical Library より提供．The University of Texas Medical Branch at Galveston, Galveston, Texas より提供.

p. 7　L`ettres sur L'electricité, dans lequelles on trouvera les principaux phénomènes qui ont été découverts depuis 1760, avec des discussions sur les conséquences qu'on en peut tirer, Paris, 1767による.

p. 15　Library of Congress, Washington DC.

p. 16　Wellcome Library, London.

p. 24, 26　École Nationale Supérieure des Beaux-Arts, Paris.

p. 29　Alan G. Ingham より許可を得て転載.

p. 37　Cinémathèque Française collections des Appareils, Paris.

p. 41　The University of California, Berkeley, Department of Psychology より許可を得て転載.

p. 48　Munn, Norman L., "Handbook of Psychological Research on the Rat: An Introduction to Animal Psychology", Houghton Mifflin and Company, Boston (1950) による.

p. 53, 54　Wellcome Library, London.

p. 57, 59　Karl, K., "Denkende Tiere: Beiträge zur Tierseelenkunde auf Grund eigener Versuche", Engelmann (1912) による.

p. 64　Focus Features, Los Angeles and New York.

p. 66, 67　Lederle Labs.

p. 69　© Berlin-Brandenburgische Akademie der Wissenschaften（旧 Preußische Akademie der Wissenschaften).

p. 72　Prof. Ben Harris, Department of Psychology, University of New Hampshire.

p. 76　*Science and Invention*, (May 1927) による.

p. 77　Dickinson, R. L., "Human Sex Anatomy", 2nd Ed, Williams & Wilkins, Baltimore (1949, 1st Ed 1933) による.

p. 81, 82　Kraus, J. H., 'The Living Head', *Science and Invention*, pp.922–923 (1929) による.

p. 84　B. F. Skinner Foundation.

pp. 91–94　Kellog, W. N., and L. A., "The ape and the child", Hafner Publishing Company, New York (1933) による.

p. 96　Getty Images/Time Life Pictures.

p. 97　Corbis/Bettmann Collection.

p. 99, 100　Getty Images/Kirkland.

p. 105　Getty Images/Time Life Pictures.

p. 111　Getty Images/Hulton Archive.

p. 112　NASA.

p. 120　NASA.

p. 123　Human Behavior, Time Life Books (1976) による.

p. 125上右　ITAR-TASS/P. Khorenko and Yu. Mosenzhnik.

p. 125上左　Reto U. Schneider, Zürich.

p. 129　U.S. Army, Fort Detrick, Maryland より許可を得て転載.

p. 133　Fort Lee Film Commission, New Jersey, USA より許可を得て転載.

p. 137, 139　University of Wisconsin Archives, USA.

p. 141　Photo by AP/アフロ.

p. 153　Collection of Alexandra Milgram. Alexandra Milgram より許可を得て転載.

石浦章一（いしうら しょういち）

東京大学大学院総合文化研究科 教授．理学博士．1950年生まれ．1974年東京大学教養学部 卒．専門は生化学，分子認知科学．遺伝性の精神・神経疾患のメカニズムの解明を目指し，研究を行っている．『遺伝子が明かす脳と心のからくり』『いつまでも「老いない脳」をつくる10の生活習慣』『分子細胞生物学 第6版(共訳)』『ヒトの遺伝子と細胞(監修)』など，学術書から一般書まで幅広いジャンルの著訳書多数．

宮下悦子（みやした えつこ）

翻訳家．1957年生まれ．1980年東京大学農学部 卒．*Nature* 誌の翻訳に従事．おもな訳書(共訳)に『細胞の分子生物学 第5版』『Essential 細胞生物学 原書 第3版』『ストライヤー 生化学 第7版』『ワトソン 遺伝子の分子生物学 第6版』がある．



**狂気の科学**

**真面目な科学者たちの奇態な実験**

石浦章一・宮下悦子 訳





2015年5月7日 第1刷 発行
2015年8月3日 第2刷 発行

落丁・乱丁の本はお取替いたします．



ISBN978-4-8079-0862-2
Printed in Japan

発行者
小澤美奈子

発行所
株式会社 東京化学同人
東京都文京区千石 3-36-7（〒112-0011）
電話 (03)3946-5311
FAX (03)3946-5317
URL http://www.tkd-pbl.com/

印刷・製本
美研プリンティング株式会社